Alvar Aalto

Alvar Aalto

Karl Fleig

Birkhäuser Verlag
Basel · Boston · Berlin

Französische Übersetzung / Traduction française
H. R. Von der Mühll

Die Deutsche Bibliothek - CIP-Einheitsaufnahme

Aalto, Alvar:
Alvar Aalto / Karl Fleig. [Franz. Übers.: H. R. Von der Mühll]. - 3., unveränd. Nachdr., Sonderausg. - Basel ; Boston ; Berlin : Birkhäuser, 1999
ISBN 3-7643-6139-5

Originalausgabe 1974
2., erweiterte Auflage 1979
3., unveränderter Nachdruck 1999

Gedruckt auf säurefreiem Papier, hergestellt aus chlorfrei gebleichtem Zellstoff. TCF ∞
Printed in Germany
ISBN 3-7643-6139-5

9 8 7 6 5 4 3 2 1

Inhaltsverzeichnis

Stadtplanung

Theater und Kulturbauten

Ausstellungen und Museen

Table des matières

Urbanisme

Théâtres et bâtiments culturels

Expositions et musées

Fabriken

Rathäuser

Sakralbauten

Einfamilienhäuser

Usines

Hôtels de ville

Centres spirituels

Villas

Photographenliste / Liste des photographes

P. Auer; Morley Baer, Berkeley; Centro Studi Aaltiani, Pino Torinese; Rolf Dahlström, Helsinki; Ä. Fethulla, Helsinki; Karl Fleig, Zürich; Robert Gnat, Zürich; Peter Grünert, Zürich; Kari Hakli, Helsinki; Heikki Havas, Helsinki; H. Heidersberger, Wolfsburg; Holmström, Ekenäs; Kalevi Hujanen OY, Helsinki; H. Iffland, Helsinki; Eva und Pertti Ingervo, Helsinki; Peter Kaiser, Zürich; Mikko Karjanoja; Kleine-Tebbe, Bremen; Pekka Laurila, Helsinki; Wolf Lücking, Berlin; Mats Wibe Lund, Reykjavik; Eino Mäkinen, Helsinki; Kalevi A. Mäkinen, Seinäjoki;Leonardo Mosso, Turin; O. Pfeiffer, Luzern; Pietinen, Seinäjoki; István Rácz, Helsinki; Simo Rista, Helsinki; Roos, Helsinki; Matti Saanio, Rovaniemi; Lisbeth Sachs, Zürich; Ezra Stoller, New York; Karl und Helma Toelle, Berlin-Lichterfelde; Valokuva Oy., Kolmio; Gustav Velin, Turku.

Stadtplanung

Stadtzentrum in Seinäjoki

Kirche: Wettbewerb 1952 Bauzeit 1958–60
Zentrum: Wettbewerb 1959
Rathaus: Entwurf 1960 Bauzeit 1952–1965
Bibliothek: Entwurf 1963 Bauzeit 1964/65
Kirchgemeindehaus: Entwurf 1963 Bauzeit 1964–1966
Theater: Entwurf 1968/69

Es wurden zwei Wettbewerbe ausgeschrieben: einer für das kirchliche Zentrum im Jahr 1952 und ein zweiter für die Zivilverwaltung in Verbindung mit dem Kulturzentrum im Jahre 1959. Beide Projekte sind nun zu einem einzigen Zentrum zusammengefaßt. Der leitende Gedanke war die Trennung zwischen motorisiertem und Fußgängerverkehr.
Der Platz vor der Kirche ist mit der Kirche so verbunden, daß er als erweiterter Kirchenraum benützt werden kann.
Der zweite Platz, mit Rathaus, Bibliothek und Theater umbaut, soll zum Treffpunkt der Einwohner werden. Ein Teil dieses Platzes, beim Rathaus, wurde mit der von der Baugrube gewonnenen Erde terrassenförmig aufgefüllt.

Urbanisme

Centre de la ville, Seinäjoki

Eglise: Concours 1952 Construction 1958–60
Centre paroissial: Concours 1959
Hôtel de ville: Projet 1960 Construction 1962–1965
Bibliothèque: Projet 1963 Construction 1964/65
Presbytère: Projet 1963 Construction 1964–1966
Théâtre: Projet 1968/69

Deux concours furent organisés: le premier, en 1952, pour l'étude du centre paroissial, et le second, en 1959, pour l'étude du centre administratif et civique. Ces deux études ont été réunies et forment un tout cohérent.
L'idée maîtresse consiste à séparer les automobiles et les piétons.
L'église est placée dans un parvis sur lequel les fidèles peuvent se rassembler en grand nombre.
Une autre place publique, entourée de l'hôtel de ville, de la bibliothèque et du théâtre, formera le véritable centre civique. Une partie de l'espace, près de l'hôtel de ville, a été conçue en terrasse.

Modellaufnahme / La vue de la maquette générale

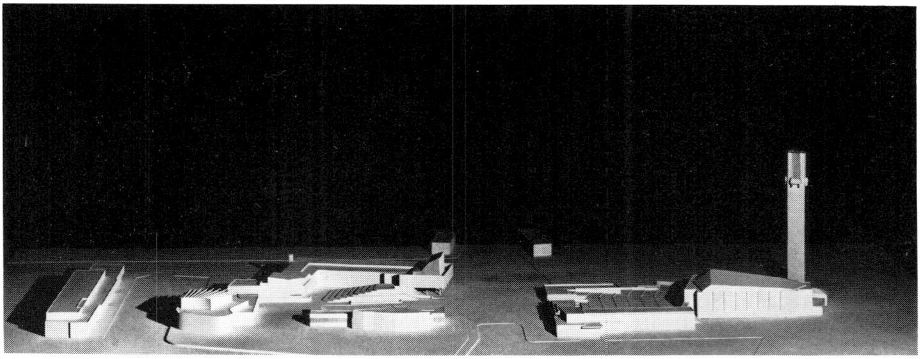

1

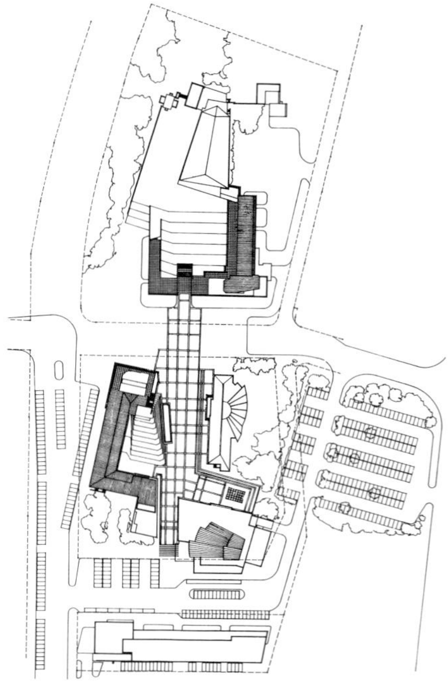

2

1 Situationsplan des Zentrums: erste Ideenskizze
2 Lageplan des Zentrums
3 Rathaus, Treppenhof und Kirche

1 Le plan de situation du centre: première esquisse
2 Le plan de situation du centre
3 Hôtel de ville avec la cour, le grand escalier et l'église

3

Siedlung Kampementsbacken, Stockholm (Schweden)
Wettbewerb 1958 1. Preis Nicht gebaut

Diese Siedlung sollte im Norden der Stadt gegen eine große Wiese hin und am Rande eines Grünparkes gebaut werden.
Formen, die nach den gleichen Prinzipien wie beim Hansaviertel-Haus entwickelt wurden, sind in die Planung aufgenommen.
Dank den topographischen Besonderheiten war es möglich, allen motorisierten Verkehr sowie alle Zugänge und Garagen auf die Nordseite, etwa 3 bis 6 m tiefer als die Wohn- und Grünflächen, zu verlegen. Auf diese Weise konnte ein vollständig freies und ungestörtes Wohnen mit Parkanlagen und Kinderspielplätzen ermöglicht werden.

Cité d'habitation Kampementsbacken, Stockholm (Suède)
Concours 1958 1er prix Non réalisé

Cette cité devait s'édifier au nord de la ville, sur une grande pelouse bordée d'un parc.
Les mêmes dispositions que celles de l'immeuble de l'Interbau ont été reprises.
Grâce à la topographie, la circulation automobile, ainsi que les accès et les garages, ont pu être placés au nord, 3 à 6 m en contrebas des habitations, des zones vertes et des places de jeux, qui se trouvent ainsi à l'abri des désagréments du trafic.

Situationsentwurf / Le projet du plan de situation

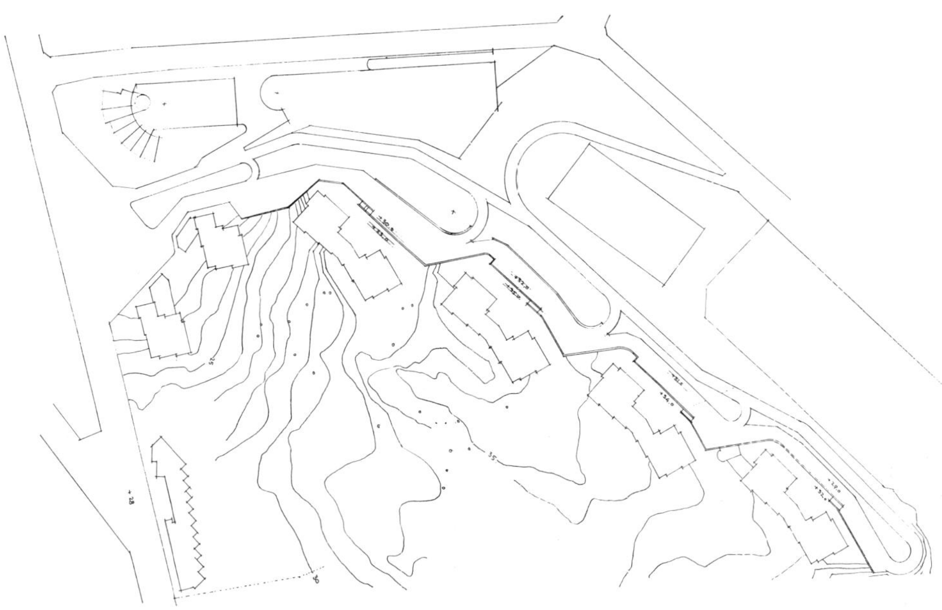

Siedlung Björnholm Entwurf 1959

Die Siedlung liegt am Stadtrand in der typisch finnischen Archipellandschaft der Südküste des Landes. In dieser schönen Inselnatur soll eine Siedlung gebaut werden, die in engster Verbindung mit der See und der freien Natur steht. Kleinere Inseln sind durch Erdauffüllung in Bauflächen verwandelt worden, die von Lagunen umgeben sind. Die Häusergruppen sind durch Anpassung an die Höhenformationen und die Lagunen so angeordnet, daß sie vom Verkehrslärm der Autobahn, welche durch das Siedlungsgelände führt, geschützt sind. Drei verschiedene Häusertypen mit einem kleinen Geschäfts- und Hotelzentrum kommen hier zur Ausführung. Einer der Typen ist ein Hochhaus mit maximal sechs Stockwerken, eine Weiterentwicklung des Prototyps des Berliner Hansaviertel-Hauses.

Cité d'habitation de Bjœrnholm Projet 1959

Cette cité se trouve à la périphérie de la ville, dans l'archipel si caractéristique de la côte méridionale de Finlande.
Une cité d'habitation devait s'inscrire dans ce magnifique paysage aux îles nombreuses, au bord de la mer. Des comblements ont permis de récupérer des surfaces à bâtir entourées de lagunes.
Les maisons s'adaptent aux pentes et se groupent autour des lagunes, sans être jamais gênées par la route automobile qui dessert la cité d'habitation.
Il y a trois types d'immeubles et un centre commercial et hôtelier. Un des types est représenté par une maison de six étages au plus, qui rappelle celle de l'Interbau de Berlin, dans le quartier de la Hanse.

Situationsmodell
links unten: Einkaufszentrum und Hotel
links oben: Hochhäuser mit aufgeschütteter Landzunge
rechts: Mietwohnungen
rechts oben: Insel mit Einfamilienreihenhäusern

La maquette de l'ensemble
A gauche, en bas: le centre commercial et l'hôtel
A gauche, en haut: les maisons-tours avec les remblais
A droite: les maisons locatives
A droite, en haut: l'île avec les maisons familiales contiguës

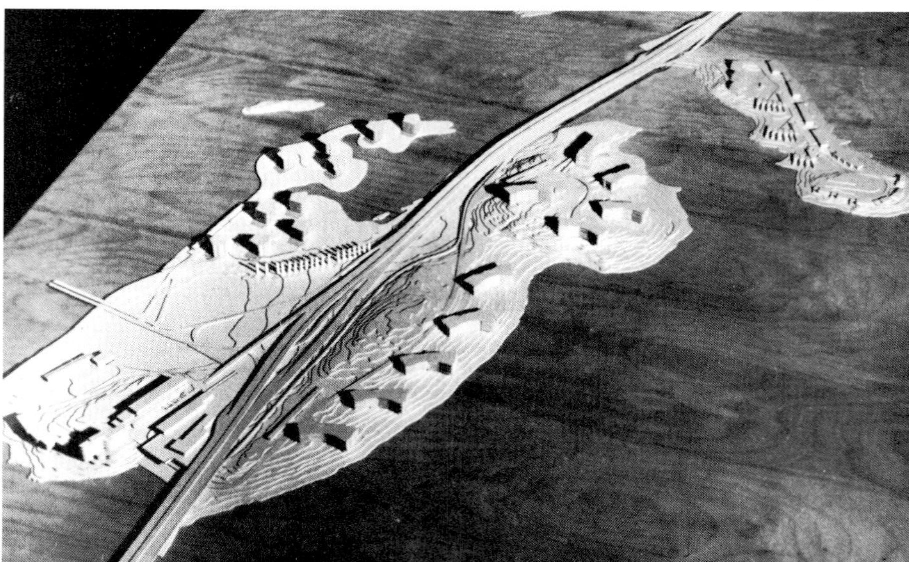

Neues Zentrum Helsinki
Entwurf 1959–1964

Die wesentlichen Bestandteile für das neue Zentrum Helsinkis sind: Der Zentralplatz, der Hesperiapark mit seinen öffentlichen Bauten am Ufer des Töölösees, der erhalten und neugeformt werden soll, das Gebiet Kamppi als Fortsetzung und Schlußpunkt der gegenwärtigen Cityformation. Auf Vorschlag der Stadtbehörde wurde später auch das Gebiet Pasila in die Planung einbezogen, das seinen eigenen zentrumartigen Charakter erhalten wird.
Die Hauptzufahrtsstraße der Stadt liegt oberhalb des Eisenbahnstranges, wodurch ein Überblick über die westlichen und östlichen Stadtteile möglich wird. Das Gebiet Kallio ist also architektonisch nicht von den übrigen Teilen der Stadt getrennt, sondern bildet zusammen mit dem Stadtteil Töölö den inneren Kern der Stadt.
Die öffentlichen Bauten sind so angeordnet, daß sie, von der Zufahrtsstraße aus gesehen, das charakteristische Gesicht der neuen Stadt Helsinki bilden. Spricht man vom Stadtzentrum, so gibt es zwei Arten von „Natur", die sogenannte „städtebauliche Natur" und die „ursprüngliche Natur". Die erstere ist das Rückgrat der klassischen Stadtbaukunst, während die letztere ein halbsentimentales Produkt des vergangenen Jahrhunderts ist, das nicht zu einer geschlossenen Stadtform geführt hat. Im Falle Helsinkis zum Beispiel kann die Gestaltung von Hesperiapark und Töölösee wohl zu einer Art von Miniaturidyll, aber zu keinem glücklichen Ergebnis führen. Es hätte eher eine Spur von Komik, wenn man wie spielerisch in das betont zentrale Gebiet der Großstadt die verunglückte Kopie eines karelischen Waldsees bringen wollte.

Nouveau centre urbain, Helsinki
Projet 1959–1964

Les principaux secteurs constituant le nouveau centre de Helsinki sont: La place centrale, le parc Hespéria avec ses édifices publics sur les rives du lac Töölö, dont l'aménagement doit être entrepris, la région de Kamppi qui continuera et terminera le centre urbain en formation. Sur la proposition des autorités la région de Pasila a été comprise dans les études afin d'y créer un autre centre.
La grande voie d'accès de la ville se trouve audessus du réseau ferroviaire, donnant un aperçu sur les quartiers de l'ouest et de l'est. La région de Kallio ne se trouve donc pas séparée des autres quartiers de la ville, mais elle constitue avec le quartier de Töölö le noyau urbain.
Les édifices publics sont ordonnés de manière à offrir, vue de cette artère, une image caractéristique du nouvel Helsinki.
Lorsqu'on parle du centre d'une ville, on distingue deux sortes d'aspects: le visage urbain et le paysage naturel. Le premier résulte des tracés classiques de l'urbanisme: le second est une tentative, chère au siècle passé, de sauvegarder la nature, ce qui n'a pas apporté toujours des résultats probants. Dans le cas de Helsinki, l'aménagement du parc Hespéria et du lac Töölö, malgré quelques effets touchants et poétiques, n'a pas été heureux; car la tentative d'introduire dans le centre-même de la capitale un lac pareil à ceux des forêts de Carélie a quelque chose de puéril.

Entwurfsskizze / Esquisse du plan

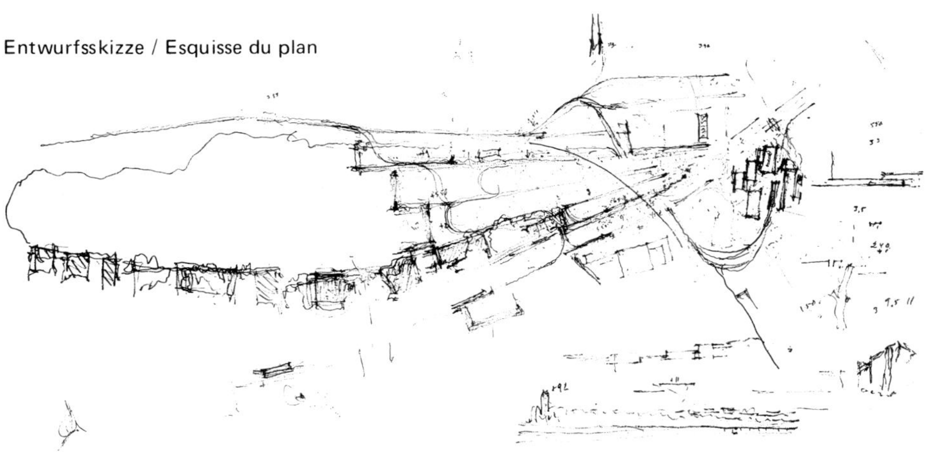

Modellansicht. Blick von der Autobahnzufahrt über den Töölösee zu den öffentlichen Bauten; im Hintergrund das Geschäftszentrum Kamppi

La maquette. La vue de l'autoroute passant sur le lac Töölö et aboutissant aux édifices publics; à l'arrière-plan, le centre commercial de Kamppi

Übersichtsplan des neuen Zentrums / Le plan général du nouveau centre

Die öffentlichen Bauten am Rande des Hesperiaparkes sind teilweise über dem Wasser gebaut und bilden auf diese Weise zusammen mit dem grünen Park und dem Wasserspiegel eine Gesamtheit. Durch die vorgeschlagene Anordnung wird der Park vergrößert und somit mehr Fläche für die Fußgänger geschaffen. Von den öffentlichen Gebäuden liegt das Konzerthaus und das damit verbundene Kongreßhaus unmittelbar am Rande des dreieckförmigen Platzes und bildet seinen eigentlichen Abschluß und Höhepunkt. Nördlich des Konzerthauses sind von Süden nach Norden folgende Bauten vorgesehen: Oper, Kunstmuseum, Bibliothek sowie einige öffentliche Gebäude als Reserve. Entlang dem Seeufer bildet sich unter den öffentlichen Gebäuden eine Säulenpromenade für Fußgänger. Der Wasserspiegel des Sees bleibt vom Park aus durch die Säulenhallen der Bauten hindurch sichtbar.

Les édifices publics bordant le parc Hespéria surplombent partiellement la rive et forment un ensemble avec la verdure et la nappe d'eau. La disposition proposée permet, au contraire, d'agrandir le parc et d'offrir davantage d'espace aux piétons. Parmi les édifices publics il y a le palais des congrès et les salles de concerts, en bordure de la place triangulaire où ils dominent nettement. Au nord se situent les bâtiments suivants, du sud au nord: l'Opéra, le Musée des beaux-arts, la Bibliothèque et quelques autres édifices publics.
Le long de la rive, des portiques placés sous les bâtiments forment un promenoir continu pour les piétons. Le lac est visible du parc au travers de ces portiques.

Modellansicht. Blick von Norden mit Hesperiapark

La maquette. Vue du nord avec le parc Hespéria

1

1 Modellansicht. Im Hintergrund der Stadtteil Kamppi
2 Modellansicht
3 Plan des Erdgeschoßes
4 Modellphoto des Stadtteils Kamppi, im Vordergrund die Busstation

1 La maquette. A l'arrière-plan, la région de Kamppi
2 Vue de la maquette
3 Le plan du rez-de-chaussée
4 La maquette du quartier de Kamppi; au premier plan, la station des autobus

2

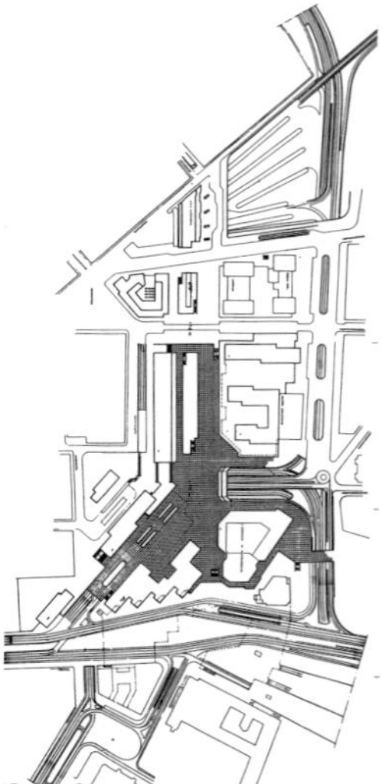

3

Das Gebiet Kamppi, das schon zum Teil gebaut ist, wird in dieser Planung zum wirklichen Schlußpunkt der gegenwärtig umgeformten City. Auch in diesem Fall wird der Fußgängerverkehr von den Störungen des motorisierten Verkehrs befreit. Die oberste Plattform bleibt dem Fußgänger vorbehalten und hat eine marktplatzähnlich erweitere Form, die ganz den Geschäften und ihren Kunden dient. Die untere Plattform ist für den Autoverkehr. Die übrigen Plattformen im Gebiet Kamppi sind für Autoparkplätze vorgesehen.

Der Güterbahnhof bildet den Hauptteil des Gebietes von Pasila. In Pasila sollen neben den Verteil- und Transport-Dienstleistungsbetrieben auch andere nicht citygebundene Büroorganisationen angesiedelt werden. Das Gebiet Pasila wird nun vom städtischen Planungsbüro weiterbearbeitet.

La région de Kamppi, déjà partiellement aménagée, formera la phase finale du centre modernisé. La séparation de la circulation pédestre et du trafic motorisé est intégralement assurée. La plate-forme supérieure est réservée aux piétons; elle forme en quelque sorte une grande place de marché avec les magasins et les boutiques. La plate-forme inférieure est réservée aux autos. Les autres plates-formes seront destinées au stationnement des autos.

La gare aux marchandises occupe la majeure partie de Pasila. A Pasila on prévoit l'installation d'administrations diverses, indépendantes des conditions ferroviaires et n'ayant pas nécessairement leur siège dans le centre. Actuellement, l'aménagement détaillé de Pasila est à l'étude au bureau municipal du Service du Plan d'extension.

4

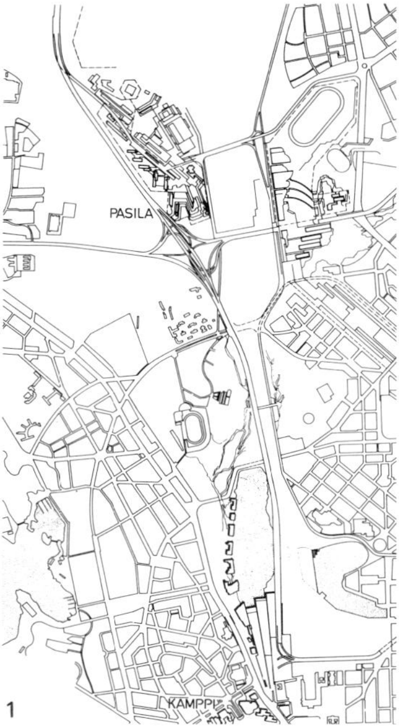

1

1 Lageplan
2 Modellphoto mit Verkehrsverteiler; im Hintergrund der Stadtteil Kamppi

1 Le plan de situation
2 La maquette avec l'échangeur; à l'arrière-plan, la région de Kamppi

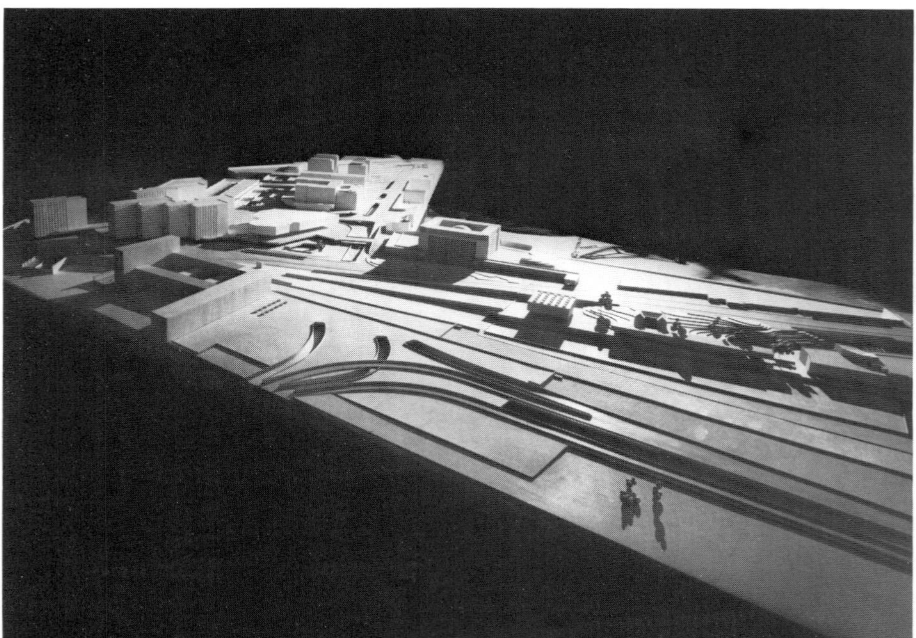

2

Neues Zentrum Helsinki
3. Projekt 1971–1973

Die Grundideen des 1. Projektes sind immer noch enthalten: Parallel zur Eisenbahn die Autobahnzufahrt ins Zentrum; große Sammelgaragen unter den fächerförmigen Terrassen, die ans Ufer des Töölö-Sees führen; längs dem Ufer das Konzerthaus und Platz für weitere Kulturbauten. Neu sind die Erweiterung der Postverwaltung auf der obersten Terrasse, die Oper am oberen Ende des Sees und die große Fußgängerplattform zum Olympiastadion.

Nouveau centre urbain, Helsinki
3e projet 1971–1973

La conception générale du premier projet a été maintenue: L'arrivée de l'autoroute vers le centre est parallèle à la ligne du chemin de fer; de grands garages disposés en éventail sous les terrasses qui s'étendent jusqu'à la rive du lac Töölö; sur la rive, la salle de concert et l'emplacement pour d'autres édifices. Ce qu'il y a de nouveau, ce sont l'extension de l'administration des Postes sur la terrasse supérieure, l'Opéra au bout du lac et la grande plate-forme réservée aux piétons se rendant au stade olympique.

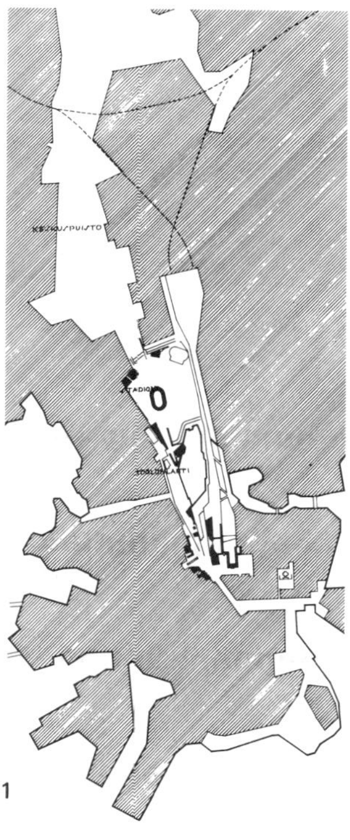

1

2

1 Übersichtsplan, altes und neues Zentrum von Helsinki
2 Zentrumsplan, 3. Projekt

1 Plan général avec l'ancien et le nouveau centre de Helsinki
2 Plan du centre, 3e projet

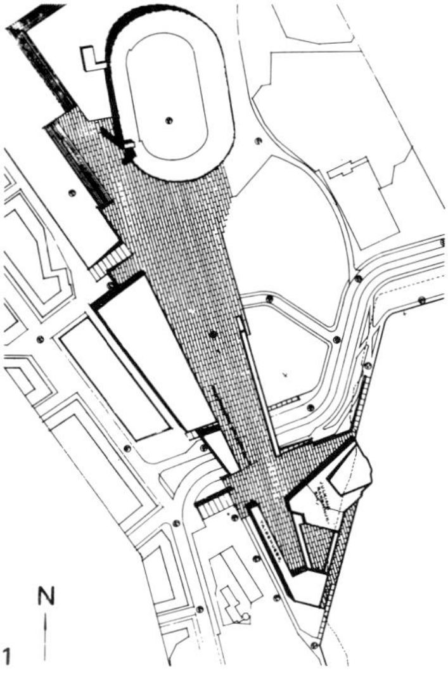

1

1 Verbindung Opera—Olympiastadion
2 Modell

1 Voie de communication entre l'Opéra et le stade olympique
2 Maquette

2

Kulturzentrum, Leverkusen (Deutschland)
Wettbewerb 1962

Der Wettbewerb sah ein außergewöhnlich vielfältiges und anspruchsvolles Raumprogramm vor. Es umfaßte ein Haus der Jugend, eine Jugendmusikschule, eine Volkshochschule, eine große Mehrzweckhalle mit einem Kino, einem Experimentiertheater, einem großen und kleinen Theatersaal, einem Theaterrestaurant, ein Museum und die Stadtbibliothek.
Aufgabenstellung und städtebauliche Gegebenheit bilden einen Gegensatz.
Ein Kulturzentrum, die Stelle der inneren Sammlung und der Kontaktnahme mit anderen Menschen, soll an einem ruhigen Ort liegen. Diese Primärforderung konnte in Leverkusen durch das gegebene, auf zwei Seiten von Verkehrsstraßen und auf der dritten von einer Eisenbahnlinie begrenzte Grundstück nicht erfüllt werden. Diesen Gegebenheiten Rechnung tragend, wurde eine ruhige, gegen diese drei Seiten möglichst abgeschirmte Fußgängerzone, eine Agora, vorgesehen. Als Abschirmung gegen die stark befahrene Haupteisenbahnlinie wurde eine überdimensionale „Basiswand" geplant. Auf der Rückseite dieser Wand befindet sich das Haus der Jugend, die Jugendmusikschule, die Volkshochschule und die Mehrzweckhalle. Das Museum und die Stadtbibliothek sind längs der Kölner Straße, daneben der mit Bäumen und Sträuchern bepflanzte Sperrgürtel. Unter dem terrassenförmigen Innenplatz sind die Autoabstellplätze.

Centre culturel, Leverkusen (Allemagne)
Concours 1962

Le concours proposait un programme particulièrement riche et divers. Il prévoyait une maison de la jeunesse, une université populaire, une grande salle polyvalente avec un cinéma, un théâtre de poche et deux théâtres, un plus grand et un plus petit et avec un grand restaurant du théâtre, un musée et la bibliothèque municipale.
Ces conditions impérieuses rendaient particulièrement difficile la solution du problème architectural et urbanistique.
Le centre culturel est à la fois un lieu de méditation et d'échanges de vues; il se situera donc de préférence à un endroit calme. Mais cette condition était malaisée à remplir à cet emplacement de Leverkusen qui se trouve être touché par deux voies de forte circulation et par une ligne de chemin de fer. Il s'agissait donc de créer à l'écart du trafic une esplanade qui puisse convenir aux piétons, sort d'agora. Pour isoler la ligne de chemin de fer l'architecte a prévu une immense muraille formant écran, à laquelle s'adossent la maison de la jeunesse, le conservatoire, l'université populaire et la grande salle, tandis que le musée et la bibliothèque municipale sont aménagés le long de la route de Cologne, avec le prolongement d'une zone de verdure plantée d'arbres et d'arbustes. Le parc à voitures est disposé sous la grande esplanade.

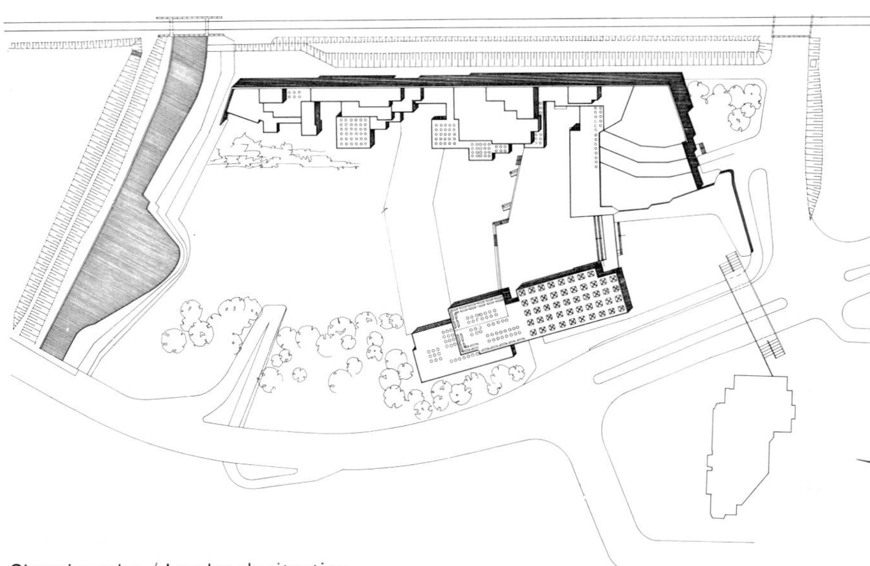

Situationsplan / Le plan de situation

1 Hauptgeschoß mit dem terrassenförmigen Innenplatz
2 Eingangsgeschoß auf Straßenniveau
3 Fassadenansicht von der Kölner Straße her
4 Fassadenansicht von der Eisenbahnlinie gegen die Basiswand

1 L'étage principal avec l'esplanade
2 Le plan du rez-de-chaussée
3 L'élévation sur la route de Cologne
4 Le mur de clôture vu de la ligne de chemin de fer

1

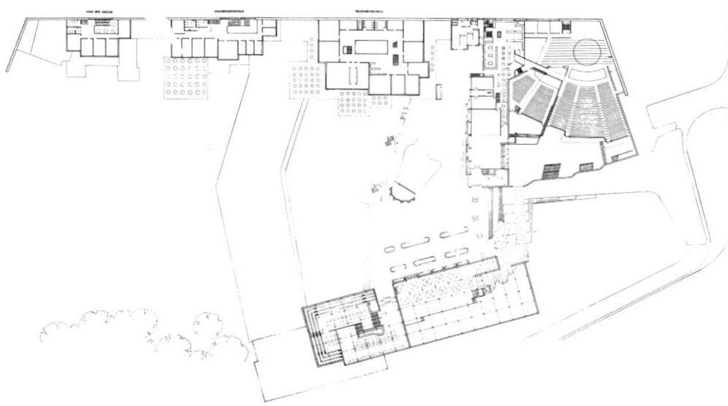

2

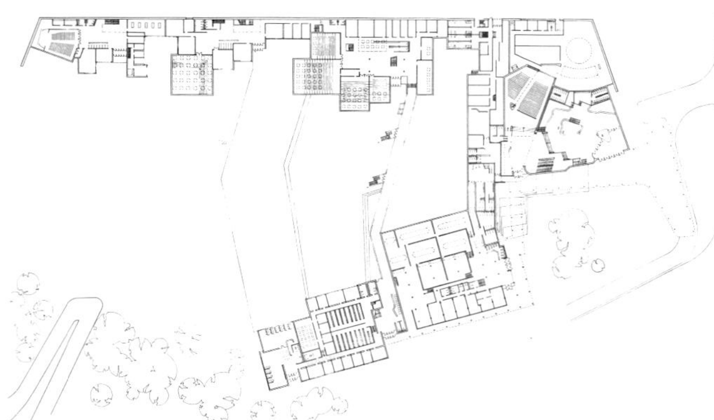

3

4

Stadtzentrum, Rovaniemi
Entwurf 1963 Im Bau seit 1965

Das Stadtzentrum von Rovaniemi soll das Verwaltungs- und Kulturzentrum der Stadt werden. Der Ratsaalturm und das Theatergebäude stehen je in einer verlängerten Achse einer Straße. Der fächerförmige Bibliothekssaal deutet reliefartig eine Zweiteilung des schwach angedeuteten Platzraumes an. Der Ratsaalturm wird durch seine Höhe und durch die speziell ausgeprägte Form innerhalb der Horizontalbetonung zur Dominante.

Centre de la ville, Rovaniemi
Projet 1963 En construction depuis 1965

Le centre de Rovaniemi doit être aménagé pour concentrer l'administration et les institutions de la culture. La tour de l'hôtel de ville et le théâtre sont placés chacun dans la perspective d'une rue. La salle de la bibliothèque en forme d'éventail divise l'espace de la place. La tour, par sa hauteur et par sa forme, apporte un accent vertical dans la composition horizontale.

1 Modellansicht vom Rathausturm aus
2 Situationsplan
3 Modellphoto

1 La maquette, vue de la tour de l'hôtel de ville
2 Le plan de situation
3 La maquette

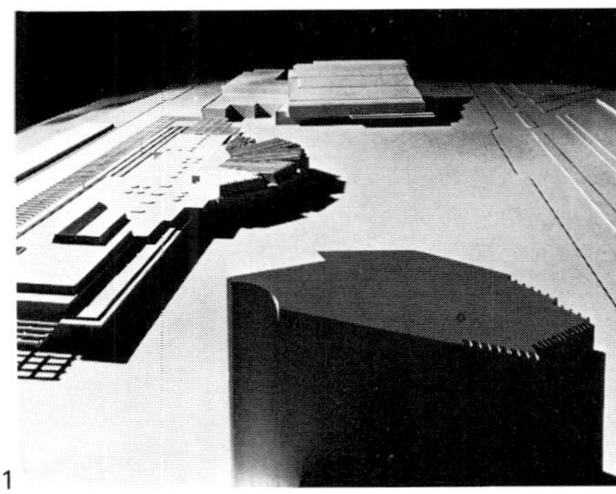

1

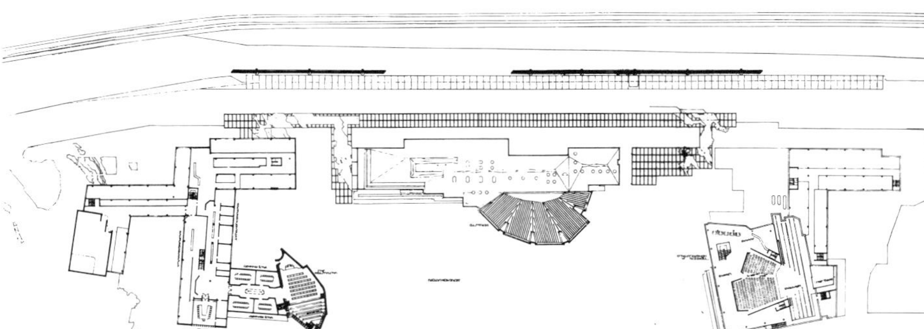

2

3

Verwaltungs- und Kulturzentrum, Jyväskylä
Entwurf 1964 In Ausführung

In ein Geviert der Kernzone der Stadt Jyväskylä, die wie viele finnische Städte in einem quadratischen Straßenraster angelegt ist, kommt das neue Verwaltungs- und Kulturzentrum zu stehen. Die neue Verwaltung, die jederzeit erweitert werden kann, wird an das bestehende Rathaus angebaut. Der Ratssaalturm bildet die Dominante auf dem großen Rathausplatz; dort befindet sich auch das Theater als Mehrzweckhalle. Das Polizeipräsidium kommt längs der Fahrstraße zu stehen und schließt den Park ab. Der erhöhte Rathausplatz trennt einen bestehenden Park und wird so als Fußgängerebene besonders betont.

Centre administratif et culturel, Jyväskylä
Projet 1964 En construction

Le nouveau centre administratif et culturel se situe dans un quadrilatère du centre de la ville de Jyväskylä, inscrit dans l'habituel quadrillage des rues de bien des villes finlandaises.
Le nouveau bâtiment d'administration peut s'agrandir en tout temps. La salle du conseil émerge du tout et domine la place de l'Hôtel de ville où il y a également une grande salle de théâtre à destination multiple. La préfecture de police se place le long de l'avenue et délimite le parc qui est divisé en deux parties distinctes par la dénivellation de la place de l'Hôtel de ville. La zone réservée aux piétons se trouve ainsi clairement définie.

Modellaufnahme / La maquette

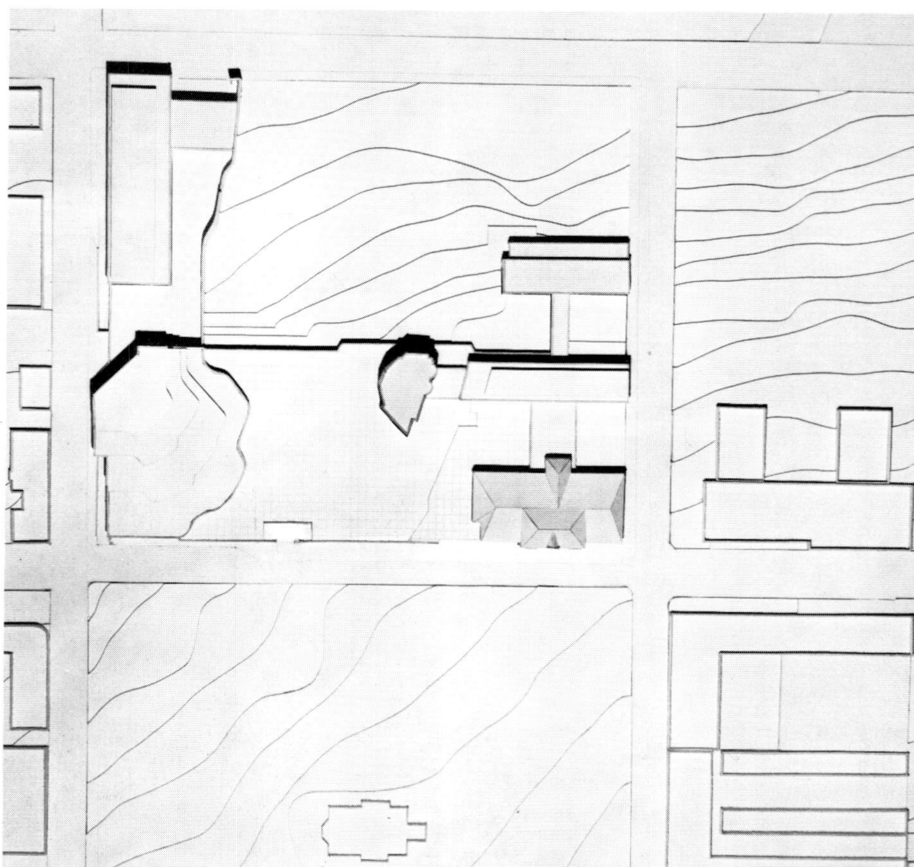

1 Fassaden. Rechts das Polizeipräsidium, links die Stadtverwaltung
2 Grundriß des Hauptplatzgeschosses
3 Querschnitt des Ratssaalturmes
4 Modellansicht, im Vordergrund die Verwaltung

1 Les façades. A droite, la préfecture de police; à gauche, l'administration communale
2 Le plan du rez-de-chaussée avec l'esplanade
3 La coupe sur la salle du conseil
4 La maquette. Au premier plan, l'administration

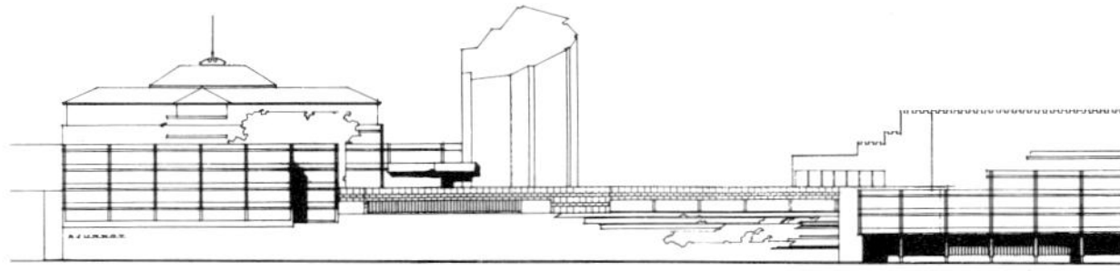

1

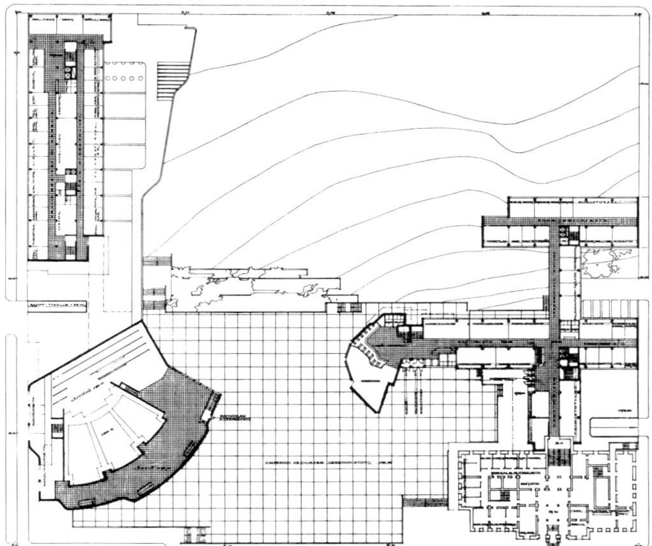

2

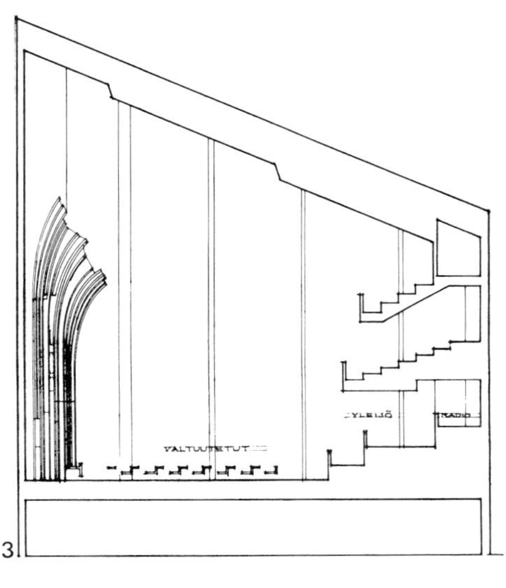

3

4

Verwaltungs- und Kulturzentrum Jyväskylä
Projekt 1964, 1970, 1972
Bauzeit 1. Etappe 1976–1978

Das hier vorgestellte Projekt bildet die dritte Weiterentwicklungsphase. Die Grundideen der Gesamtplanung sind architektonisch differenzierter ausgearbeitet, so die große „Piazza" mit dem neuen und dem alten Rathaus und dem Theater. Die öffentliche Grünanlage ist durch Programmerweiterungen der Verwaltung kleiner geworden. Die terrassierte Treppenverbindung von der „Piazza" zur Grünanlage kann für Konzerte, Feste und Theater benützt werden. Die neue Stadtverwaltung kann in verschiedenen Etappen gebaut werden.

Centre administratif et culturel, Jyväskylä
Projets 1964, 1970, 1972
Exécution: 1re étape 1976–1978

Ce projet développe, dans une troisième phase, les projets antérieurs. Les idées générales sont précisées davantage, avec la grande place, le nouvel hôtel de ville et l'ancien, et le théâtre. La zone de verdure a été diminuée en raison de l'agrandissement des bâtiments administratifs. Les terrasses reliant la place avec la zone verte se prêtent à des concerts, des fêtes et des spectacles. Le nouveau bâtiment administratif pourra se construire en plusieurs étapes.

Situationsplan der dritten Entwicklungsstufe

Plan de situation de la troisième étape

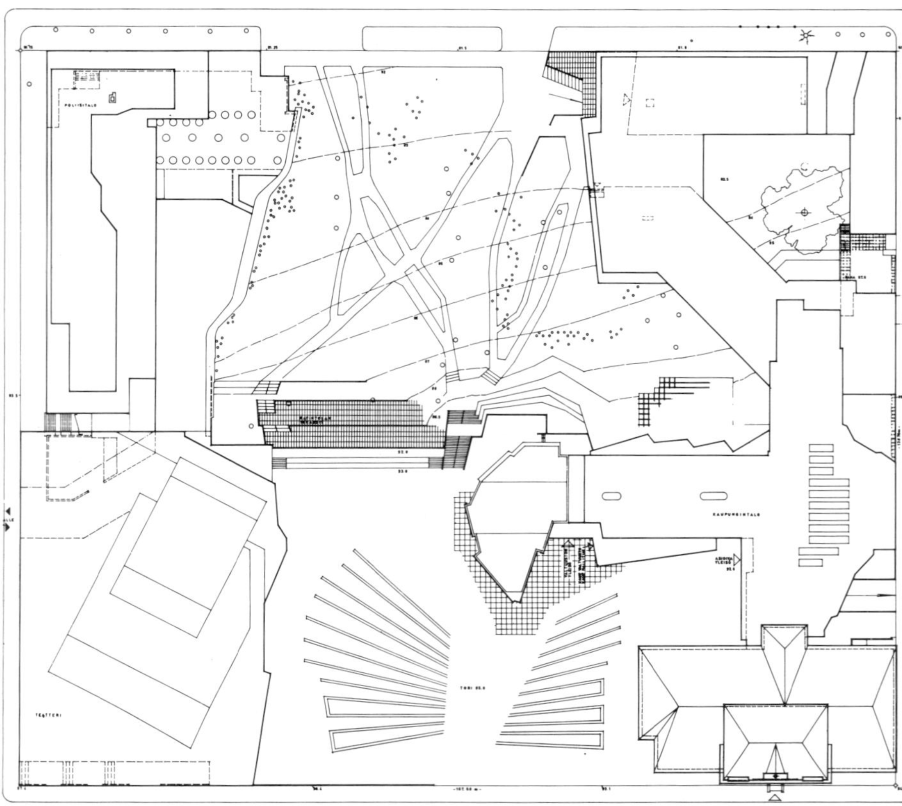

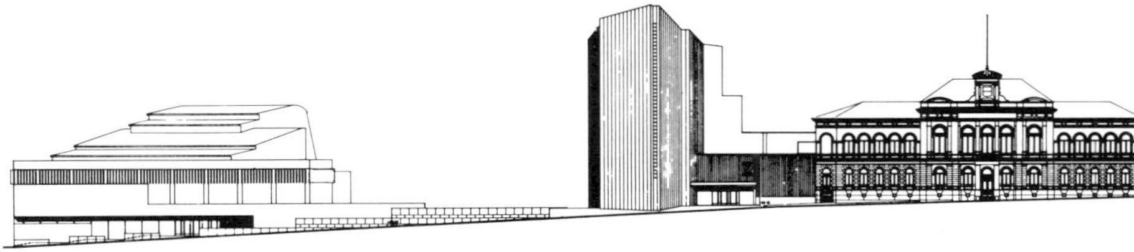

1

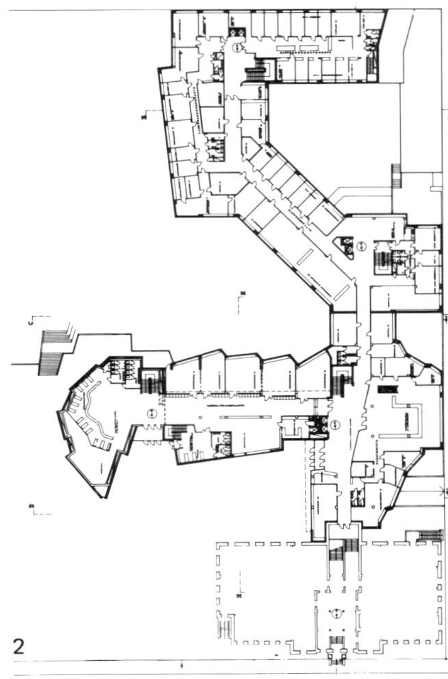

2

1 Eingangsfassade zur „Piazza" und zum alten Rathaus und Theater
2 „Piazza"-Eingangsgeschoß zum Ratsaalturm und zur Stadtverwaltung
3 Modell

1 Façades sur la place, l'ancien hôtel de ville et le théâtre
2 Rez-de-chaussée avec la place et l'entrée de la tour du Conseil et des guichets de l'Administration
3 Maquette

3

Stadtzentrum, Castrop-Rauxel (Deutschland)
Wettbewerb 1965

Der innere städtebauliche Aufbau sieht zwei voneinander getrennte Fußgängerzonen oder Plätze und eine peripher gelegene Autoabstellzone vor. Der „Kopf" des Verwaltungsgebäudes umgibt mit dem Ratsaalgebäude und der Mehrzweckhalle den eigentlichen öffentlichen Platz, der sich zur Hauptstraße hin öffnet. Der Platz ist höher als die Verkehrsebene angeord-

Centre urbain, Castrop-Rauxel (Allemagne)
Concours 1965

L'aménagement prévoit deux zones séparées l'une de l'autre pour les piétons, en somme deux esplanades distinctes, et un parc de stationnement situé à part. Le front du bâtiment administratif, l'hôtel de ville et la grande salle encadrent la place qui s'ouvre sur l'artère principale. La place est aménagée à un niveau supérieur à celui de l'artère et se trouve reliée à

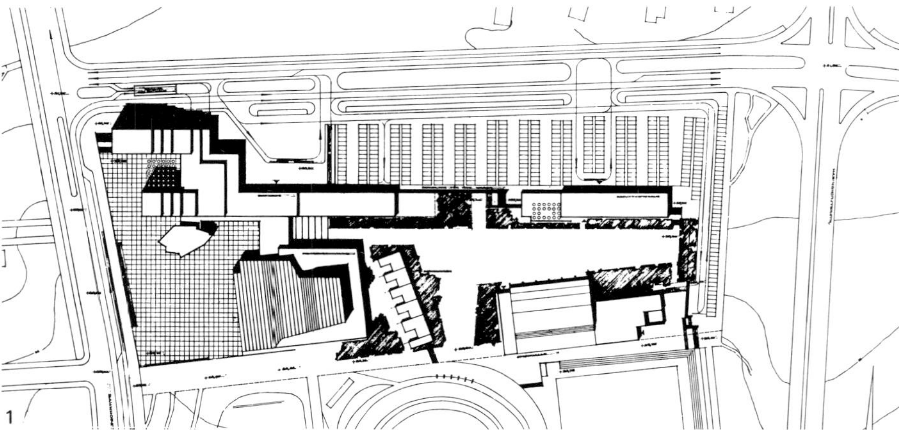

1

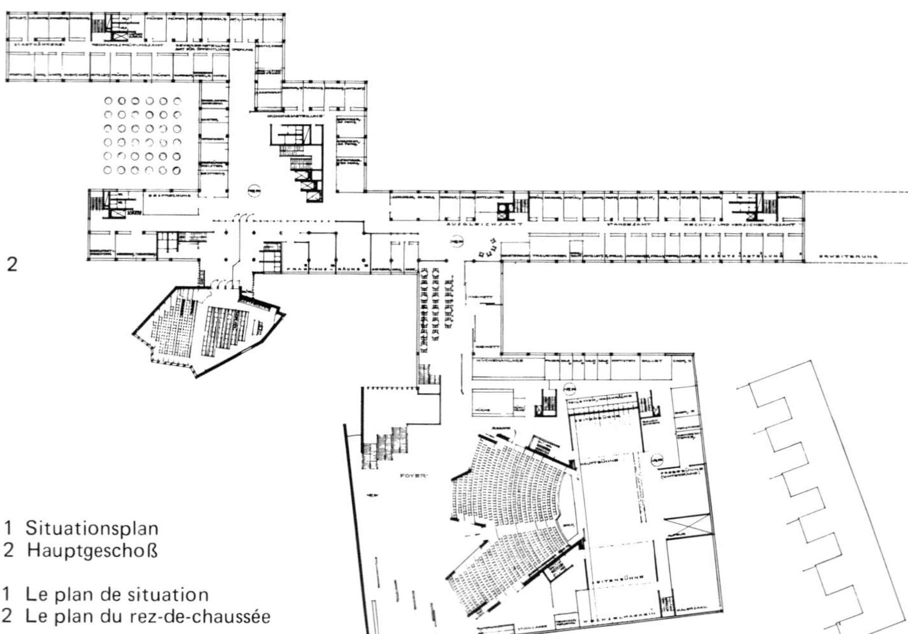

2

1 Situationsplan
2 Hauptgeschoß

1 Le plan de situation
2 Le plan du rez-de-chaussée

net und hat für besondere Anlässe eine Zufahrt. Der zweite Platz, der ins Sportzentrum mit dem Stadion mündet, hat den Charakter einer breiten Straße. Er wird hauptsächlich durch die Sporthalle und das Gesundheitszentrum gebildet. Ferner sind einige Wohnungen vorgeschlagen. Diese wurden bewußt nicht in den geometrischen Aufbau miteinbezogen.

celle-ci par une rampe. L'autre place, donnant sur le centre sportif, le stade et le centre sanitaire, est oblongue. Les habitations proposées sont placées en dehors de la composition centrale.

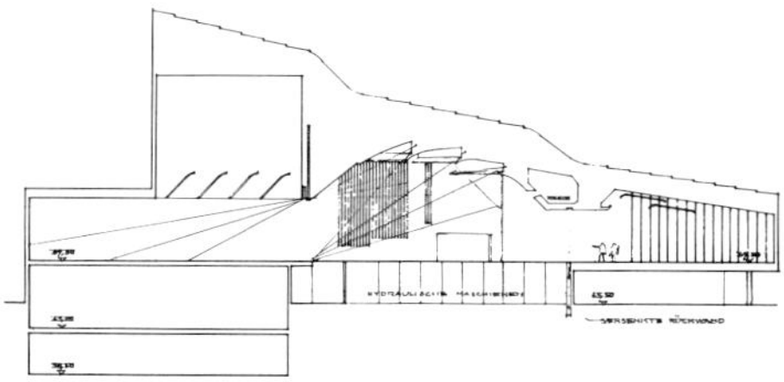

1

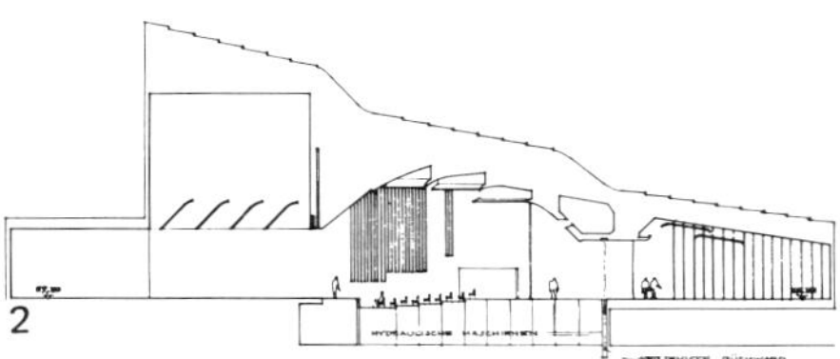

2

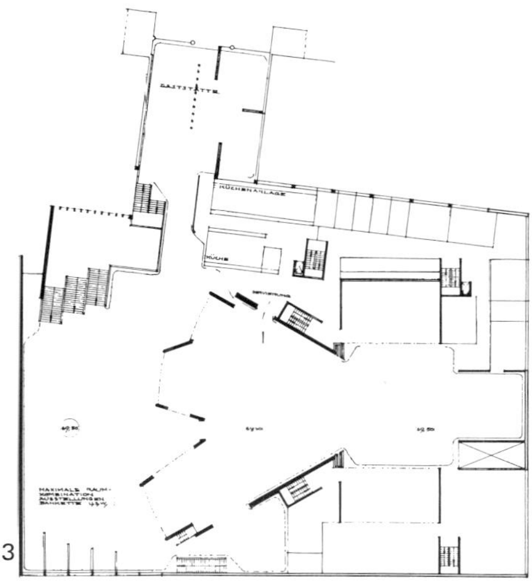

3

1 Variante „Großer Festsaal" mit gehobener Rasterzone
2 Variante für Ausstellungen mit kleinem Auditorium für Vorträge
3 Der Grundriß und die Schnitte veranschaulichen den Aufbau für eine größtmögliche Flexibilität der Mehrzweckhalle. Der Zuschauerraum und die Bühne sind konstruktiv in wenig Tragscheiben aufgelöst.
4 Westfassade, Blick von der Hauptstraße, rechts die Mehrzweckhalle
5 Südfassade

1 La grande salle avec les panneaux montés
2 Variante pour des expositions et une petite salle de conférences
3 Le plan et les coupes de la salle montrent les possibilités de l'utilisation changeante. La salle et la scène sont figurées par plusieurs panneaux réguliers qui peuvent être montés ou abaissés à volonté
4 La façade ouest, vue de l'artère principale; à droite, la grande salle
5 La façade sud

4

WESTFASSADE

5

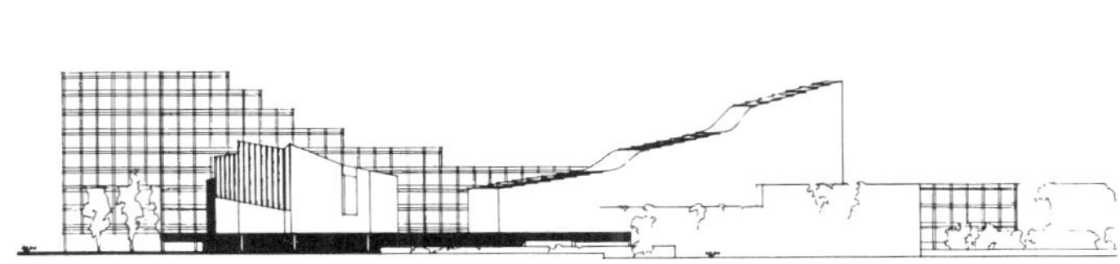

SÜDFASSADE

Wohnsiedlung, Pavia (Italien)
Entwurf 1966

Am Rande der Stadt Pavia soll eine Satellitenstadt für ungefähr 12 500 Einwohner entstehen. Die Autobahn Mailand-Rom führt mitten durch das dafür vorgesehene 970 000 m2 große Gelände. Im Süden grenzt das Gebiet an den Fluß Tessin. Wegen der Nähe der Autobahn wurde die Form der Häuser aus den gleichen

Ensemble d'habitation, Pavie (Italie)
Projet 1966

Une cité-satellite pour 12 500 habitants doit se construire à la périphérie de la ville de Pavie. L'autostrade Milan-Rome traverse le grand terrain de 970 000 m2, qui, au sud, touche au Tessin. En raison de la proximité de l'autostrade la disposition des habitations a obéi à des considérations analogues à celles des dor-

Situationsplan. Der Kurvenraster verläuft parallel zur Autobahn, quer dazu die im Zentrum gelegene Fußgängersammelachse. Die Erschließung mit dem Autoverkehr erfolgt parallel zum Kurvenraster, jedoch nicht durchgehend und nicht bei jeder Kurvenlinie, sondern von zwei Sammelstraßen am westlichen und am östlichen Ende des Siedlungsgebietes her. Auf diese Weise wird das Optimum einer Trennung von Fußgänger- und Autoverkehr erreicht

Le plan de situation. Le réglage s'opère parallèlement à l'autostrade; au milieu, la voie transversale réservée aux piétons. Les routes automobiles suivent les lignes incurvées, mais d'une manière discontinue sans toucher toutes les courbes, à partir de deux ronds-points à l'est et à l'ouest du territoire. Ce système concourt à séparer les autos d'avec les piétons

Überlegungen wie beim M.I.T. Senior Dormitory in Cambridge (Mass.) gestaltet. Um den Ausblick auf diese unruhige Straße möglichst zu eliminieren, wurde eine Kurvenform gewählt. So wurde erreicht, daß keines der Zimmer in einem Winkel von neunzig Grad auf Straße und Verkehr blickt. Aus der Form des Einzelobjektes wurde über das ganze Gebiet ein um jeweils eine Phase verschobener Kurvenraster als erstes Ordnungsprinzip gelegt.

toirs du M.I.T. à l'Université de Cambridge (Mass.) en ce sens que les formes incurvées font qu'il n'y ait pas de vue directe sur la voie à grand trafic. En partant de l'élément d'une maison, l'ensemble a été réglé sur un quadrillage général.

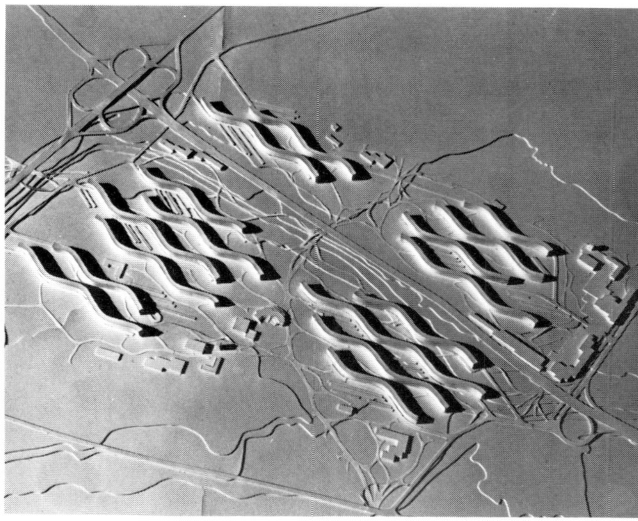

1

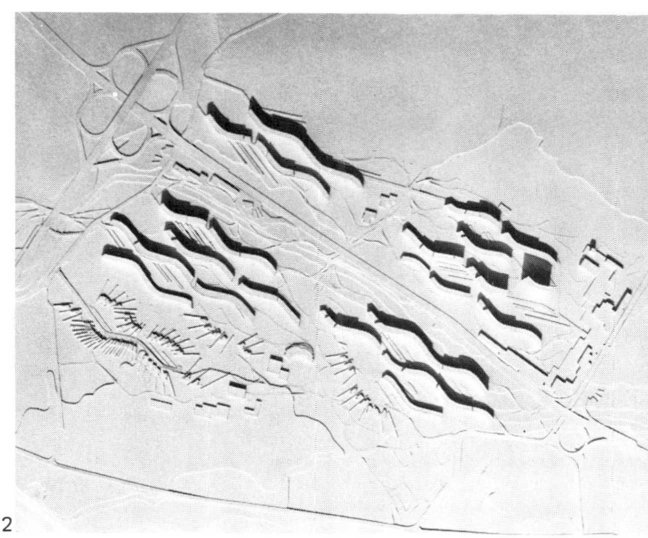

2

1 Modellaufnahme der ersten Fassung mit dem unmodifizierten Kurvenraster
2 Modellaufnahme einer möglichen Modifikation des Kurvenrasters mit verschieden langen und hohen Baukörpern bis zur Größe eines Einfamilienhauses

1 La maquette du premier projet avec les quadrillages inchangés
2 La maquette avec la modification du quadrillage et des corps de bâtiments différenciés dans la longeur et dans la hauteur, y compris les maisons à une famille

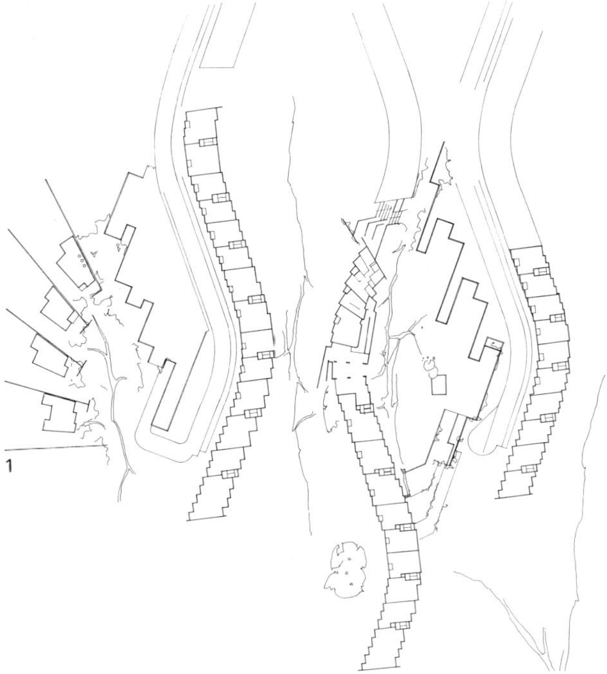

1

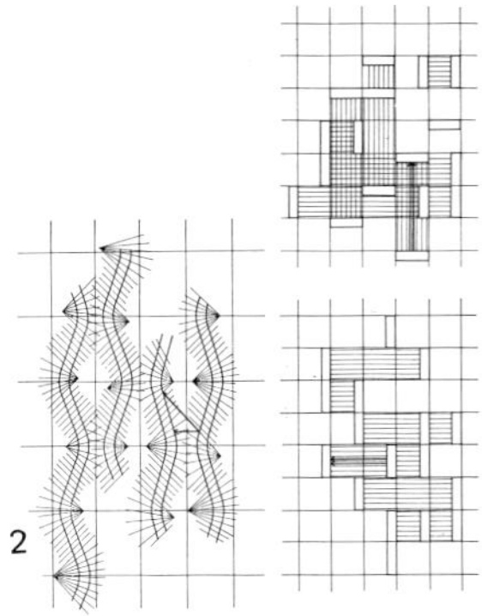

2

1 Ausschnitt einer Häusergruppe. Durch die Phasenverschiebung des Kurvenrasters entsteht eine maximale Ausweitung zu einem offenen Innenhof, der teilweise überdeckt ist. Fußgängerwege führen durch die unterste Geschoßebene hindurch
2 Vergleichsschema zwischen dem herkömmlichen rechtwinkligen Raster mit Einzelbauten und dem Kurvenraster
3/4 Modellansichten von Osten und Westen

1 Détail d'un groupe de maisons. En déplaçant le réglage curviligne, il se produit un espace intérieur, partiellement couvert. Les piétons peuvent cheminer à travers le sous-sol
2 Schéma comparatif entre le quadrillage rectangulaire avec des maisons isolées et le réglage curviligne
3/4 Vues de la maquette de l'est et de l'ouest

3

4

Theater und Kulturbauten

Théâtres et bâtiments culturels

Finnisches Theater, Turku
Wettbewerb 1927 Bauabschluß 1929

Das Theater, mit Geschäfts- und Büroräumen im gleichen Gebäude, dient der Aufführung von Kammerspielen. Der Zuschauerraum ist ein einfacher Kubus ohne jede Dekoration; die Wand- und Deckenflächen sind in dunkelblauem Stuccolustro gehalten. Ein System von goldenen Lampen, die von goldenen Trägern gehalten werden, bildet das einzige dekorative Element des Raumes. Das Scheinwerfersystem ist an der Decke in einer Art von Kuppel untergebracht, die, in Übereinstimmung mit den konisch fallenden Strahlenbündeln der Scheinwerfer ausgebildet, eine dreieckige Form aufweist. Die Überzüge der Bestuhlung und die Stoffbespannung der Wände der Treppenaufgänge sind in Grau und Rosa gehalten.

Théâtre finnois, Turku
Concours 1927 Fin des travaux 1929

Le théâtre entouré de magasins et de bureaux forme une partie d'un grand ensemble. Il est destiné à la comédie, et c'est pourquoi il n'a pas été conçu pour des manifestations musicales.
La salle est un cube très simple sans aucune décoration. Les parois et le plafond sont en stuc bleu foncé. Des lampadaires dorés sur des supports verticaux forment les seuls éléments décoratifs de la salle.
Des projecteurs sont aménagés dans une sorte de coupole conique dont le tracé obéit au faisceau lumineux. Les sièges et les parois des montées d'escaliers sont tendus d'étoffes grises et roses.

1

2

1 Die Scheinwerferanlage
2 Der Zuschauerraum

1 Les projecteurs
2 La salle

Theater und Konzerthaus, Kuopio
Wettbewerb 1951 Nicht ausgeführt

Kuopio, eine Provinzstadt Mittelfinnlands, besitzt in ihrem aus der Mitte des 19. Jahrhunderts stammenden Rathaus eine wertvolle architektonische Tradition. Es war geplant, das einstöckige Theater- und Konzerthaus um das Rathaus herum zu erstellen, wodurch das architektonische Vakuum hinter demselben ausgefüllt würde. Dank dieser Anordnung hätte sich ein zweiter Rathausplatz gebildet, als Kontrapunkt zu dem an der Eingangsfront liegenden Marktplatz. Der Theater- und Konzertsaal ist in einer Ecke des abfallenden Geländes so plaziert, daß ein asymmetrisches Amphitheater entsteht, ohne ansteigende Treppenhäuser, wodurch der gesamte interne Verkehr auf ein Stockwerk zu liegen käme.

Théâtre et salle de concerts, Kuopio
Concours 1951 Non réalisé

Kuopio, ville de province de la Finlande centrale, possède un bel hôtel de ville datant du milieu du XIXe siècle.
Le projet prévoyait un théâtre et une salle de concerts assez bas, qui auraient comblé le vide à l'arrière du bâtiment existant. Par cette disposition, il y aurait eu une seconde place publique formant le pendant de la place du marché qui se trouve devant l'hôtel de ville. L'édifice projeté était placé dans l'angle du terrain en pente, de manière à créer un amphithéâtre asymétrique sans escalier, avec une circulation intérieure sur un seul plan.

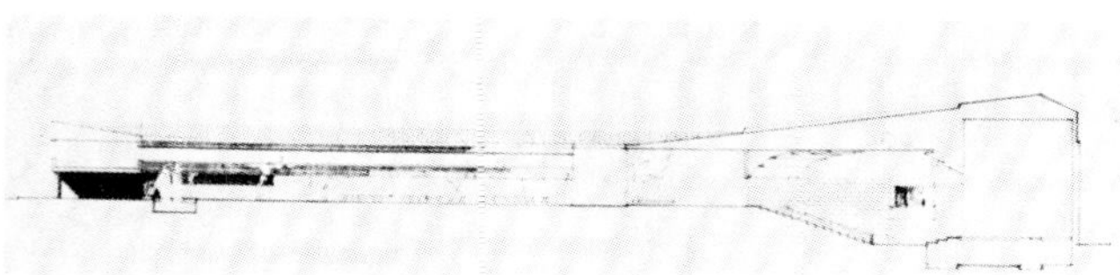
1

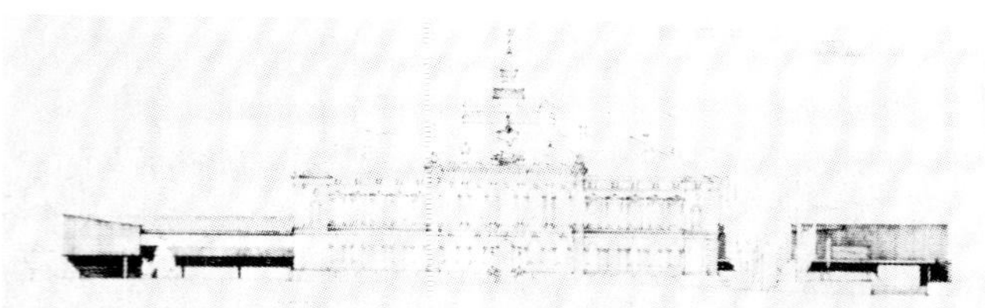
2

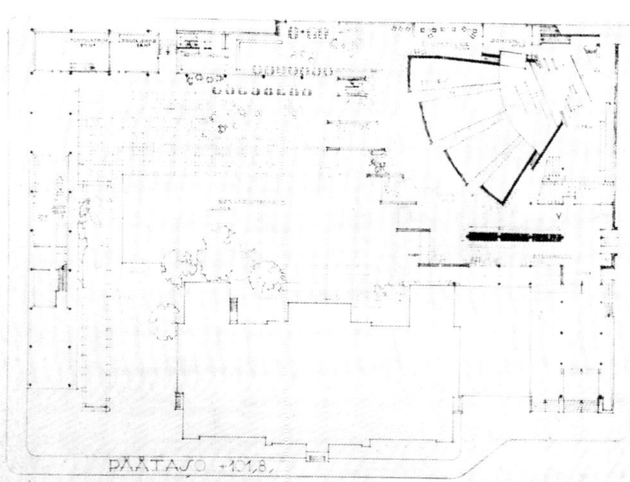

3

1 Schnitt durch Theatersaal
2 Fassade des bestehenden Rathauses
3 Hauptgrundriß, rechts der Theatersaal

1 La coupe sur la salle
2 La façade de l'hôtel de ville
3 Le plan général. A droite la salle

„Haus der Kultur", Helsinki
Projekt und Bauzeit 1955–1958

Das „Kultuuritalo" ist ein Gewerkschaftshaus verschiedener Arbeitervereine. Hauptaufgabe war die Schaffung eines Festsaales, der sowohl für Konzerte wie für Kongresse verwendbar sein sollte. Diese verschiedenen Funktionen verlangen eine Akustik, die musikalischen wie gesprochenen Veranstaltungen genügen muß. Aus diesen Erwägungen heraus entstand das Innere in Form einer Muschel. Besonders ausgebildete Wand- und Dachflächen dienen sowohl der Absorption wie auch der Reflexion der Tonwellen.
Der architektonisch rhythmische Aufbau des Innenraumes ist so gestaltet, daß verschiedene Arten von Wandflächen zur Anpassung der Akustik an den vollbesetzten oder leeren Saal ausgewechselt werden können.
Das asymmetrische Amphitheater erhält seine äußere Form durch die enge Anpassung an den Innenraum. Der Baukörper wird so ein Monolith von verschiedenen Kurvaturen, für deren Gestaltung ein spezielles Grundelement entwickelt wurde. Dieses Grundelement besteht aus einem Ziegelstein, der so konstruiert ist, daß mit einem Standardstein jeder Radius in konkaver oder konvexer Form gemauert werden kann.

«Maison de la Culture», Helsinki
Projet et construction 1955–1958

Cette maison, dite «Kultuuritalo», est le centre des diverses associations ouvrières.
Il s'agissait de créer une salle de fêtes pour y donner des concerts et y tenir des congrès.
L'acoustique devait donc convenir autant aux manifestations musicales qu'aux discours. De là, la conque en béton, revêtue de bois et de brique. La forme des parois et des plafonds est étudiée en vue de l'absorption et de la réflexion des ondes sonores.
L'intérieur est traité de manière que l'ordonnance générale ne soit pas altérée lorsqu'il faut changer la disposition des parois selon le plus ou moins grand nombre d'auditeurs.
L'aspect asymétrique de la face extérieure de l'amphithéâtre s'explique par les données de l'intérieur. Le bâtiment forme une masse monolithique aux courbes variées, dont les lignes sont le résultat d'essais sur une brique formant l'élément constitutif, tant des formes concaves que des formes convexes.

Auditorium mit Vordach zum Haupteingang / auditoire avec la marquise sur l'entrée

1

2

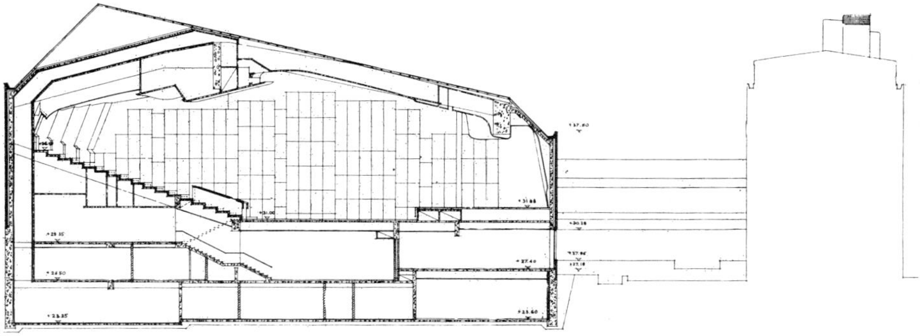

3

1 Innendetail mit Wand- und Deckenanschluß
2 Innenansicht des großen Auditoriums. An der Wand spezielle Elemente für die Akustik
3 Schnitt durch das Auditorium
4 Grundriß des großen Auditoriums mit Bürotrakt

1 Auditoire avec la marquise sur l'entrée
2 Le grand auditoire, la vue de l'intérieur. Les parois sont traitées spécialement pour améliorer l'acoustique
3 Coupe du grand auditoire
4 Plan du grand auditoire avec bureau

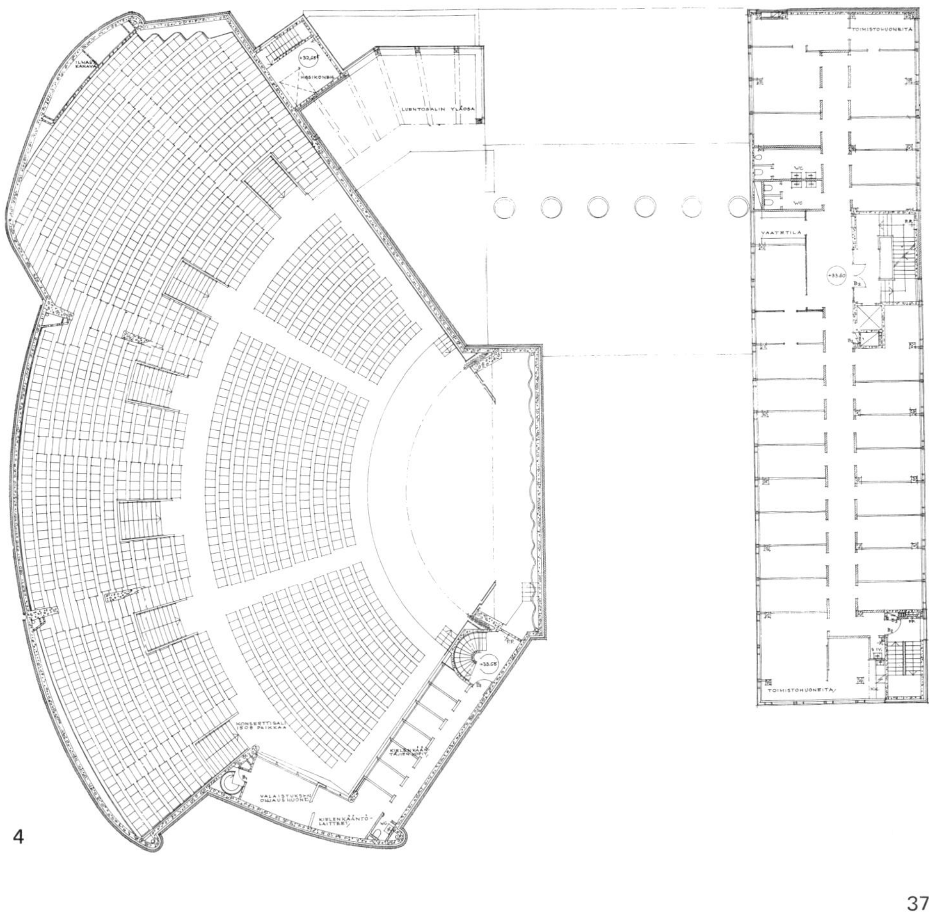

4

1

1 Fassadenansicht
2 Großes Auditorium von außen

1 Vue de la façade
2 Le grand auditoire: vue extérieure

2

Kulturzentrum, Wolfsburg (Deutschland)
Wettbewerb 1958 Bauzeit 1959–1962

Das Wolfsburger Kulturzentrum ist Teil eines für den späteren Ausbau geplanten größeren Komplexes, dessen endgültige Gestaltung noch nicht feststeht. Dieses Kulturzentrum ist in der Absicht gebaut worden, einer Industriestadt mit ihrer monotonen Arbeits- und Lebensweise eine Stätte des geistigen Gegengewichtes und der Erholung zu geben. Obgleich unter Dach, soll es doch die Rolle einer griechischen Agora übernehmen, die allerdings ein offener freier Platz war.
Das Hauptgebäude ist in drei Sektoren aufgeteilt: 1. die Stadtbibliothek als Dominante mit einer kleinen Volkshochschule, 2. je eine Gruppe von Hobby- und Clubräumen und 3. Säle und Dachgarten für Gemeinschaftsanlässe. Die verschiedenen Teile des Gebäudes sind alle funktionell miteinander verbunden, weshalb sie sich unter einem „gemeinsamen" Dach befinden.

Centre culturel, Wolfsburg (Allemagne)
Concours 1958 Construction 1959–1962

Le centre culturel de Wolfsburg forme une première étape de la construction d'un ensemble dont l'aménagement définitif n'est pas encore précisé.
Il se trouve à la place de l'Hôtel-de-Ville, ce qui indique qu'il bénéficie du patronage des autorités municipales.
Ce centre a pour objet la création d'un lieu d'activité intellectuelle qui contrebalance la vie laborieuse et monotone d'une ville industrielle et procure quelques loisirs. Bien qu'il ne soit pas à ciel ouvert, il est censé rappeler l'agora de l'antiquité hellénique.
L'édifice principal se divise en quatre secteurs réunis sous un seul toit: 1. la bibliothèque municipale, se greffant sur une petite université populaire, 2. les salles de jeux, 3. les clubs, 4. les salles et le toit-terrasse pour les grandes réunions. Ces secteurs communiquent entre eux.

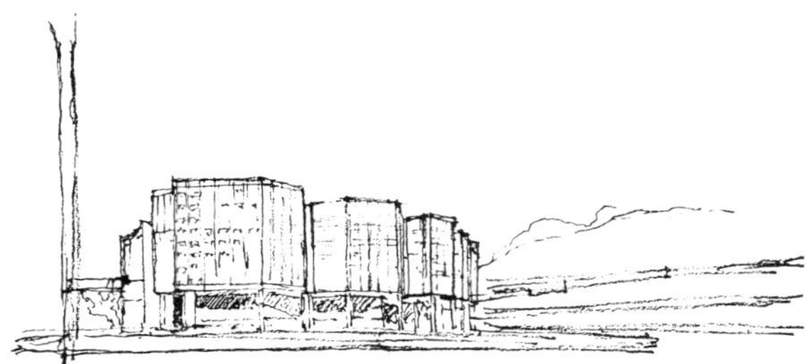

1

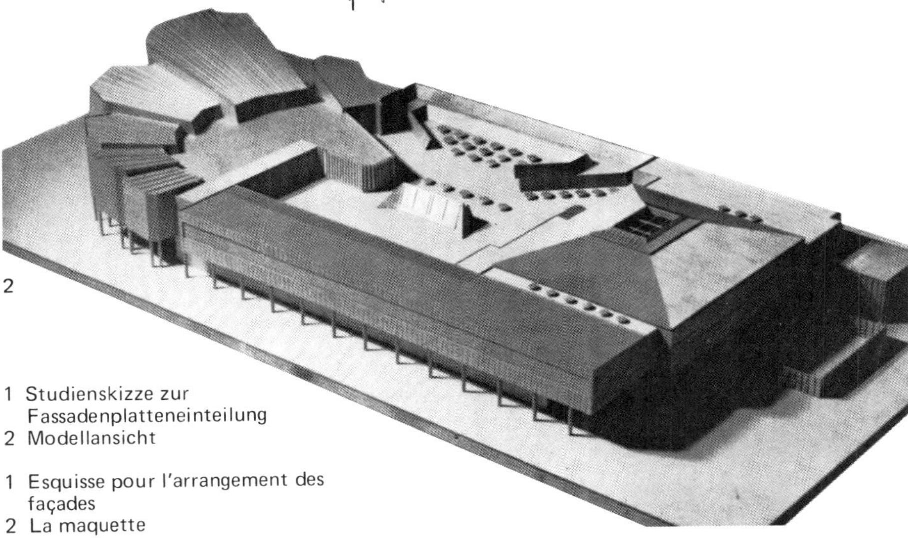

2

1 Studienskizze zur Fassadenplatteneinteilung
2 Modellansicht

1 Esquisse pour l'arrangement des façades
2 La maquette

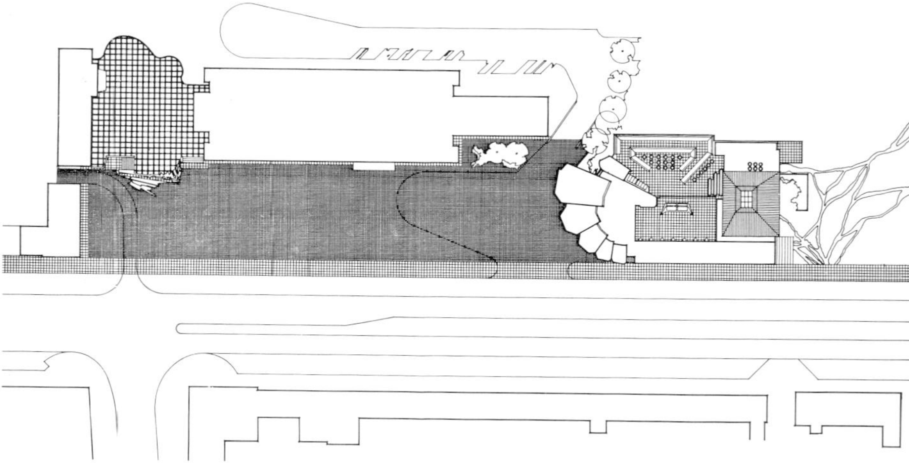

1

2

1 Situationsplan
2 Blick vom Rathaus in den Innenhof im ersten Obergeschoß
3 Die gegen den Rathausplatz gerichteten geschlossenen Kuben der Vortragssäle
4 Blick in den Innenhof und gegen das Jugendzentrum
5 Längsschnitt. Im Erdgeschoß befinden sich das Eingangsfoyer, der Mehrzwecksaal und das Foyer des Jugendzentrums. Im Obergeschoß sind der Hauptvortragssaal, der Innenhof und die Werkstätte des Jugendzentrums
6 Obergeschoß, links die Hörsäle der Volkshochschule, rechts die Werkstätten und Clubräume, in der Mitte der Zentralhof für verschiedene Veranstaltungen
7 Eingangsgrundriß, links Eingänge zu der Bibliothek und den Hörsälen, rechts Eingänge zu „Jugendhaus", Kinderbibliothek und den Wohnungen.

3

4

1 Le plan de situation
2 La vue de l'hôtel de ville sur la cour intérieure du premier étage
3 Les volumes des salles de conférences orientées vers la place de l'Hôtel de Ville
4 La vue sur la cour intérieure vers le centre de la jeunesse
5 La coupe longitudinale. Au rez-de-chaussée, il y a le foyer, la salle polyvalente et le foyer du centre de la jeunesse. A l'étage, la salle des conférences, la cour intérieure et l'atelier de la jeunesse
6 L'étage supérieur. A gauche, les auditoires de l'Université populaire; à droite, les ateliers et les salles de club; au centre, la cour destinée à des manifestations diverses
7 Le plan de l'entrée. A gauche, les accès à la bibliothèque et aux auditoires; à droite, les entrées de la maison de la jeunesse, la bibliothèque enfantine et et les habitations. Sous les arcades il y a les magasins donnant sur l'avenue

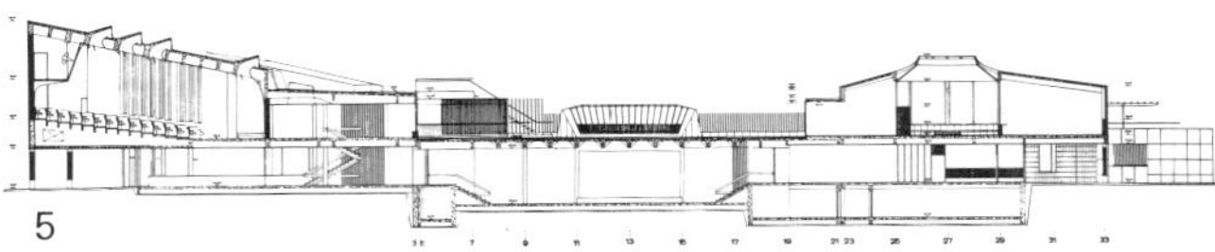

5

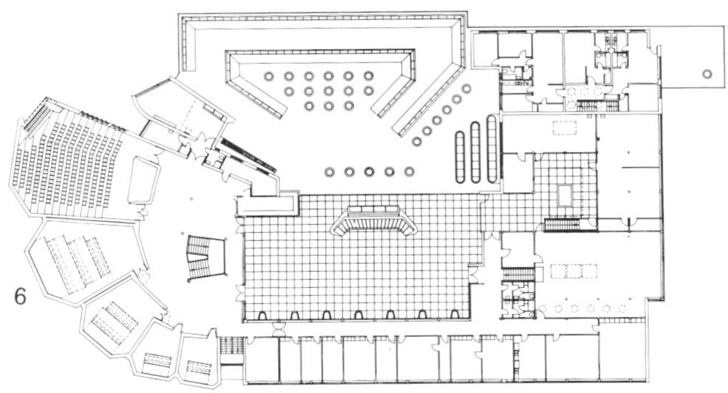

6

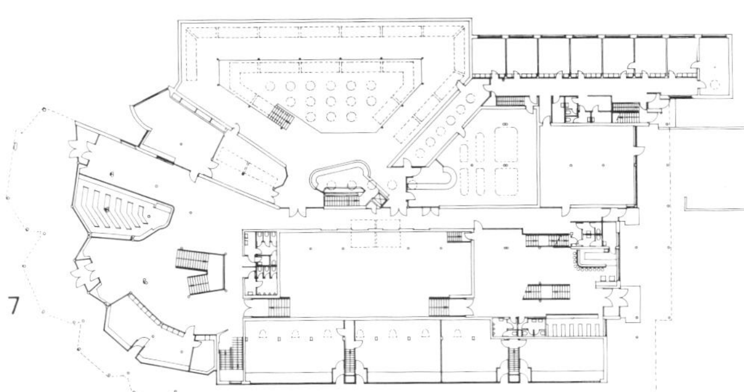

7

1

2

1 Haupteingangsfoyer mit Treppenaufgang zu den Vortragssälen
2 Bibliothek
3 Vorplatz der Werkstätte im Jugendzentrum. Das Oberlicht kann im Sommer ganz geöffnet werden
4 Rückwand mit der Filmkabine im großen Vortragssaal

1 Le grand foyer avec l'escalier allant aux salles des conférences
2 Bibliothèque
3 Le dégagement de l'atelier du centre de la jeunesse. Le plafond peut s'ouvrir entièrement en été
4 Le fond de la grande salle avec la cabine de l'opérateur

3

4

Opernhaus, Essen (Deutschland)
Wettbewerb 1959 (1. Preis) Entwurf 1961–64

Die Oper kommt in einen großen Park zu stehen. Auto- und Fußgängerverkehr sind voneinander vollständig getrennt, und die Zufahrtsstraße zum Haupteingang ist so geplant, daß eine große Anzahl Autos gleichzeitig unter dem Opernvordach anhalten kann.
Der Zuschauerraum ist ein asymmetrisches Amphitheater mit einer gewellten Hinterwand der Logen und logenartigen Balkonen. Mit der asymmetrischen Form wird ein Saal geschaffen, der auch bei schwacher Besetzung nicht leer wirkt.
Der Zuschauerraum besteht aus zwei Hauptelementen: einem kuppelförmigen Raum, der in tiefblauer (Indigo) Farbe gehalten und so konstruiert ist, daß sowohl absorbierende wie reflektierende Flächen mit Leichtigkeit angebracht werden können. Gegen diesen dunklen Hintergrund kontrastiert die Logenbrüstung aus weißem Marmor, die zum Teil massiv, zum Teil filigranartig durchbrochen ist.

Opéra, Essen (Allemagne)
Concours 1959 (1er prix) Projet 1961–1964

L'Opéra est situé dans un grand parc. La circulation automobile et celle des piétons sont entièrement séparées. L'entrée principale est conçue pour qu'un grand nombre de voitures puissent s'arrêter en même temps sous la marquise.
La salle est en forme d'amphithéâtre irrégulier avec une paroi ondulée au fond, comprenant les loges et les balcons. L'asymétrie de la disposition doit donner l'impression que la salle, même non entièrement occupée, n'est pas vide.
La salle a deux caractéristiques essentielles: un espace voûté de couleur indigo construit pour recevoir, sans arrangements spéciaux, des surfaces absorbantes ou réfléchissantes (de couleur sombre).
La paroi des loges forme un contraste marqué avec ces teintes, étant revêtue de marbre blanc, tantôt uni, tantôt ajouré.

Situationsplan / Le plan de situation

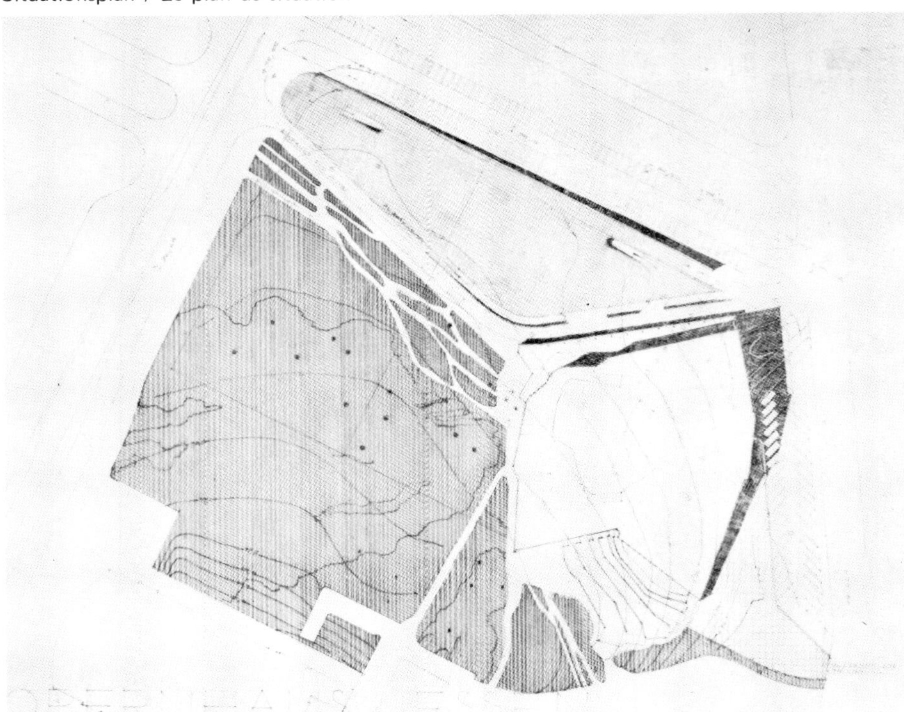

1

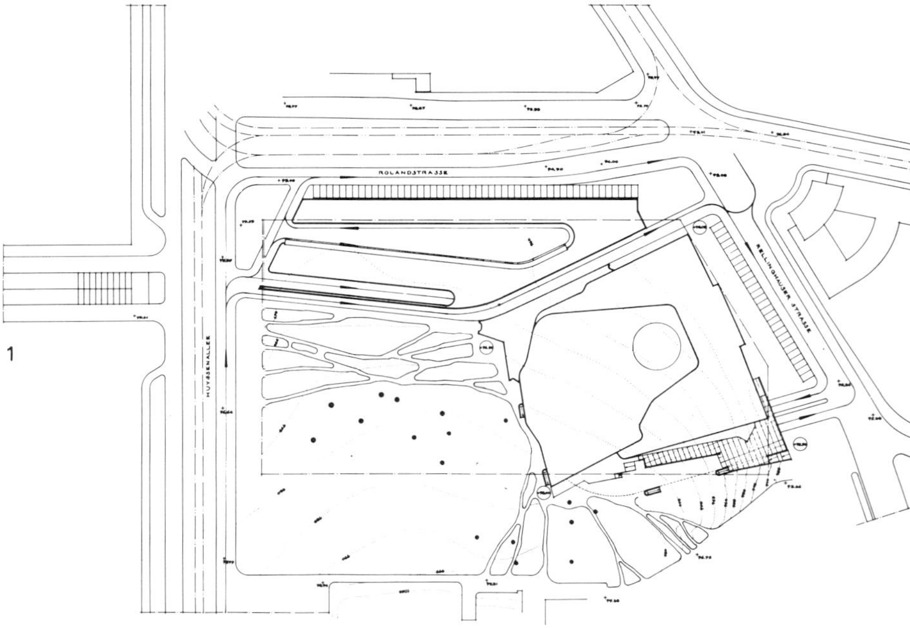

2

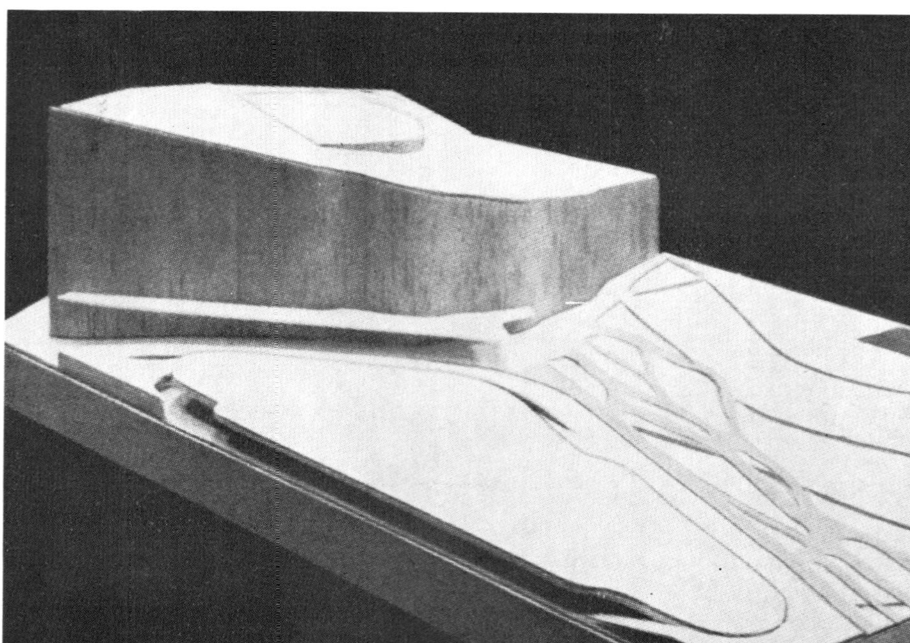

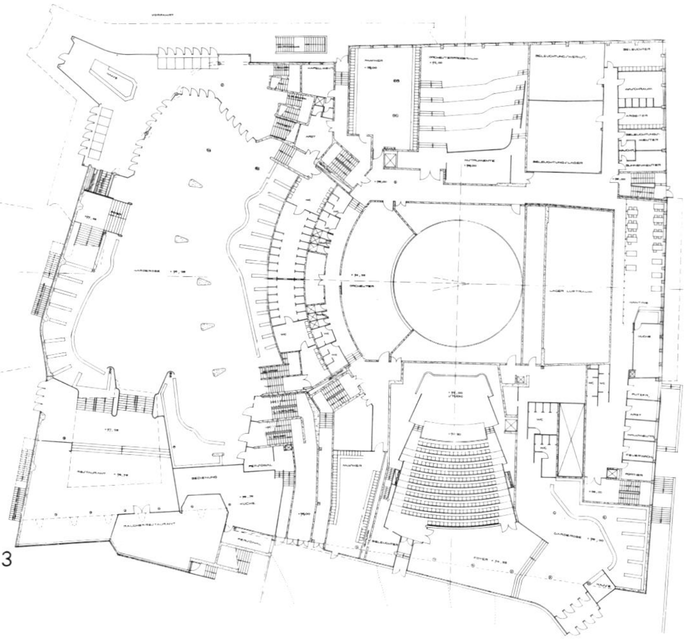

3

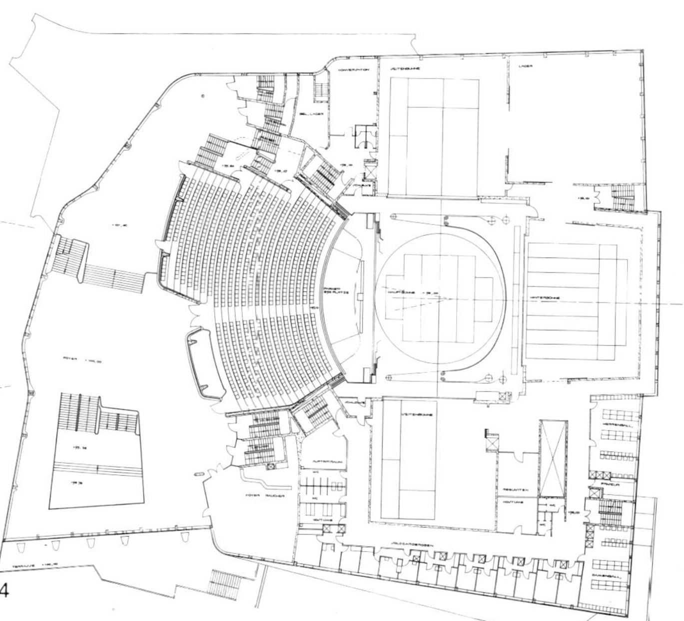

4

1 Situationsplan
2 Modellphoto
3 Eingangsgeschoß mit Garderobe und Studiobühne
4 Zuschauerraum mit Hauptfoyer

1 Le plan de situation
2 La maquette
3 Le rez-de-chaussée avec les vestiaires et la scène d'essai
4 La salle avec le grand foyer

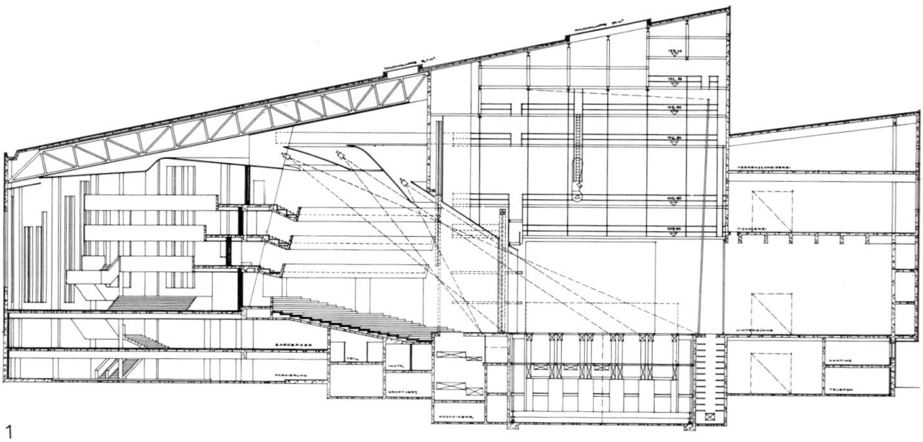

1

1 Querschnitt durch Zuschauerraum
2 Perspektivskizze
3 Modell, Detailansicht mit dem vorgesehenen Wandrelief
4 Modell, Blick in das Hauptfoyer und den Aufbau der Emporengalerien

1 La coupe sur la salle
2 Salle et foyer, esquisse
3 La maquette avec le détail du bas-relief prévu
4 La maquette avec la vue sur le grand foyer et sur les rangs supérieurs

2

3

4

Nordisches Haus, Reykjavik (Island)
Entwurf 1962/63 Bauzeit 1965–1968

Das Nordische Haus in Reykjavik ist als ein kleines Kongreßzentrum gedacht. Das Haus ist ein Geschenk aller nordischen Regierungen an Island. Es enthält einen Vortrags- und Ausstellungssaal, eine Bibliothek mit nordischer Sammlung, verschiedene Klubräume und eine Cafeteria.

1 Situationsplan
2 Ansicht der Eingangsfassade

Maison du Nord, Reykjavik (Islande)
Projet 1962/63 Construction 1965–1968

Cet édifice est un petit palais des congrès. Cette maison est un don de tous les gouvernements des pays nordiques. Il y a une salle de conférence et d'exposition, une bibliothèque avec une collection nordique, plusieurs salles de club et un café.

1 Le plan de situation
2 La vue de la façade d'entrée

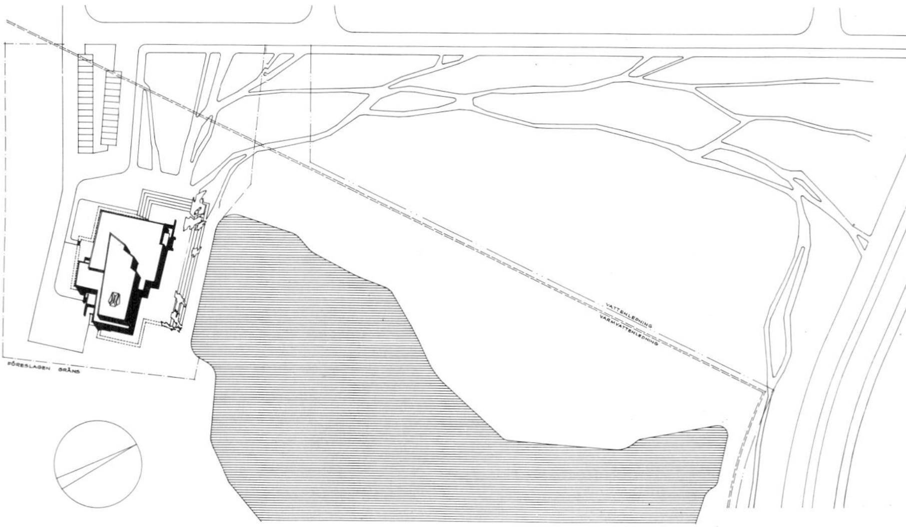

1

2

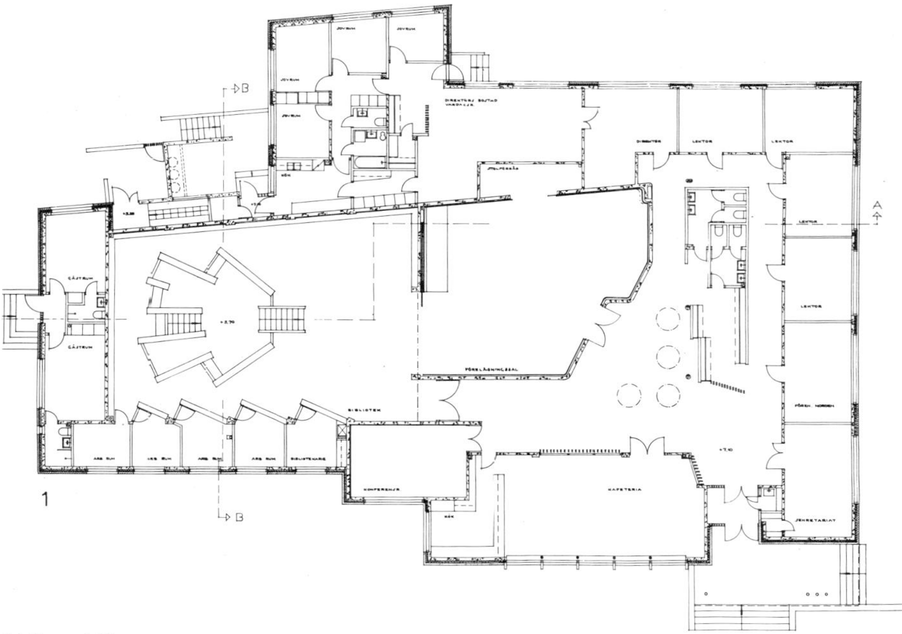

1

1 Grundriß
2 Längsschnitt
3 Eingangshalle
4 Bibliothek

1 Le plan
2 La coupe longitudinale
3 Le vestibule
4 La bibliothèque

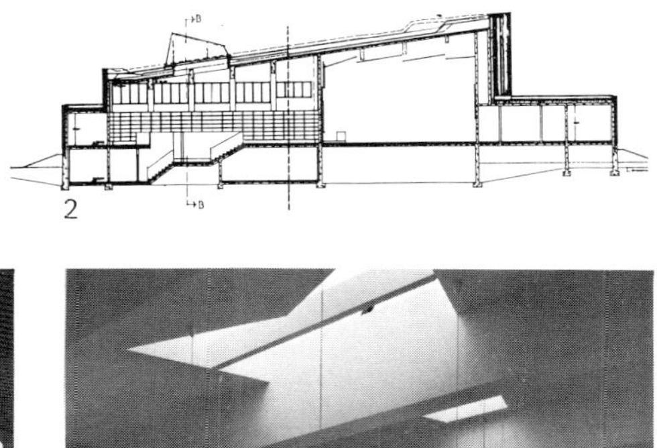

2

3

4

Konzert- und Kongreßhaus, Helsinki
Entwurf 1962 Bauzeit 1967–1971

Das Gebäude ist Teil des neuentworfenen Stadtzentrums und liegt neben den großen fächerförmigen Terrassen. Der Baumbestand des Geländes konnte erhalten bleiben. Der Fußgängerverkehr in der Längsrichtung des Hesperiaparkes wird durch die Parkanlage zwischen Mannerheimstraße und dem Konzerthaus geführt.
Die Raumgliederung des Konzerthauses umfaßt einen Konzertsaal für 1750 Personen, einen Kammermusiksaal für 350 Personen und ein unterteilbares Restaurant für 300 Personen. Beide Musiksäle sind völlig von der restlichen Betonkonstruktion getrennt, mit speziellen Schallfugen, und zwar bis zu den Fundamenten, um jegliche Geräuscheinwirkung von aussen her zu verunmöglichen.
Die Fassaden sind mit weißem Marmor und mit schwarzem Granit verkleidet.

Palais des congrès avec salle de concerts, Helsinki
Projet 1962 Construction 1967–1971

L'édifice fait partie du nouveau centre urbain et se situe aux abords des grandes terrasses en éventail. Les arbres existants ont pu être sauvegardés. La circulation pédestre longe le parc Hespéria entre l'avenue Mannerheim et la salle de concerts.
Le programme prévoit une grande salle de 1750 places, une salle de 350 places pour la musique de chambre et un restaurant subdivisible de 300 places.
Les salles de concerts sont entièrement détachées de la structure en béton, avec des joints phoniques qui descendent jusque dans les fondations de manière à obtenir une isolation parfaite de tout bruit extérieur.
Les façades sont revêtues de marbre blanc et de granit noir.

Lageplan / Le plan de situation

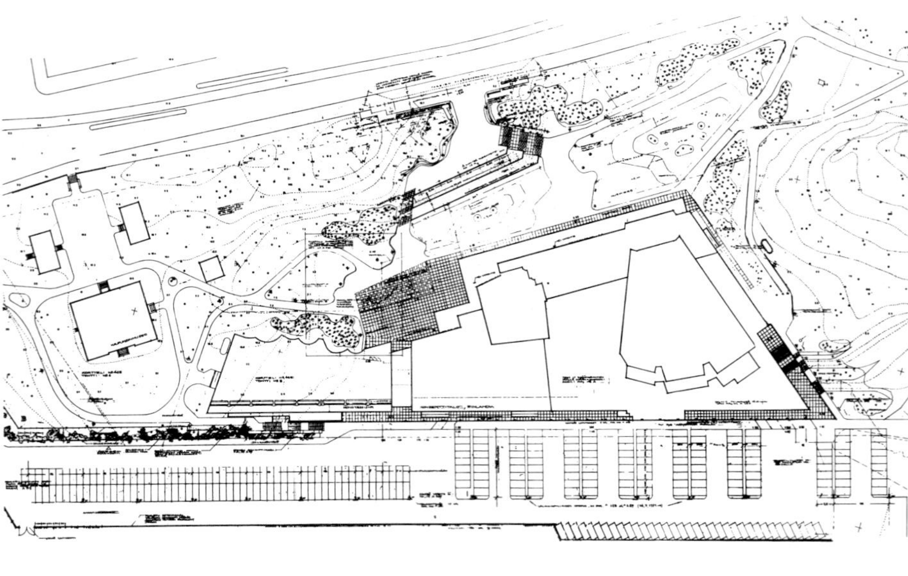

1

2

1 Ansicht vom Töölösee
2 Entwurfsskizze des Saalgeschosses

1 Vue du lac Töölö
2 Esquisse du plan du niveau de la salle de concerts

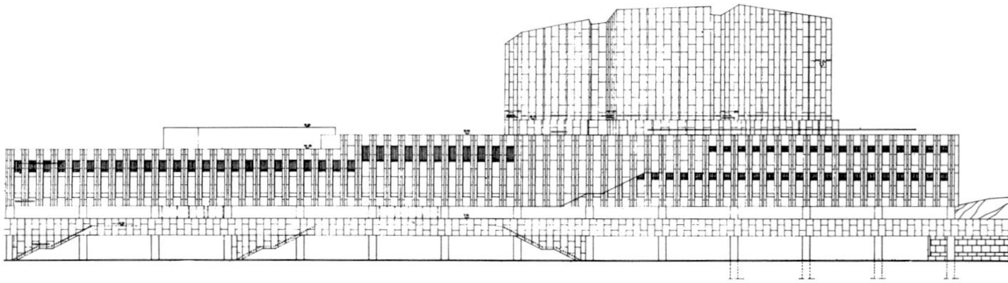

1

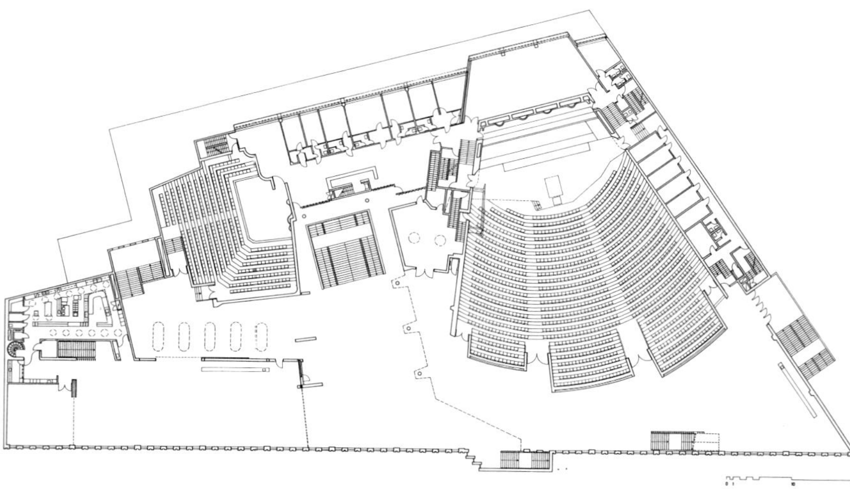

2

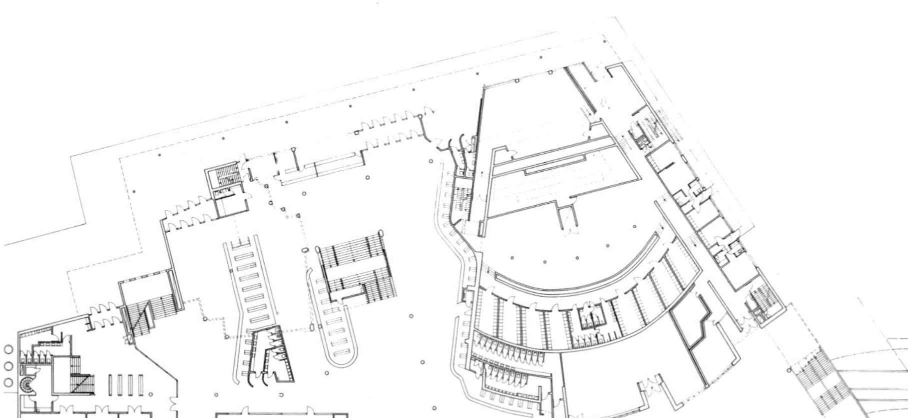

3

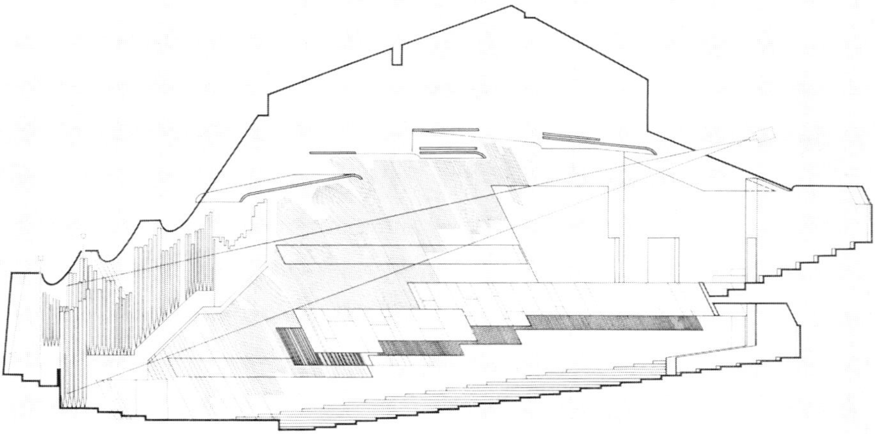

4

1 Fassadenzeichnung
2 Hauptgeschoßgrundriß
3 Eingangsgeschoß. Jeder der drei Hauptteile hat für den Bedarfsfall einen separaten Eingang auf der Längsseite des Gebäudes
4 Querschnitt und Innenraumansicht
5 Großer Konzertsaal

1 L'élévation
2 L'étage des salles
3 Le rez-de-chaussée. Chacun des trois secteurs possède une entrée séparée sur le long côté du bâtiment
4 Coupe transversale et vue de l'intérieur
5 La grande salle de concerts

5

1

1 Kammermusiksaal
2 Gesamtansicht
3 Decken- und Wandausschnitt des großen Konzertsaals
4 Fassadenausschnitt

1 La salle de musique de chambre
2 Vue d'ensemble
3 Détail du plafond et de la paroi de la grande salle des concerts
4 Détail de la façade

2

3

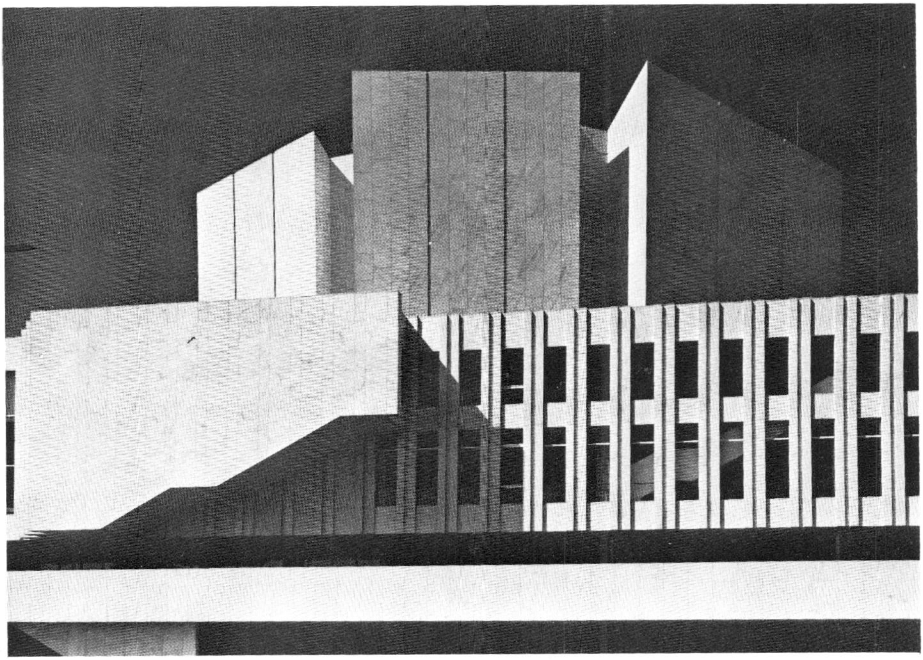
4

1 

1 Ausschnitt des Konzertsaalfoyers
2 Ausschnitt des Konzertsaalfoyers mit Haupttreppenabgang

1 Détail du foyer de la salle des concerts
2 Détail du foyer de la salle des concerts avec la descente de l'escalier

2 

Kongreßhaus „Finlandia", Helsinki
Projekt 1970 Bauzeit 1973–1975

Der Kongreßflügel bildet eine selbständige Einheit zum Konzertsaalteil und wurde in einer zweiten Etappe angebaut. Der Haupteingang ist ebenfalls durch die Grünanlage von der Mannerheimstraße her erreichbar. Kongreß- und Konzertsaalteil können für spezielle Anlässe miteinander verbunden werden. Das Restaurant ist ebenfalls unabhängig von außen, doch auch im Inneren vom Kongreß- und Konzertsaalteil zugänglich. Eine Verbindung von Kongreßflügel zum Stadtmuseum soll in einer späteren Etappe ausgeführt werden.

Palais des congrès «Finlandia», Helsinki
Projet 1970 Exécution 1973–1975

L'aile des congrès forme une unité indépendante par rapport à la salle des concerts; elle a été ajoutée lors d'une seconde étape.
L'accès a lieu par la zone de verdure, en venant de l'avenue Mannerheim.
La salle des congrès et la salle des concerts peuvent être reliées à l'occasion de certaines manifestations.
Le restaurant possède une entrée indépendante; mais il est accessible aussi par les deux salles.
La communication entre l'aile des congrès et le musée sera réalisée dans une étape ultérieure.

Westfassade

Façade ouest

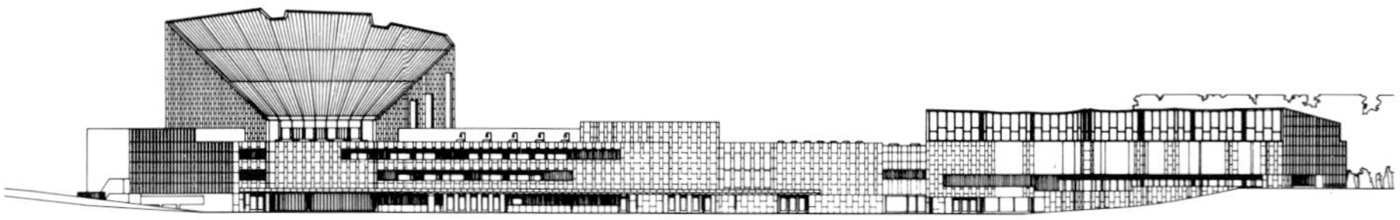

1

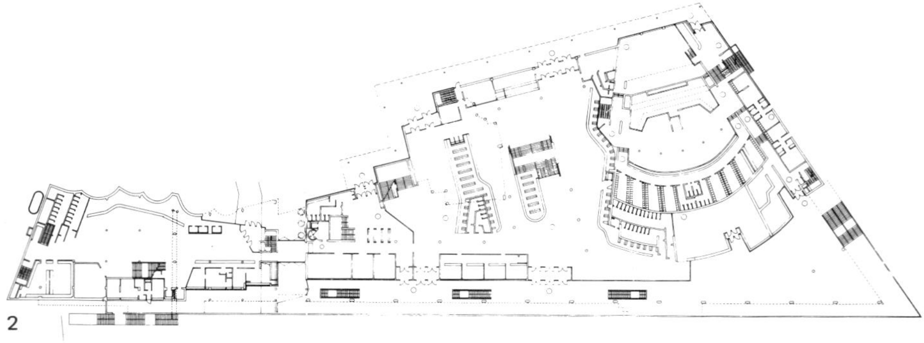

2

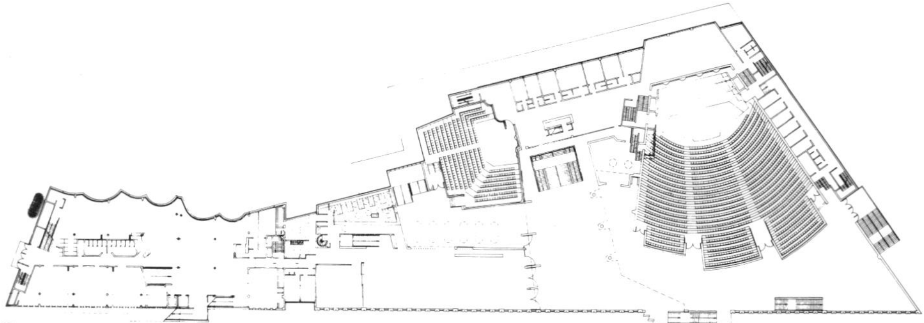

3

1 Eingangsfassade, rechts der Kongreßflügel
2 Eingangsgeschoß
3 Auditoriums- und Konferenzgeschoß mit dem Restaurant

1 Façade de l'entrée; à droite, l'aile des congrès
2 Rez-de-chaussée
3 Etage de l'auditorium et des salles de conférences, avec le restaurant

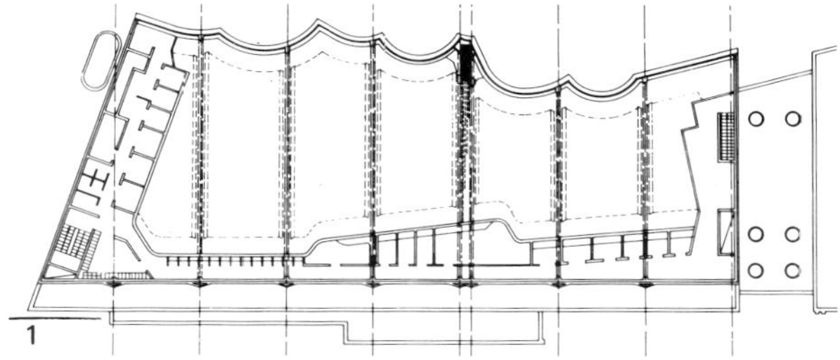

1

1 Grundriß mit Übersetzerkabinen
2 Foyer
3 Ausschnitt der Ostfassade

1 Plan montrant les cabines des traducteurs
2 Foyer
3 Détail de la façade est

2

3

1

1/2 Ausschnitte aus dem Kongreßsaal. Dieser faßt 300 Plätze und kann auch unterteilt werden

1/2 Détail de la salle des congrès à 300 places; subdivision possible

2

Kulturzentrum, Siena (Italien)
Wettbewerb 1966

Für das neue Kulturzentrum in Siena ist ein außergewöhnlicher Bauplatz vorgesehen. Es soll in den Hof der Befestigungsmauern einer barocken „Fortezza" zu stehen kommen. Städtebaulich gesehen, sprengt die Größe der Befestigungsanlage den im Mittelalter festgelegten Maßstab der Stadt Siena; der berühmte Campo hätte im Innenhof der „Fortezza" gut Platz.

Centre culturel, Sienne (Italie)
Concours 1966

Une place exceptionnelle a été choisie pour le nouveau centre culturel de Sienne: c'est la cour entourée des murs d'une ancienne forteresse baroque. La dimension des fortifications a fait éclater le noyau moyenâgeux de la ville; le célèbre «Campo» pourrait aisément occuper l'espace des fortifications.

1

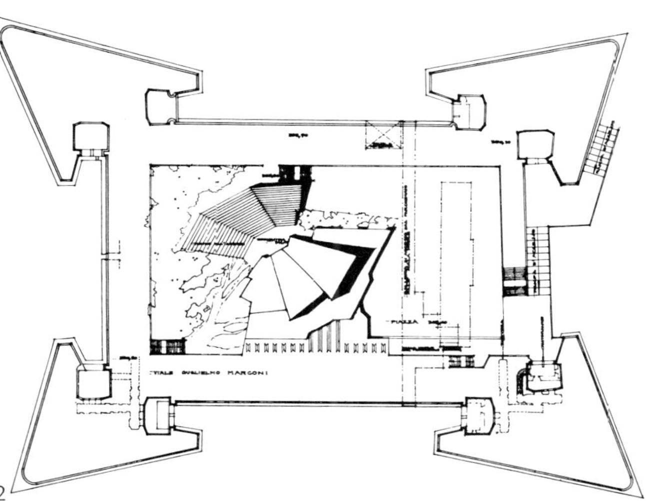

2

1 Erste Ideenskizze
2 Lageplan. Das neue Kulturzentrum ist inmitten der bestehenden Befestigungsmauern

1 Le premier croquis
2 Le plan de situation du nouveau centre entouré des murs des fortifications existantes

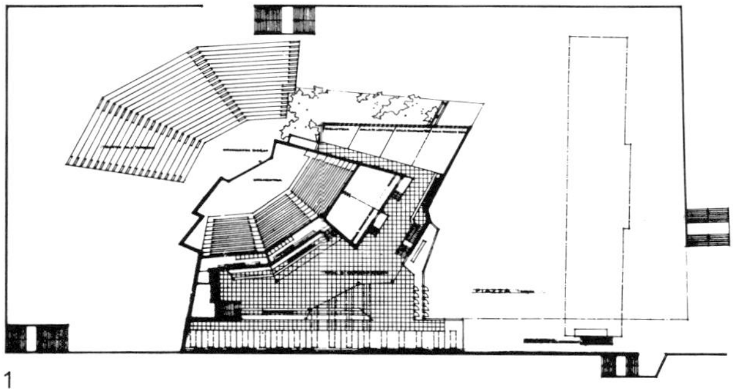

1

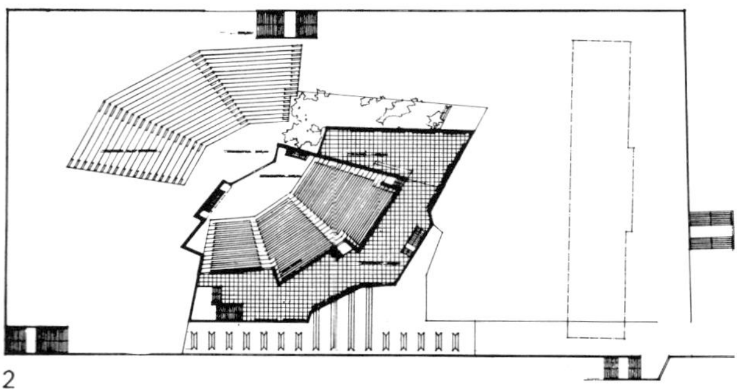

2

1 Grundriß des Eingangsgeschosses. Die Rückwand der Bühne soll geöffnet werden können, so daß mit dem Freilichttheater zusammen eine Raumbühne entsteht
2 Foyergeschoß
3 Querschnitt. Der Hof soll teilweise bis zur Krone der Mauern aufgeschüttet werden.
4 Längsfassade. Der glatte, in Weiß gehaltene Gebäudekubus soll zur alten und verwitterten Natursteinmauer der „Fortezza" einen Kontrast bilden

1 Le plan du rez-de-chaussée. Le fond de la scène doit pouvoir s'ouvrir pour permettre des représentations en plein air
2 L'étage du foyer
3 La coupe. La cour sera partiellement comblée jusqu'à la hauteur des créneaux
4 L'élévation longitudinale. Les murs blancs et lisses formeront un net contraste avec la vieille pierre de la forteresse

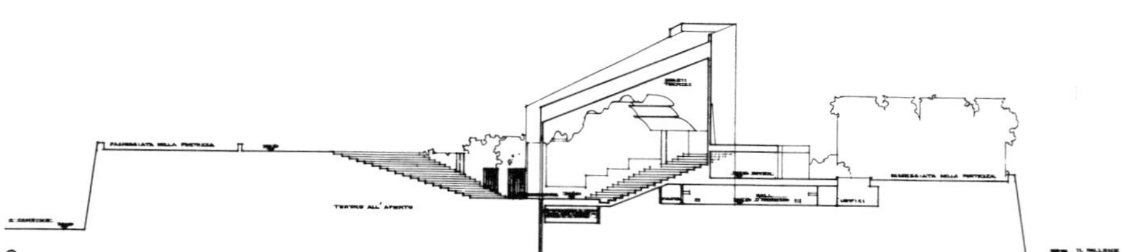

3

4

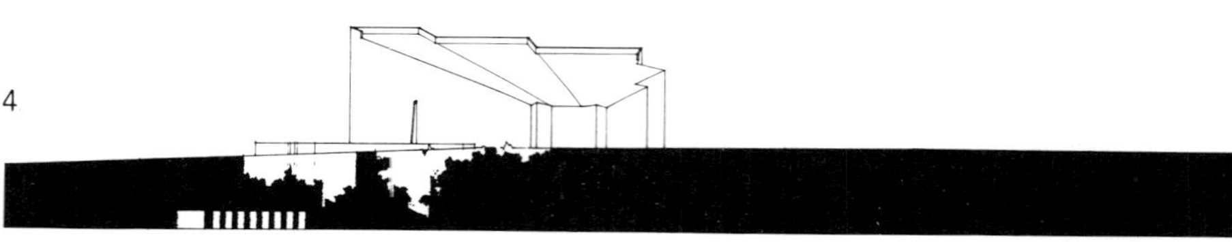

Theater, Wolfsburg (Deutschland)
Wettbewerb 1966

Das Hauptproblem dieser Aufgabe bestand darin, den Theaterbau dem Stadtbild anzupassen. Durch die große Straßenkreuzung wird die direkte Verbindung mit dem bereits gebauten Kulturzentrum und dem Rathausplatz durchschnitten.
Das Theater befindet sich in leichter Schrägstellung zur Achse der Hauptstraße. Die Öffnung des Raumes zum Theater hin betont den markanten Hügel, der den Hintergrund bildet und zugleich Abschluß der Stadtmitte ist.
Die Fußgängerverbindungen zum Theater sind zum Teil über und zum Teil unter der Straße.

Théâtre, Wolfsburg (Allemagne)
Concours 1966

La tâche importante consistait à incorporer l'édifice à la ville. Le grand carrefour sépare le centre culturel, déjà construit, et la place de l'Hôtel de ville.
La position du théâtre est légèrement oblique par rapport à l'axe de l'avenue principale.
L'espace devant le théâtre forme le contrepoint avec la colline qui se trouve à l'arrière et délimite la ville.
Les accès des piétons se trouvent en partie sous l'avenue et en partie au-dessus.

1 Entwurfsskizze. Querschnitt und Ansicht von der Hauptstraßenachse zum Theater mit Hügelhintergrund
2 Situationsplan

1 Croquis. La coupe, et le théâtre vu de la grande avenue avec la colline au fond
2 Le plan de situation

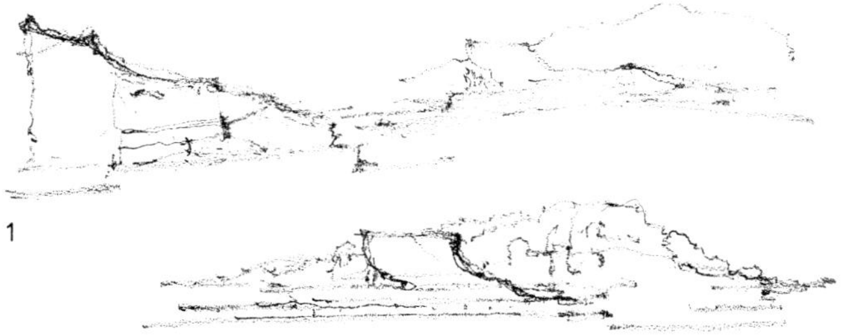
1

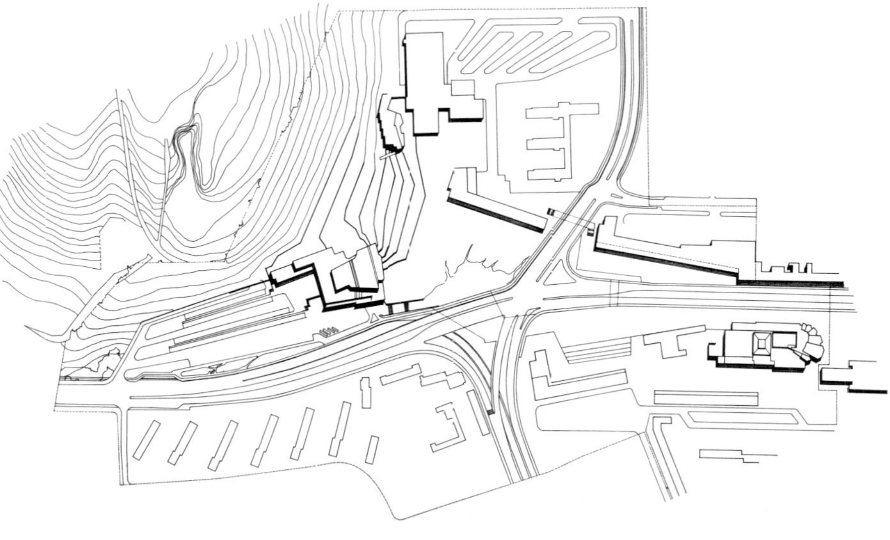
2

1 Grundriß des Eingangsgeschosses
2 Grundriß des Hauptgeschosses
3 Längsfassade

1 Le plan du rez-de-chaussée
2 Le plan de l'étage principal
3 La façade longitudinale

1

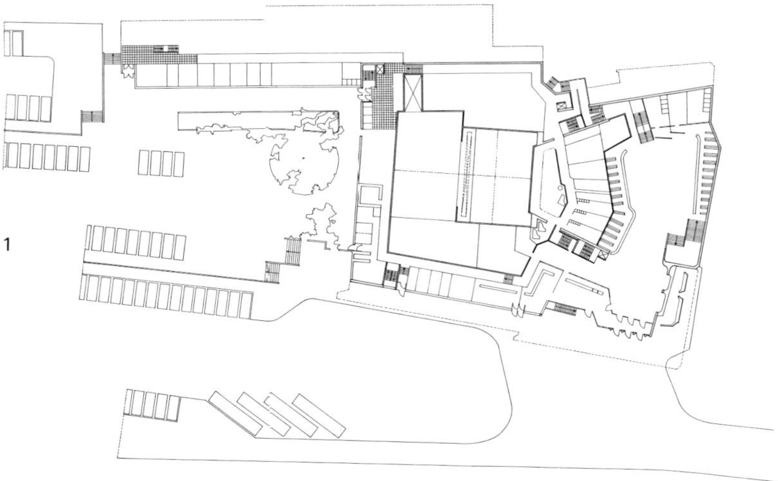

2

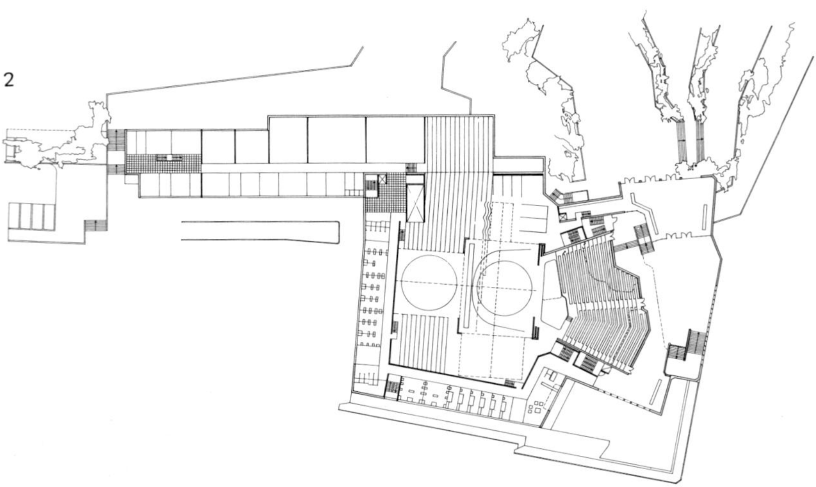

3

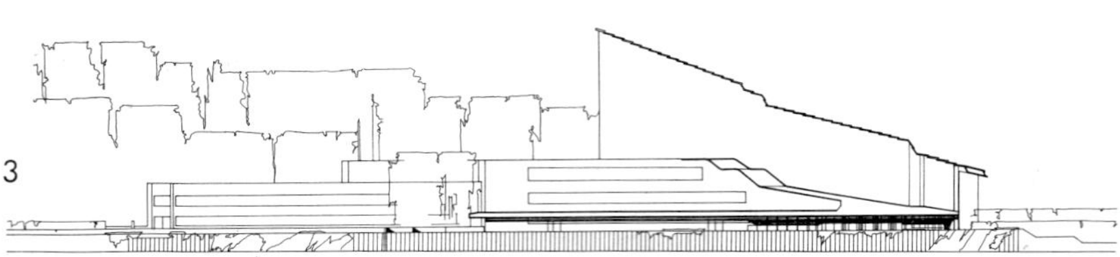

Theater, Seinäjoki
Entwurf 1968/69

Das Theater, das zugleich Kongreß- und Vereinszentrum ist, wurde für die Stadt und die nähere Umgebung geplant. Es ist ein kleines kompaktes Mehrzweckgebäude und gleicht im Grundriß dem Wettbewerbsentwurf für die Theater in Wolfsburg und Essen. Die innere Einrichtung ist einfacher gehalten als in den erwähnten Bauten. Dies gilt vor allem für den Bau der Bühne. Sie kann ohne große Mühe verschiedenartig umgebaut werden und eignet sich deshalb auch gut für Laientheater.

1 Zuschauergeschoß. Mit einer Schiebwand kann der Zuschauerraum unterteilt werden. Auch das Foyer ist unterteilbar
2 Eingangsgeschoß
3 Querschnitt
4 Studienmodell

1 L'étage des spectateurs. La salle peut se subdiviser au moyen d'une paroi mobile
2 Le rez-de-chaussée
3 La coupe
4 La maquette d'essai

Théâtre, Seinäjoki
Projet 1968/69

Le théâtre qui sert aussi pour les congrès et les réunions, est destiné à la ville elle-même et à la région voisine. Bâtiment à destination multiple, il est disposé — mais en plus simple — comme les théâtres de Wolfsburg et d'Essen. La scène peut se modifier sans grandes difficultés et être utilisée par des amateurs.

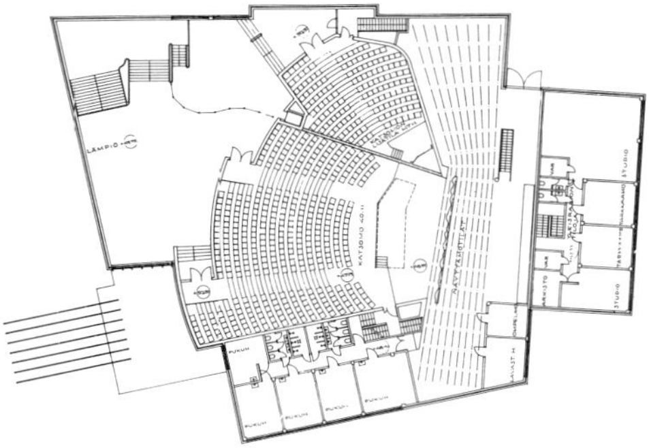

1

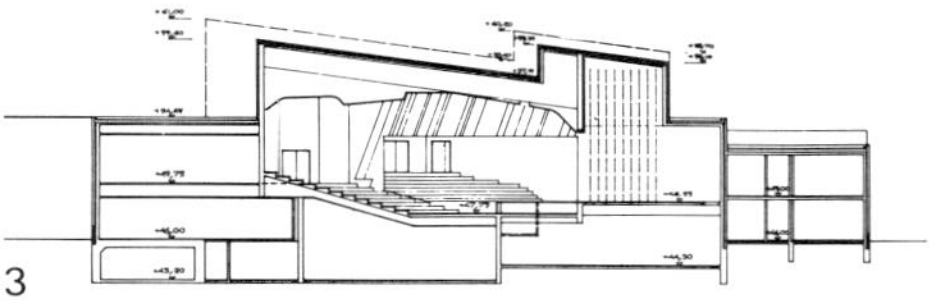

3

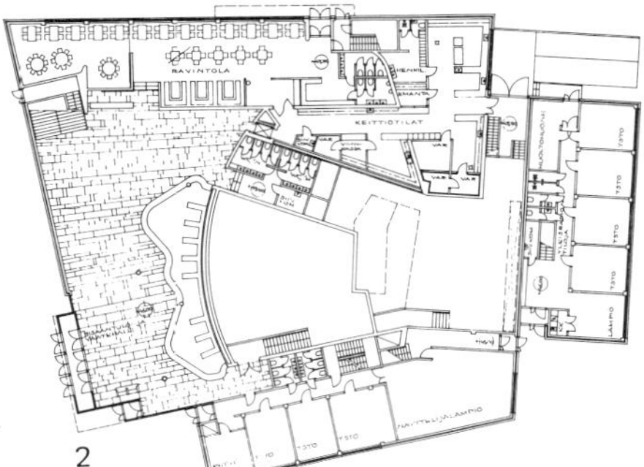

2

4

Theater und Rundfunkhaus „Lappia", Rovaniemi
Projekt 1969/70 Bauzeit 1. Etappe 1970–1972, 2. Etappe 1972–1975

Das Theater in Rovaniemi ist ein weiterer realisierter Bauabschnitt des im Jahre 1963 geplanten neuen Stadtzentrums.
Der nun erstellte Gebäudekomplex umfaßt in der 1. Etappe die Radiostation und die Musikschule, in der 2. Bauetappe wurde dann das Mehrzwecktheater angebaut. Das Theater ist so eingerichtet, daß es mit der Musikschule zusammen auch für Kongresse benützt werden kann.

Théâtre et maison de la radio «Lappia», Rovaniemi
Projet 1969/70 Exécution 1re étape 1970–1972, 2e étape 1972–1975

Le théâtre de Rovaniemi s'insère dans le nouveau centre urbain projeté en 1963.
Le bâtiment comprend, dans la première étape, la station radiophonique et le conservatoire de musique; dans la seconde, un théâtre polyvalent qui est conçu de manière à pouvoir s'ouvrir sur le conservatoire lors des congrès.

1
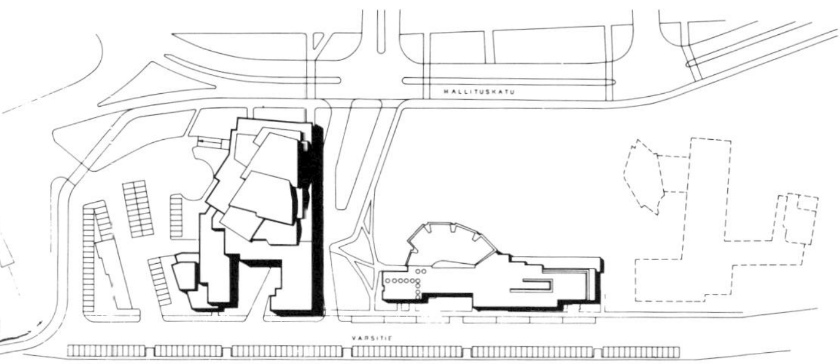

1 Situationsplan
2 Eingangsfassade

1 Plan de situation
2 Façade de l'entrée

2

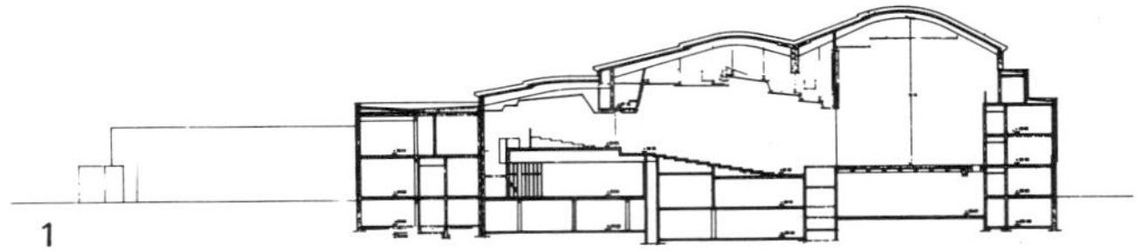

1

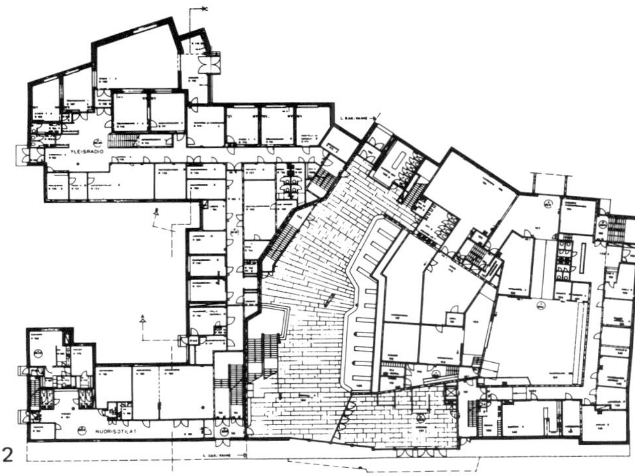

2

1 Schnitt durch das Theater
2 Eingangsgeschoß
3 Theatersaalgeschoß

1 Coupe sur le théâtre
2 Rez-de-chausée
3 Plan de la salle de spectacle

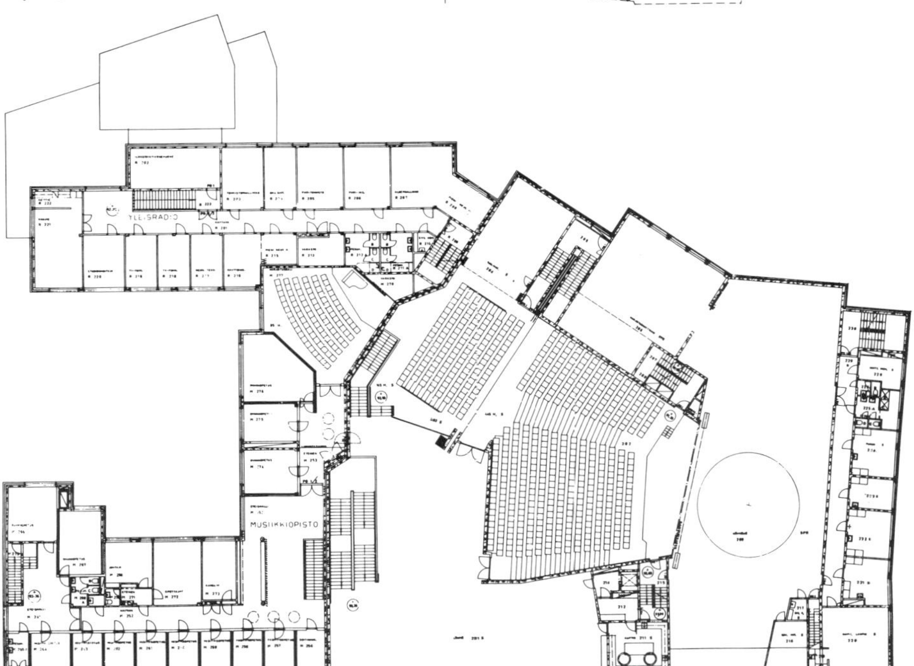

3

1 

1 Treppenaufgang zum Foyer
2 Ansicht gegen die Radiostation
3 Theatersaal
4 Eingangsfassade zum Theater

1 Escalier vers le foyer supérieur
2 Vue de la station radiophonique
3 Salle de spectacle
4 Façade de l'entrée du théâtre

2 

3

4

Ausstellungen und Museen

Expositions et musées

Ausstellung „700 Jahre Turku", 1929

Die Ausstellung wurde in einem nahe dem Stadtzentrum gelegenen Park aufgebaut, und einzelne Ausläufer erstreckten sich bis in die nächste Umgebung. Zudem wurden Blickfänge, die ähnlich den Eingangspart en gestaltet waren, derart an zentralen Stellen der Stadt plaziert, daß sich die Ausstellung visuell über ein weites Gelände ausdehnte.
Im Zusammenhang mit der 700-Jahr-Feier der Stadt Turku waren große Musikfeste vorgesehen. Zu diesem Zweck wurde für die Freiluftkonzerte ein Podium für grosse Chöre und Orchester errichtet. Um eine möglichst günstige Akustik zu erzielen, wurde die Form des Podiums so gewählt, daß zwei Resonanzflächen entstanden: die eine gebogene Fläche diente als Hintergrund, während die andere das eigentliche Podium darstellte.

L'exposition du 7e centenaire de Turku, 1929

L'exposition a été placée dans un parc à proximité du centre de la ville, et quelques secteurs se prolongeaient jusqu'à la périphérie. Par ailleurs, des portiques, traités comme les entrées des pavillons, étaient disposés à quelques points essentiels de la ville, et l'exposition paraissait s'étendre sur un vaste domaine.
En même temps que le 7e centenaire de la ville de Turku, il y eut d'importantes manifestations musicales, pour lesquelles une grande estrade fut dressée en plein air, pour les chœurs et les orchestres. L'effet acoustique a été augmenté par l'installation d'une paroi incurvée au fond de la scène, tandis que le podium formait boite de résonance.

1 Das Podium für Chor- und Orchesterkonzerte, Holzkonstruktion
2 Gesamtansicht

1 Le podium pour manifestations musicales, construction en bois
2 Vue générale

1

2

Finnischer Pavillon der Pariser Weltausstellung, 1937
Wettbewerb 1935 1. Preis Bauzeit 1936/37

Die Ausstellung fand teils in geschlossenen Bauten, teils unter freiem Himmel in der Weise statt, daß der Besucher den Wechsel vom Raum zum Freien kaum merkte. Architektonisch war nicht allein die Hauptkomposition maßgebend, vielmehr waren die ganze Gruppe und die verschiedenen Pfeilerfolgen so gestaltet, daß das finnische Holz sowohl als Element der Konstruktion wie auch als Wandverkleidung zur Geltung kam.

Le pavillon finlandais, Paris 1937
Concours 1935 1er prix Construction 1936/37

L'exposition avait lieu soit à l'intérieur, soit à ciel ouvert, de manière que les visiteurs s'aperçoivent à peine du passage du plein air aux espaces couverts.
La composition était accentuée par une série de piliers; ainsi, le bois finlandais intervenait comme élément de construction et en même temps comme revêtement de parois.

1
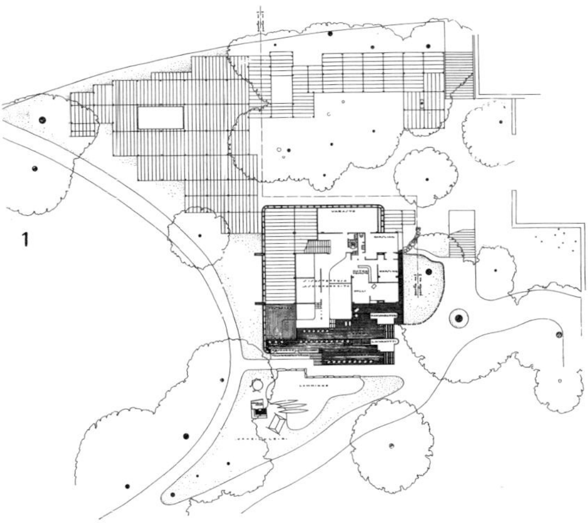

2
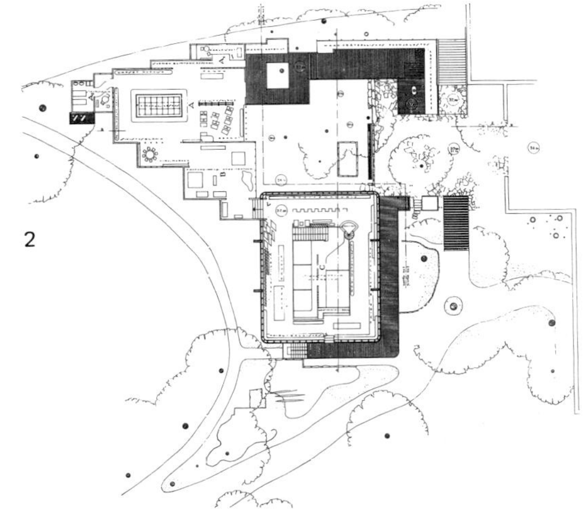

1 Grundriß Obergeschoß
2 Grundriß Obergeschoß mit Hauptausstellung

1 Etage des bureaux
2 Plan niveau supérieur

1

2

3

4

1 Stützenknotenpunkte
2 Stütz- und Tragelemente
3 Diagonale Stützen
4 Wandverkleidung des Hauptbaues
5 Innenhof der Buchausstellung

1 Les assemblages de bois
2 Piliers et traverses
3 Pylones diagonaux
4 Le revêtement du bâtiment principal
5 La cour intérieure avec l'exposition du livre

5

Finnischer Pavillon
Weltausstellung New York 1939
Wettbewerb 1937

Der 16 m hohe Pavillon hat eine vierstöckige Struktur. Die oberste Schicht der Bilderfolgen zeigt das Land, die nächste die Bevölkerung, die dritte, etwas tiefer gesetzt, die Arbeit, und die unterste das Resultat dieser drei Faktoren, die Produkte. Durch freie architektonische Formen und geneigte Wandflächen waren auch sehr hoch montierte Bilderserien und Produkte für das menschliche Auge ebenso sichtbar wie die auf gleicher Ebene befindlichen. Die bildmäßigen Darstellungen und die verschiedenen ausgestellten Produkte hatten gleichzeitig einen vertikalen und einen horizontalen Zusammenhang.
„Eine Ausstellung muß das sein, was sie auch in primitiven Verhältnissen immer gewesen ist: ein Krämerladen, der alle möglichen Gegenstände dicht nebeneinander zeigen soll, ganz gleich, ob es sich um Fische, Stoffe oder Käse handelt. Darum habe ich in diesem Pavillon eine möglichste Konzentration der Darstellung angestrebt, ein Areal voll mit Waren, übereinander und nebeneinander, landwirtschaftliche und Industrieprodukte, oft nur wenige Zentimeter voneinander entfernt. Keine leichte Aufgabe, die einzelnen Elemente zu einer Symphonie zusammenzufügen."

Le pavillon finlandais à l'Exposition universelle de New York, 1939
Concours 1937

Le pavillon comporte quatre étages, sur les 16 m de hauteur qu'il a. La zone supérieure de l'exposition illustre le pays. La prochaine, la population. La troisième, un peu plus bas, le travail; enfin, la zone inférieure résume ces trois conditions et présente les produits. Grâce aux dispositions architecturales très libres et aux panneaux inclinés, la vue pouvait atteindre des images et des objets éloignés avec la même aisance que les cimaises des plans. Ainsi s'accomplissait une relation verticale et horizontale entre les graphiques et les objets. «Une exposition doit être ce qu'elle a été dès l'origine: un bazar montrant indifféremment toutes sortes d'objets hétéroclites, qu'il s'agisse de poissons, d'étoffes ou de fromages. C'est pourquoi j'ai recherché la plus grande concentration possible de la démonstration, un lieu rempli de marchandises juxtaposées, superposées, de produits industriels et de victuailles, éloignés les uns des autres de quelques centimètres. Ce n'était pas une petite tâche que de réunir ces éléments pour qu'ils forment un assemblage harmonieux.»

1 Eingangsgrundriß
2 Blick vom Eingang gegen die gewellte Wand
3 Grundriß mit Galerierestaurant

1 Le plan de l'entrée
2 Vue de l'entrée vers le mur ondulé
3 Le plan avec le restaurant sur la galerie

1

2

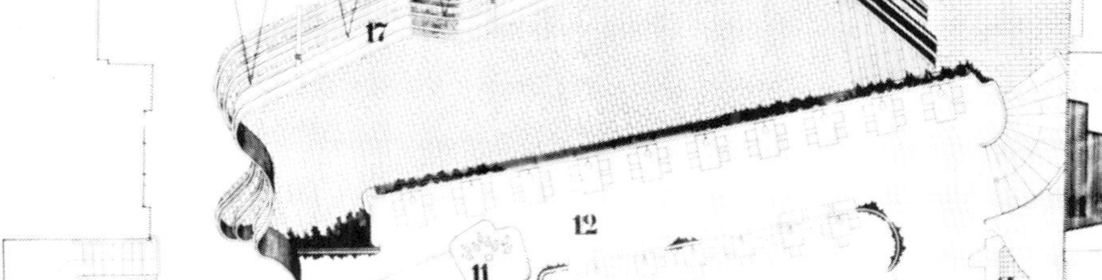

3

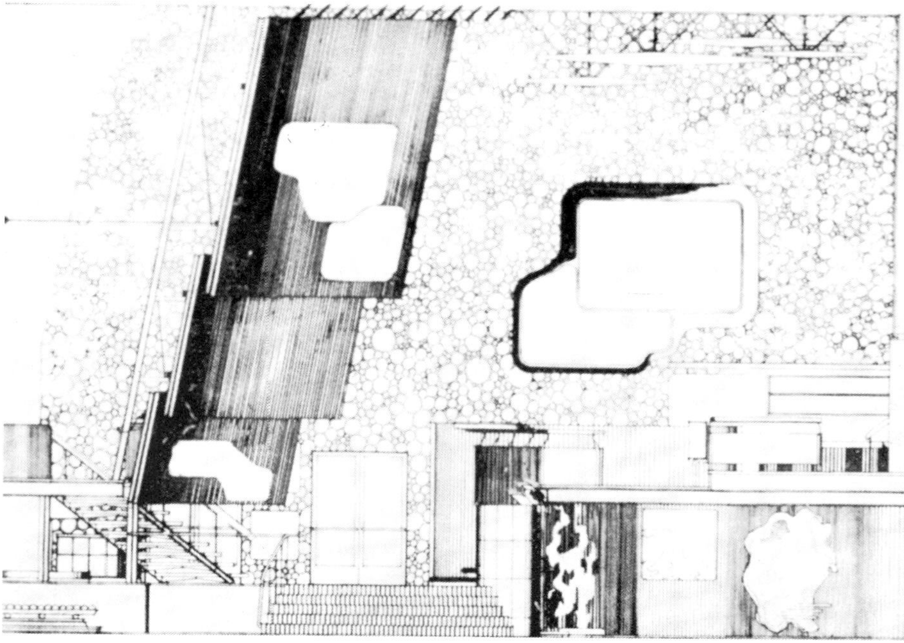

1

2

1 Schnitt
2 Blick vom Ausgang gegen Information, Restaurantgalerie und Filmkabine
3 Blick vom Ausgang gegen die gewellte Wand

1 Coupe
2 Vue de la sortie vers les informations, la galerie du restaurant et la cabine de l'opérateur
3 La vue de la sortie sur le mur ondulé

3

1

2

1/2 Details unterhalb der gewellten Wand

1/2 Détails au-dessous du mur ondulé

Kunstmuseum, Reval (Estland)
Wettbewerb 1934

Die besondere Anlage des Museums läßt dem Besucher die freie Wahl, welche Abteilungen er besuchen will. Die Eingangshalle ist architektonisch so gestaltet, daß der Besucher gleich beim Eintritt die perspektivisch angeordneten Ausstellungseingänge übersehen kann, also auch die einzelnen Abteilungen. Außerdem sind sämtliche Museumsräume untereinander durch einen fortlaufenden Besucherweg verbunden.

1 Modellansicht
2 Perspektive der Eingangshalle. Die verschiedenen Abteilungseingänge des Museums sind sichtbar

Musée des Beaux-Arts, Reval (Esthonie)
Concours 1934

La disposition particulière du musée laisse au visiteur le choix du secteur qu'il désire voir. Le vestibule est ordonné de manière qu'il puisse, dès l'entrée, apercevoir les accès des salles. Celles-ci sont reliées directement les unes aux autres.
Les divers secteurs du musée sont desservis par des voies qui forment en quelque sorte un circuit indépendant.

1 La maquette
2 La vue du vestibule. On aperçoit les accès des diverses collections du musée

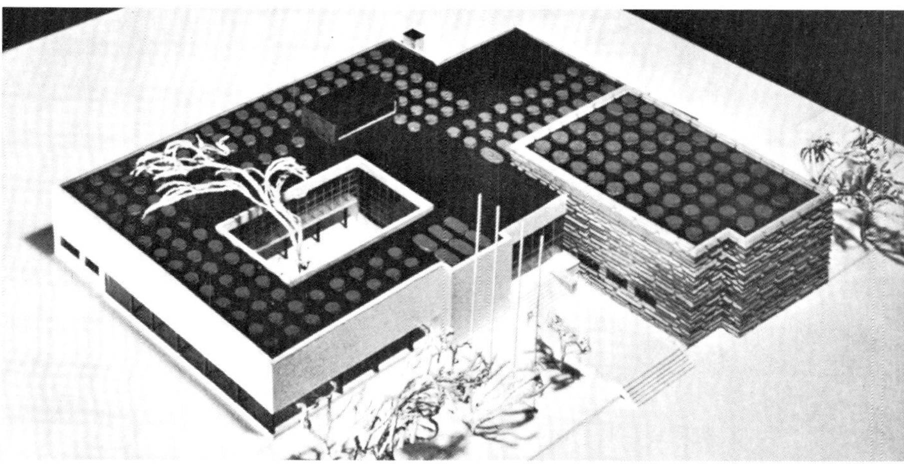

1

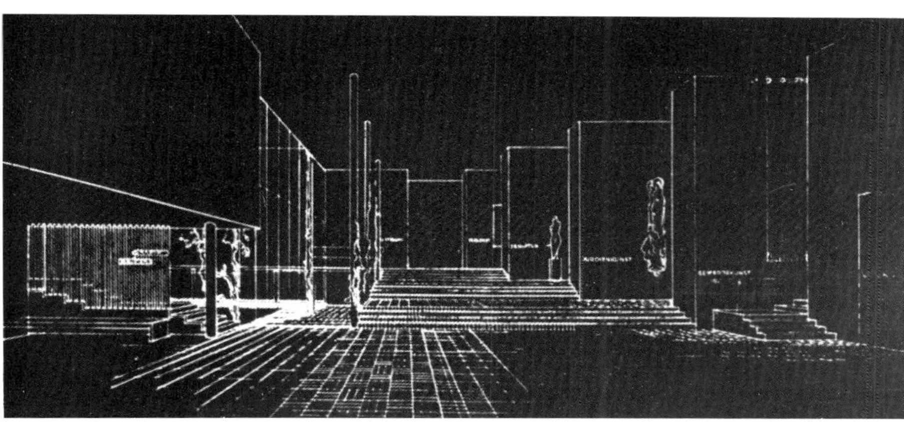

2

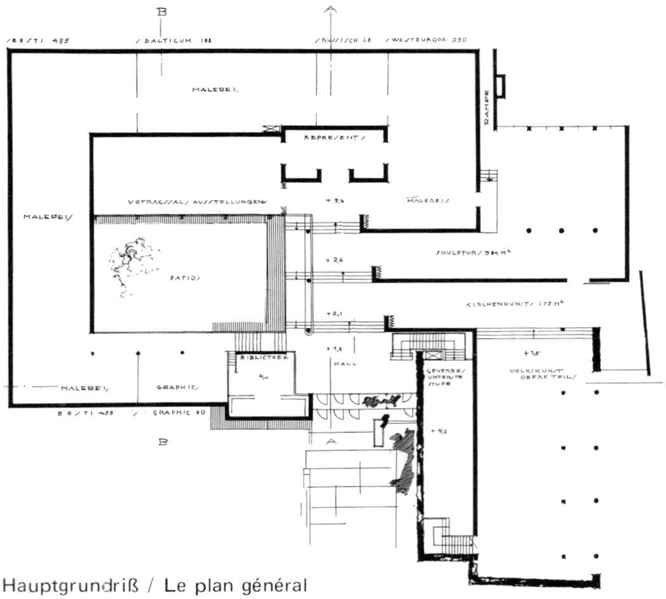

Hauptgrundriß / Le plan général

Eingangsgrundriß / L'entrée, en plan

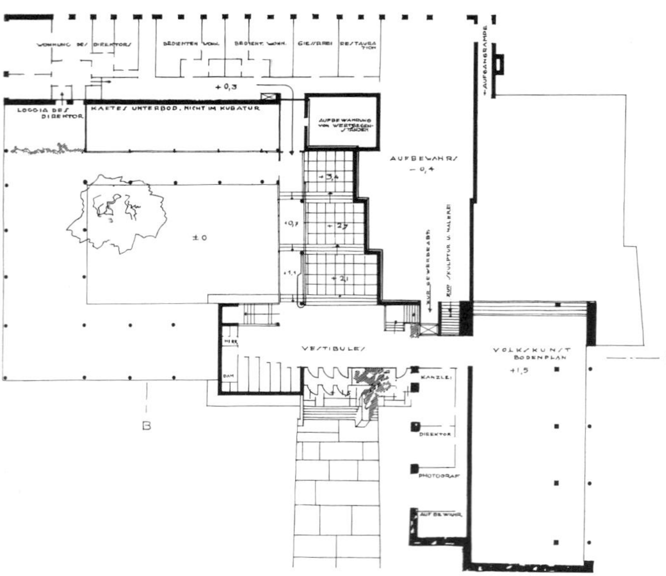

Museum, Aalborg (Dänemark)
Wettbewerb 1958 Bauzeit 1969–1973

Das Licht hat für ein Kunstmuseum die gleiche Bedeutung wie die Akustik für einen Konzertsaal. Es ändert seinen Charakter je nach der Richtung, aus der es kommt. Diesem Umstand ist das asymmetrische Beleuchtungssystem des Museums angepaßt.
Von oben hereingeführt, erfüllt es die Säle während der Ausstellungszeit am Tage mit einem diffusen Licht. Das von Süden und Westen einfallende Sonnenlicht wird indirekt ausgenützt, und zwar durch reflektierende Decken- und Wandflächen. Die Beleuchtung der Hauptausstellungshalle ist durch Lage und Umgebung des Gebäudes wesentlich mitbestimmt; die hohen, mit Buchen bewaldeten Hänge bilden eine natürliche Wand, dank der die vielen mit den Jahreszeiten wechselnden Farben dem Licht in diesem Tal eine eigentümliche Lebendigkeit verleihen. Da die Hauptausstellungshalle ein gutes allgemeines Licht aus allen Richtungen, außer von Süden, erhält, kann an allen Wänden ausgestellt werden.

Musée, Aalborg (Danemark)
Concours 1958 Construction 1969–1973

Dans un musée des beaux-arts l'éclairage importe autant que l'acoustique dans une salle de concerts. L'orientation est donc une chose capitale.
La lumière du nord-est, venant d'en haut, éclaire les salles durant la journée d'une lueur diffuse. Les rayons solaires venant du sud et de l'ouest sont utilisés par la réflexion des surfaces horizontales et verticales du plafond et des parois. L'éclairage de la grande salle d'exposition est conditioné par la position du bâtiment et par son entourage: les coteaux tapissés de hêtres forment une haute paroi naturelle, dont les reflets changeant au gré des saisons donnent une note vivante et variée. Comme cette grande salle obtient une bonne lumière de tous les côtés, sauf du sud, les cimaises sont toutes utilisables pour les expositions.

Gesamtansicht / Vue d'ensemble

1 Projektskizze
2 Teilansicht, rechts Sommertheater
3 Fassadenansicht
4 Innenansicht eines Ausstellungssaales
5 Foyer mit „Die drei Frauen" von Lynn Chadvick

1 Croquis
2 Vue partielle, à droite le théâtre d'été
3 Vue de la façade
4 Vue intérieure d'une salle
5 Foyer avec les «Trois femmes» par Lynn Chadvick

2

3

4

5

1
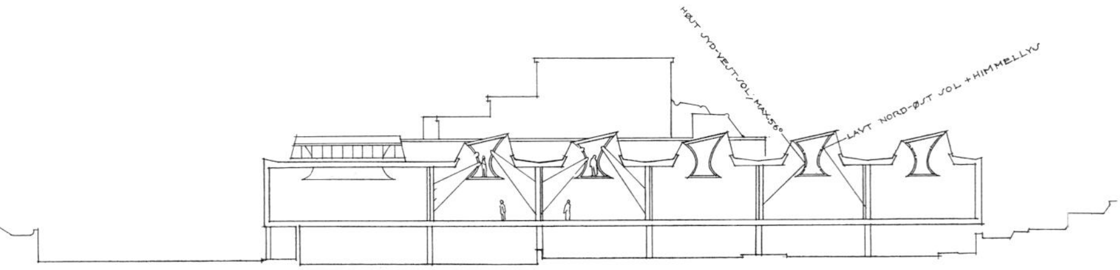

2
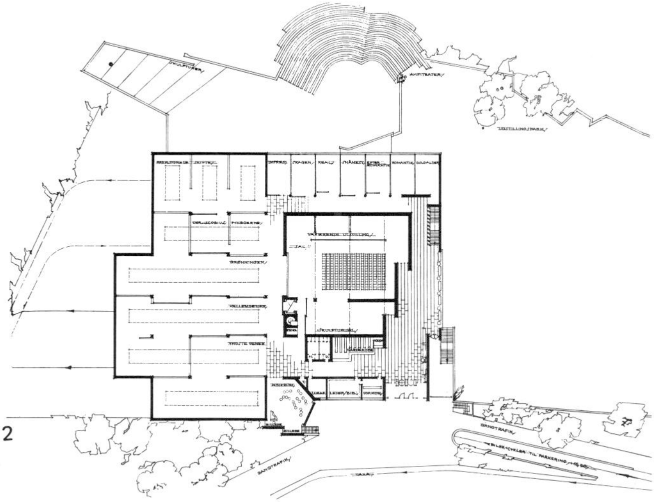

3
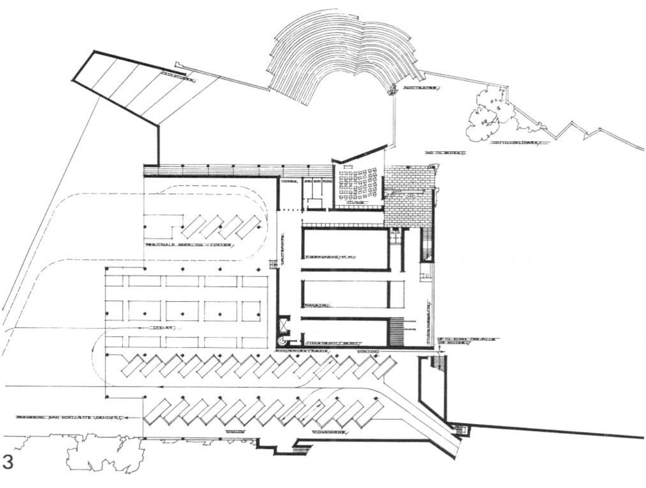

1 Schnitt durch den Ausstellungssaal
2 Hauptplan
3 Plan Untergeschoß

1 Coupe sur la salle d'exposition
2 Plan général
3 Etage inférieur

Zentralfinnisches Museum, Jyväskylä
Entwurf 1959 Bauzeit 1960–1962

Das Zentralfinnische Museum ist ein kleines, mit bescheidenen Mitteln gebautes Museum. Es ist für besondere Wanderausstellungen vorgesehen und enthält eine Sammlung von zentralfinnischem Volksgut. Das Museum steht an einem baumreichen Hang. Auf die Bäume wurde bei der Planung besonders Rücksicht genommen. Außen und innen sind die Wände hauptsächlich verputzt. Alle Putzflächen, Sichtbetonteile und Holzverkleidungen sind weiß gestrichen.

1 Hauptgeschoß
2 Kellergeschoß
3 Außenansicht

Musée de la Finlande centrale, Jyväskylä
Projet 1959 Construction 1960–1962

Ce musée de la Finlande centrale est un petit institut construit avec des moyens très modestes. Il est destiné à des expositions itinérantes et contient aussi une collection folklorique de cette région. Le musée est situé à flanc coteau sur une pente dont les arbres ont été soigneusement conservés. Les murs sont crépis à l'extérieur et à l'intérieur et peints en blanc, de même que tous les éléments en béton brut et les boiseries.

1 L'étage principal
2 Le sous-sol
3 La vue extérieure

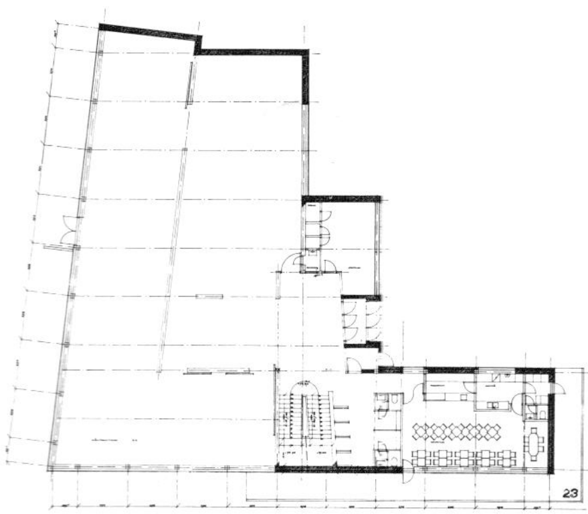

1

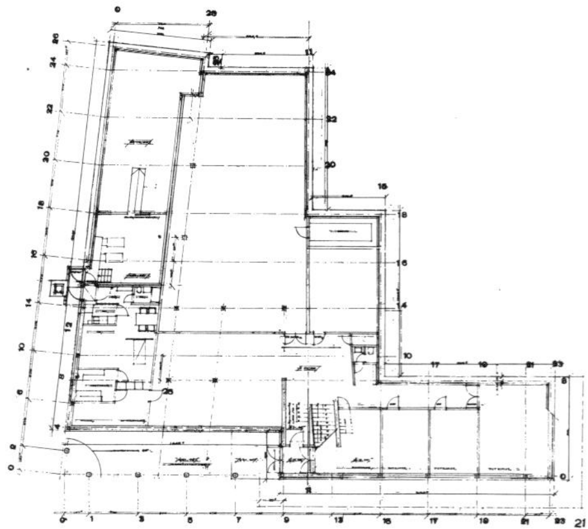

2

3

1

2

1 Außenansicht
2 Der niedrige Teil des Ausstellungssaals
3 Blick in den großen Ausstellungssaal

1 La vue extérieure
2 La partie basse de la salle d'exposition
3 La vue sur la grande salle d'exposition

3

Kunstmuseum, Schiras (Iran)
Entwurf 1970

Das Kunstmuseum kommt auf einen außerhalb der Stadt liegenden Hügel in der Nähe des neuen Universitätsviertels zu stehen.
Der Hügel wird mit Hilfe eines künstlich angelegten Wassersystems bewässert und bepflanzt und zu einem Park für Erholung und Kultur ausgebaut.
Im Grundriß ist das Museum als ein „Hallenmuseum" gedacht; das Ganze kann in einzelne Abschnitte unterteilt werden, die dann zu

Musée des Beaux-Arts, Chiraz (Iran)
Projet 1970

Le musée des Beaux-Arts sera situé sur une colline voisine de la ville près de la nouvelle cité universitaire. La colline elle-même sera irriguée par un système de canalisations, ce qui permettra l'aménagement d'un parc offrant tous les agréments pour le repos et pour le travail intellectuel.
Le plan du musée prévoit une grande salle qui pourra être subdivisée au gré des manifestations. De l'entrée, on pourra voir l'ensemble

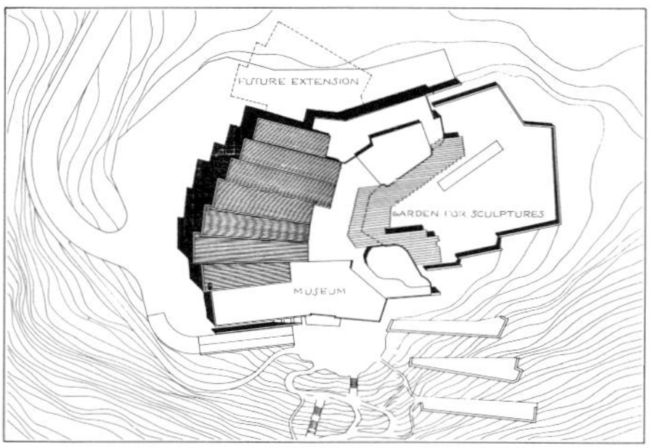

1

2

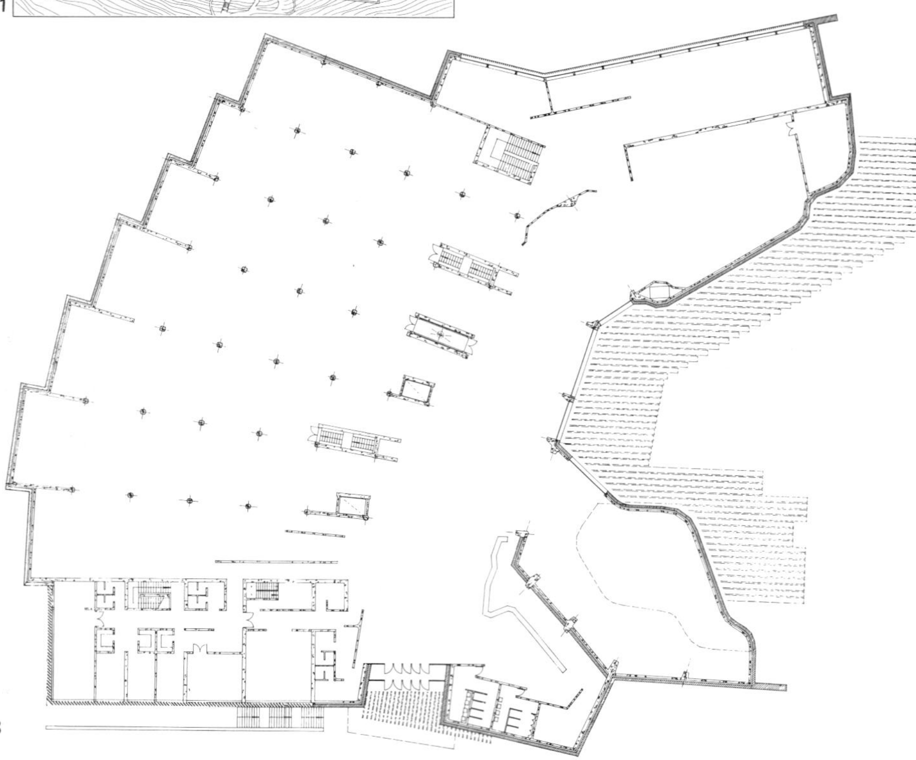

3

selbständigen Räumen werden. Vom Haupteingang aus ist das ganze Museum mit den einzelnen Ausstellungsabschnitten überschaubar. Es besteht kein vorgeschriebener Umgang; die Halle kann deshalb für jedes beliebige Ausstellungsthema verwendet werden.

des secteurs des expositions. La salle pourra être utilisée pour n'importe quel genre d'exposition, rien n'imposant un sens de marche pour la visite des collections.

1 Situationsplan
2 Erste Ideenskizze auf dem Gelände
3 Hauptgeschoß mit der frei unterteilbaren Museumshalle, der Verwaltung, dem Vortragssaal und einem speziellen Ausstellungssaal
4 Schnitt durch die Museumshalle. Die Dachflächen sind verglast. Das direkte Sonnenlicht wird durch Lamellen und spezielle Lichtreflektoren abgeschirmt. Die künstliche Beleuchtung ist von der gleichen Lichtquelle aus angeordnet
5 Ansicht vom Skulpturengarten her
6 Ansicht gegen den Haupteingang
7 Modellübersicht

1 Le plan de situation
2 Premier croquis de la situation
3 Le rez-de-chaussée avec la grande salle subdivisible, l'administration, la salle des conférences et la salle des expositions spéciales
4 La coupe sur la salle. La toiture est vitrée. Les rayons du soleil sont tamisés par des lamelles et par des surfaces réfléchissantes. La lumière artificielle est installée par analogie à l'incidence solaire
5 La vue du jardin aux sculptures
6 La vue de l'entrée principale
7 La maquette

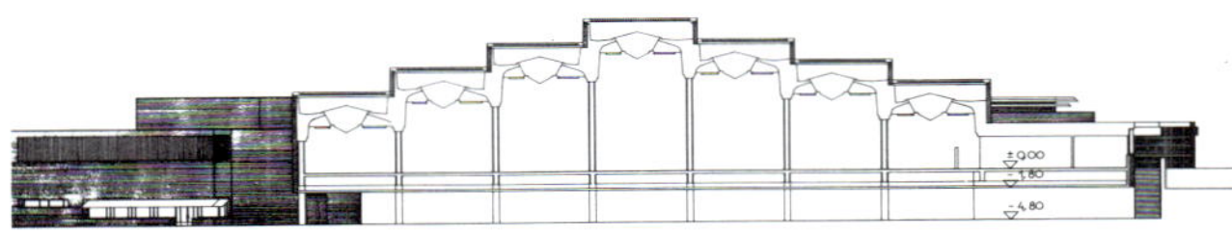
4

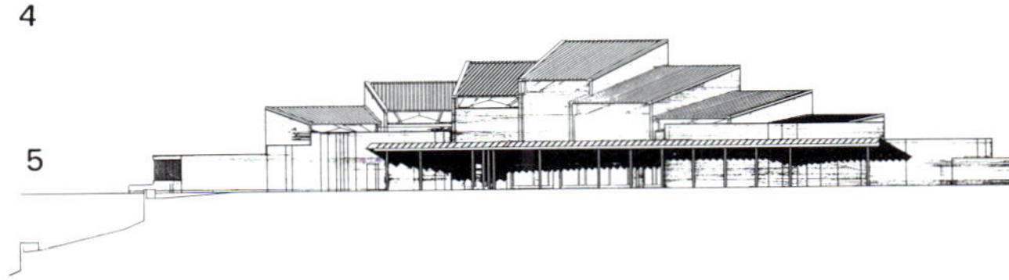
5

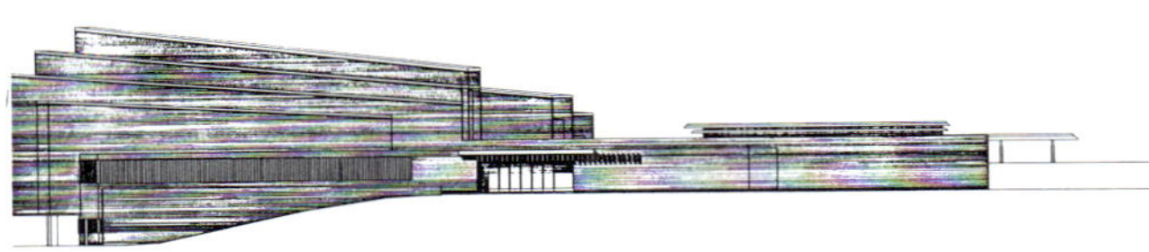
6

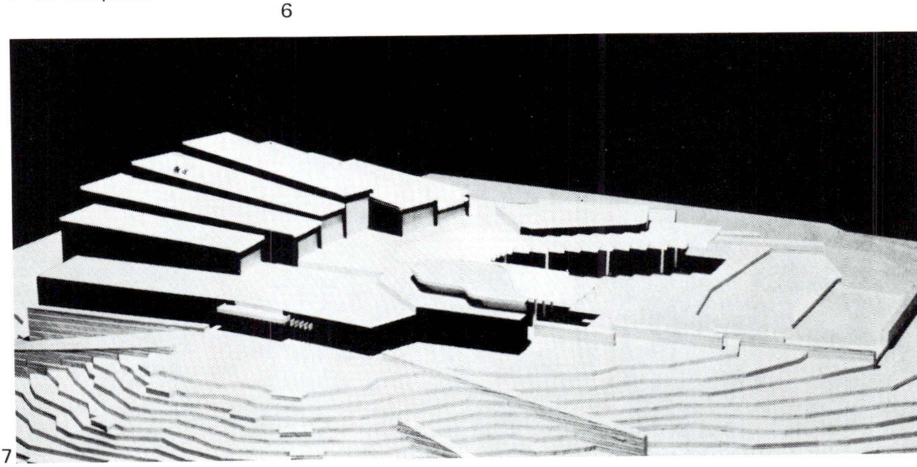
7

Kunstmuseum, Bagdad (Irak)
Projekt 1958

Das Museum in Bagdad ist eine Weiterentwicklung der Ideen für das Kunstmuseum in Reval vom Jahre 1934.
„Die besondere Anlage des Museums läßt dem Besucher die freie Wahl, welche Abteilungen er besuchen will. Von der Eingangshalle her sind perspektivisch die einzelnen Abteilungseingänge überschaubar. Ein fortlaufender Besucherweg ist gleichfalls möglich." Auf dem Dach befindet sich der Skulpturengarten mit einer Cafeteria und einem Amphitheater.

Musée des Beaux-Arts, Bagdad (Irak)
Projet 1958

Le musée de Bagdad développe les conceptions du musée des Beaux-Arts de Reval de l'année 1934.
«La disposition particulière du musée laisse au visiteur le choix du secteur qu'il désire voir. Du vestibule on peut apercevoir les accès des salles d'exposition. Les divers secteurs forment un circuit indépendant.»
Sur le toit-terrasse il y a le jardin des sculptures avec un café et un amphithéâtre.

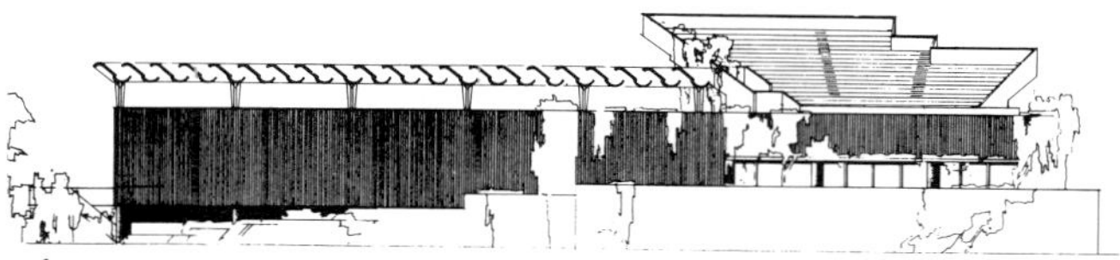

1

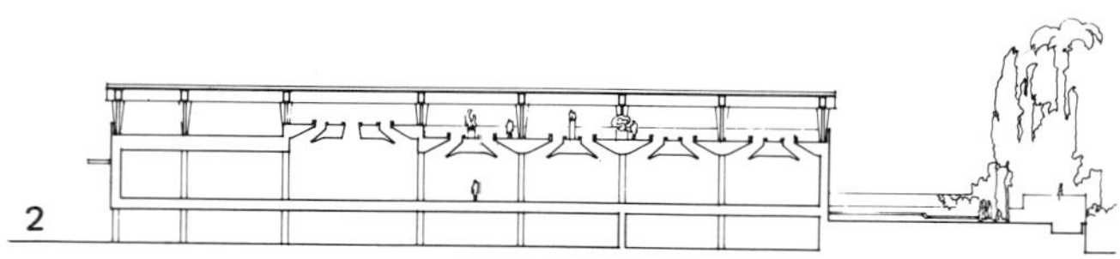

2

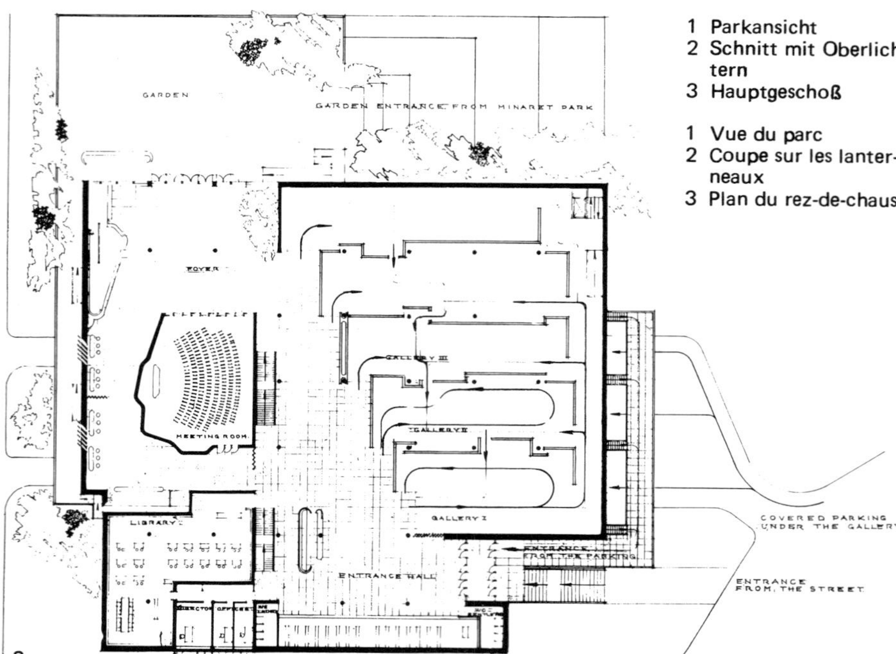

3

1 Parkansicht
2 Schnitt mit Oberlichtern
3 Hauptgeschoß

1 Vue du parc
2 Coupe sur les lanterneaux
3 Plan du rez-de-chaussée

Alvar-Aalto-Museum, Jyväskylä
Projekt 1971 Bauzeit 1971–1973

Das Gebäude liegt nahe der Pädagogischen Universität und in unmittelbarer Nachbarschaft des Zentralfinnischen Museums.
Die nicht rechtwinklige Grundrißform der großen Ausstellungshalle erlaubt, verschiedene Ausstellungen gleichzeitig zu präsentieren, ohne daß diese sich gegenseitig stören. Nur zwei Innenwände sind fixiert, die Restflächen können frei unterteilt werden. Im Untergeschoß ist der Haupteingang, ein Vortragssaal und eine Cafeteria.

Musée Alvar Aalto, Jyväskylä
Projet 1971 Exécution 1971–1973

L'édifice est situé à proximité de l'université pédagogique de Jyväskylä et dans le voisinage immédiat du musée de la Finlande centrale.
La disposition en oblique permet de présenter dans des secteurs indépendants l'un de l'autre plusieurs expositions simultanément sans qu'elles se gênent réciproquement. Seules deux parois sont fixes, les autres peuvent être arrangées à volonté, étant mobiles. Au rez-de-chaussée inférieur se trouve l'entrée principale; de plus il y a une salle de conférences et un café.

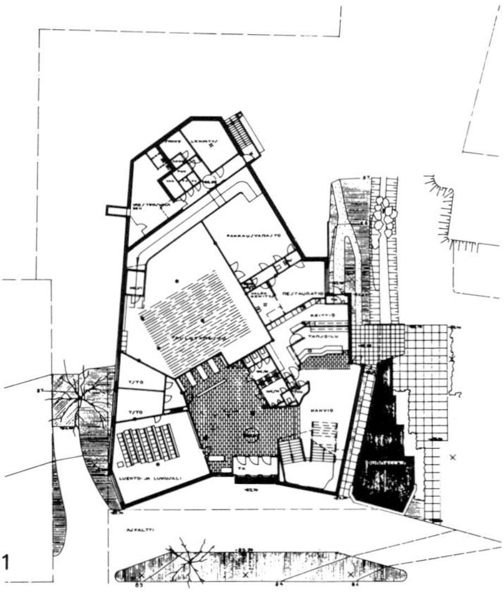
1

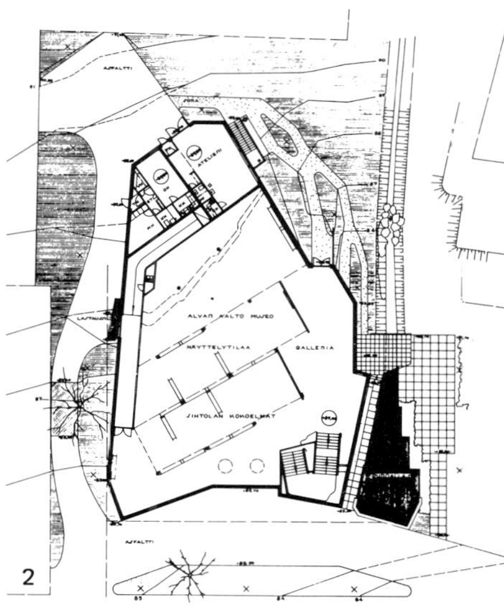
2

1 Eingangsgeschoß mit Vortragssaal, Verwaltung und Cafeteria mit Gartensitzplatz
2 Ausstellungsgeschoß, mit Hauswartwohnung und Atelier. Der Saal kann unterteilt werden
3 Querschnitt

1 Le rez inférieur avec la salle des conférences, l'administration et le café donnant sur le jardin
2 Le niveau de la salle d'exposition, le logement du concierge et l'atelier. La salle peut être subdivisée
3 Coupe

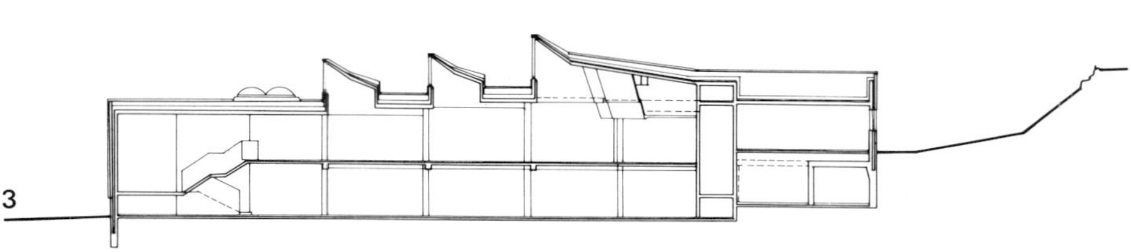
3

1 

2 

1/2 Ausschnitte aus dem Ausstellungssaal
3 Außenansicht

1/2 Détails de la salle d'exposition
3 Vue extérieure

3 

Sanatorium

Sanatorium

Tuberkulosesanatorium, Paimio
Wettbewerb 1928 Bauzeit 1929–1933

Die architektonische Grundidee bestand in erster Linie in einer harmonischen Verbindung von Betriebs- und Ruhezonen. Hauptelemente der Gebäudekonzeption ist das einzelne Patientenzimmer. Obwohl Dreibettzimmer mehr Abwechslung für die Patienten bieten könnten, wurden hier der Ruhe wegen Zweibettzimmer gewählt.
Eine lange Krankheitsperiode in liegender Stellung wirkt auf die Patienten äußerst deprimierend. Dazu kommt, daß gewöhnliche Zimmer nie für eine konstant liegende Stellung gebaut sind: die Farben- und Volumenkontraste zwischen der vertikalen Wand und der horizontalen Decke, das Tages- und das künstli-

Sanatorium antituberculeux, Paimio
Concours 1928 Construction 1929–1933

L'idée première consistait dans l'union parfaite des zones de repos et des zones de travail. La cellule sur laquelle se règle le plan est constituée par la chambre des malades. Malgré que les chambres à trois lits apportent davantage de distractions aux malades, c'est la chambre à deux lits qui a eu la préférence pour des raisons de tranquillité.
La position couchée déprime les malades à la longue; d'ailleurs, les chambres ordinaires ne sont pas conçues pour cette position. Les oppositions de couleurs et de volumes, qui résultent de la différence de valeurs entre les parois et les plafonds, entre la lumière du jour et la lumière électrique, etc., agissent presque tou-

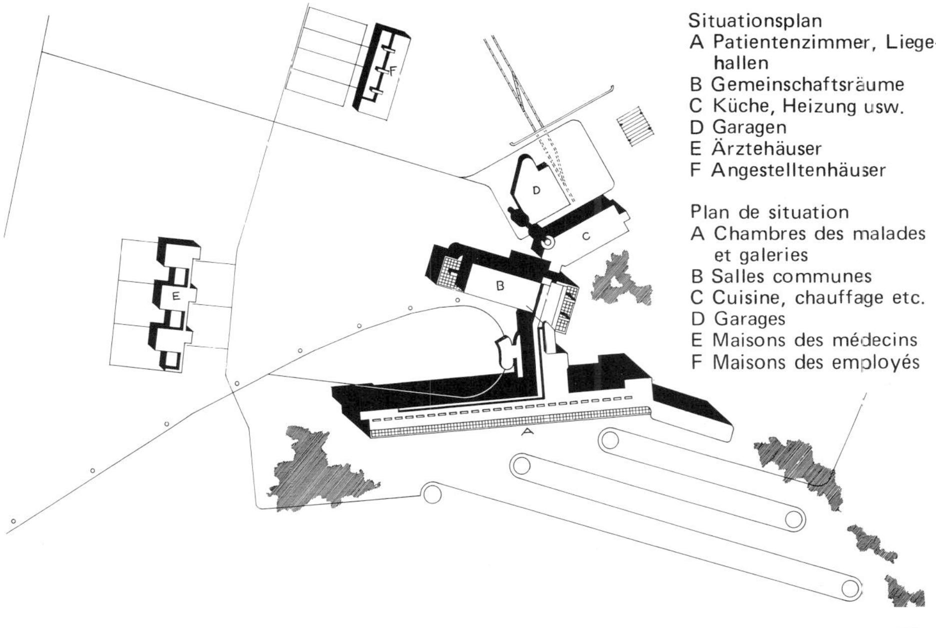

Situationsplan
A Patientenzimmer, Liegehallen
B Gemeinschaftsräume
C Küche, Heizung usw.
D Garagen
E Ärztehäuser
F Angestelltenhäuser

Plan de situation
A Chambres des malades et galeries
B Salles communes
C Cuisine, chauffage etc.
D Garages
E Maisons des médecins
F Maisons des employés

che Licht usw. sind fast alle ungünstig für einen liegenden und durch die Krankheit besonders empfindlichen Patienten.
Die Zimmer und Wohnungen des Personals sind so gelegen, daß es so wenig wie möglich unter der Sanatoriumsatmosphäre leidet. Die höheren Angestellten, die Ärzte, aber auch das übrige Personal sind in Reihenhäusern, ebenfalls ohne Sicht auf das Sanatorium, untergebracht.

jours défavorablement sur les patients, qui restent couchés et sont particulièrement sensibilisés par la maladie.
Les chambres et les appartements des infirmiers sont disposés de manière à être soustraits le plus possible à l'influence de l'atmosphère qui règne dans un établissement pareil.
Les employés supérieurs, surtout les médecins, et tout le personnel habitent des rangées de maisons en dehors du sanatorium, cachées au regard des malades.

1 Normalgeschoß des Krankenzimmertraktes
2 Eingangsgrundriß
3 Schnitt durch Patiententrakt

1 Etage normal des chambres des malades
2 Plan du rez-de-chaussée
3 Coupe sur l'aile des malades

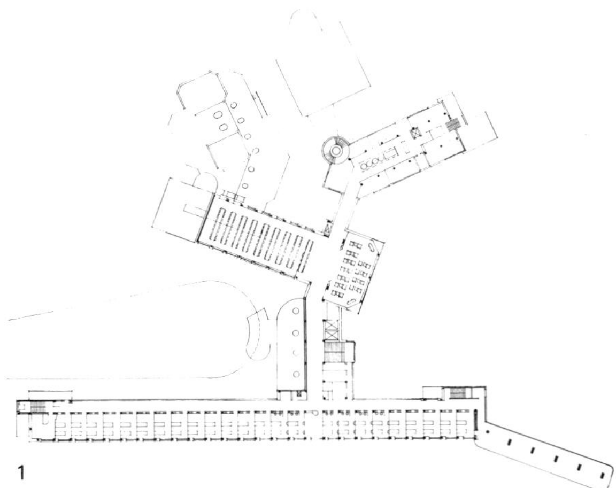
1

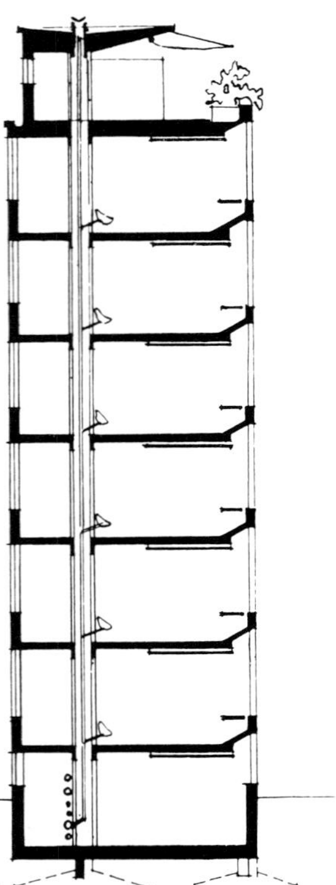
3

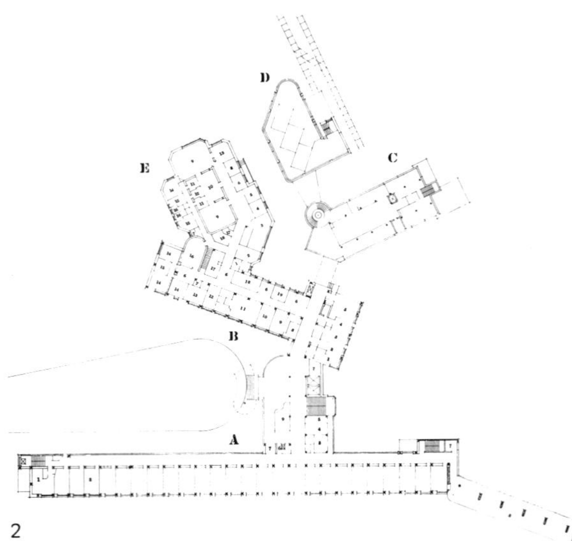

2

1 Die Haupttreppe
2 Liegeterrasse

1 L'escalier principal
2 Galerie

1

2

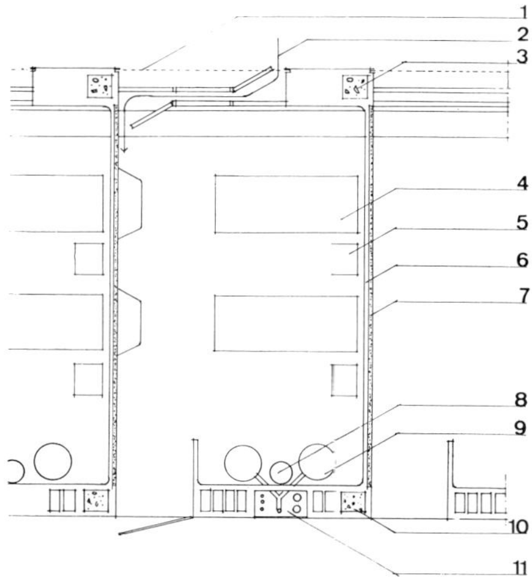

1 Sonnenstoren / Jalousies
2 Frischluft / Air frais
3 Tragkonstruktion / Construction portante
4 Bett / Lit
5 Nachttisch / Table de nuit
6 Weiche Wandoberfläche / Surface molle de la paroi
7 Harte Wandoberfläche / Surface dure de la paroi
8 Waschbecken / Lavabo
9 Tragkonstruktion / Construction portante
10 Installationsschrank / Unité d'installation

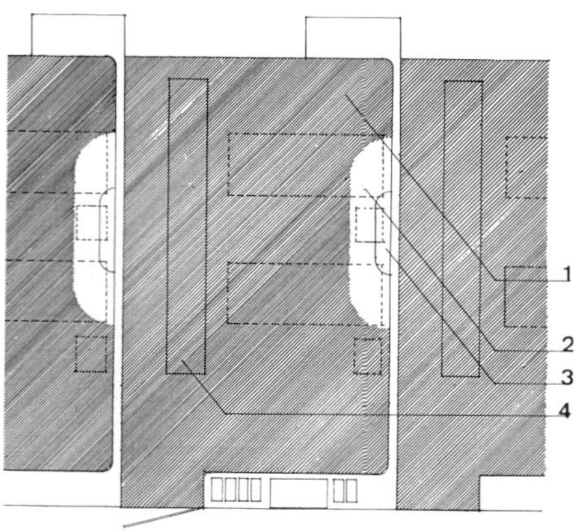

1 Dunkle Deckenfarbe / Couleur sombre du plafond
2 Helle, reflektierende Deckenfarbzone / Zone claire, réfléchissante du plafond
3 Lampe / Lampe
4 Heizplatte als Deckenstrahlung / Panneau au plafond avec radiateur

Ein Krankenzimmer / Chambre de malades

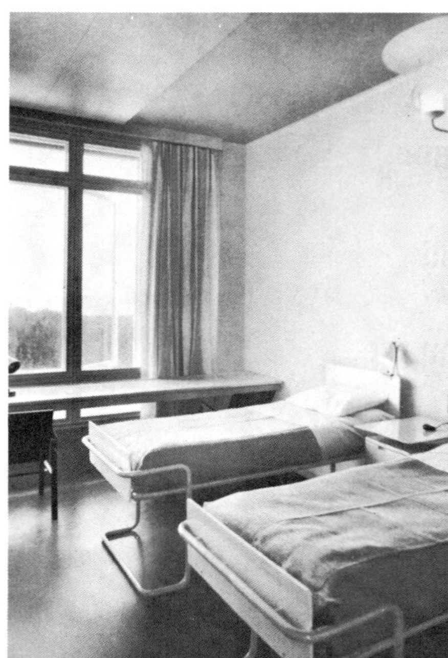

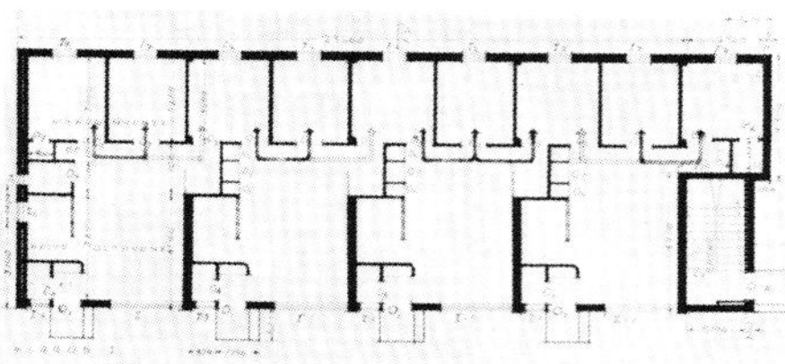

1

1 Grundriß einer Reihe von Angestellten-
häusern
2 Grundriß eines Angestelltenhauses
3 Die Angestelltenhäuser

1 Plan d'une rangée de maisons d'employés
2 Plan d'une maison d'employé
3 Maisons des employés

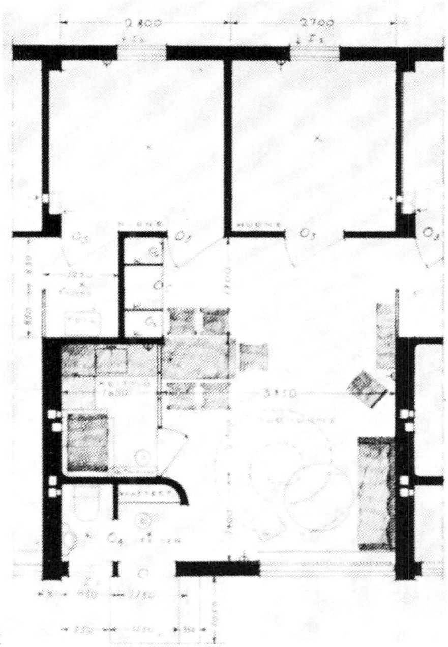

2

3

1

2

1 Ostfassade
2 Ansicht von Westen

1 Façade est
2 Vue depuis l'ouest

Bildungsstätten

Equipements pédagogiques

Pädagogische Hochschule, Jyväskylä
Wettbewerb 1950 Bauzeit 1953–1956

Die Hochschulanlage ist U-förmig um einen Platz gebaut. Hier befinden sich die Hauptgebäude mit den wichtigsten pädagogischen Abteilungen, Bibliothek und Probeschule, Sportanlagen mit Schwimmhalle, Dormitorien sowie Professoren- und Studentenclubs. Um die zentrale Bedeutung der Hochschule im Stadtbild zu unterstreichen, ist die Haupteinfahrt als Fortsetzung der Hauptstraße gestaltet worden. Die verschiedenen Gebäude haben zwei Eingänge, einen nach außen zu den Parkplätzen und Straßen und einen zweiten zum Innenhof für die Fußgänger.

Situationsplan; rechts unten Hauptgebäude mit Eingang von der Straßenseite, links Dormitorium und Mensa, links oben Turn- und Schwimmhalle, rechts oben Übungsklassen, Bibliothek und Hörsäle

Université pédagogique, Jyväskylä
Concours 1950 Construction 1953–1956

Les édifices sont groupés en U autour d'une esplanade; là il y a des instituts de pédagogie, la bibliothèque, l'école modèle, les installations sportives et la piscine couverte, les dortoirs, les clubs des professeurs et les salles des sociétés d'étudiants.
L'entrée principale de l'université se place dans l'axe de la grande avenue, ce qui en marque l'importance. Les bâtiments ont chacun deux accès, l'un vers les places de stationnement et vers les rues, l'autre vers l'esplanade, réservée aux piétons.

Le plan de situation; à droite en bas, bâtiment principal avec entrée côté rue; à gauche, dortoir et réfectoire; à gauche en haut, la salle de gymnastique et la piscine; à droite en haut, la bibliothèque et les classes

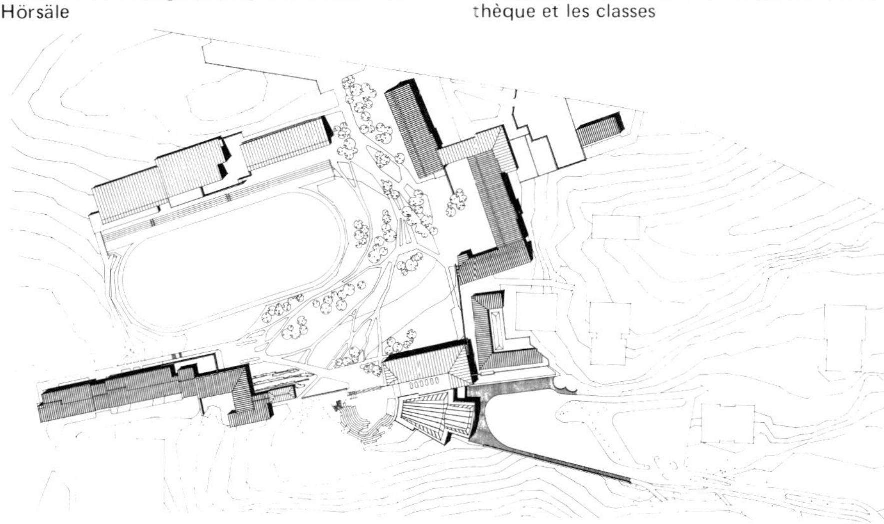

1

1 Treppenhalle
2 Eingangshalle und Foyer

1 La cage d'escalier
2 Le vestibule et le foyer

2

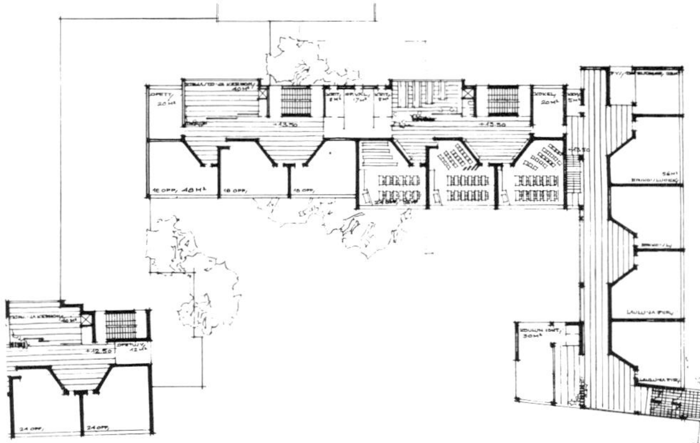

1

1 Grundriß der Übungsklassen
2 Blick von der gedeckten Säulenhalle zum Sportzentrum
3 Links die Mensa der Lehrer, rechts die der Studenten

1 Le plan des classes
2 La vue de la colonnade vers le centre sportif
3 A gauche, la salle à manger des professeurs; à droite, celle des étudiants

2

3

Technische Hochschule, Otaniemi
Entwurf 1955   Bauzeit 1961–1964

Der Platz auf der einen Seite des Hauptgebäudes ist für den Fahrverkehr reserviert; auf der Gegenseite ist der Fußgängerbereich, der terrassenförmig als Park angelegt ist und das gegenüberliegende Wohngebiet mit dem Hauptgebäude verbindet.
Das Hauptelement des ganzen Komplexes bildet die Gruppe der Auditorien. Diese sind halbamphitheaterähnlich angeordnet. Die Dachkonstruktion ist dem ansteigenden Rhythmus der Sitzordnung angepaßt. Der theaterartige Anstieg bildet den Hintergrund des Versammlungsplatzes der Studenten. Diesem Platz wendet sich auch der Verwaltungstrakt der Hochschulen zu.
Die eigentlich für den Unterricht vorgesehenen Räume sind um kleinere Mittelhöfe gruppiert. Innerhalb dieser Gruppen liegen auch die sekundären Hörsäle und die Laboratorien. Man kann vier Hauptgruppen unterscheiden: die Verwaltung, die allgemeine Abteilung, die geographisch-geodätische Abteilung, die Architekturabteilung.
Die einzelnen Abteilungen sind so angelegt, daß jeder Komplex, ohne daß die Gesamtheit gestört wird, erweitert werden kann.

Bâtiment principal de l'Ecole polytechnique, Otaniemi
Projet 1955   Construction 1961–1964

L'espace sur un des côtés du bâtiment a été réservé à la circulation, l'autre appartient aux piétons et s'étage en terrasses dans le parc reliant les logements en face avec le bâtiment principal.
L'édifice est affecté en grande partie aux auditoires disposés en amphithéâtres. La forme de la toiture obéit aux hémicycles. Derrière les auditoires sont situés les espaces où se rassemblent les étudiants; à l'opposé se trouve l'administration.
Les salles des cours s'ordonnent autour de petites cours intérieures. Dans cette partie il y a les petits auditoires secondaires et les laboratoires. On distingue quatre groupes principaux: l'administration, la partie générale, la section géographique et géodésique, l'école d'architecture.
Ces groupes sont disposés de manière que chacun puisse être agrandi sans déranger l'ensemble.

Situationsplan / Le plan de situation

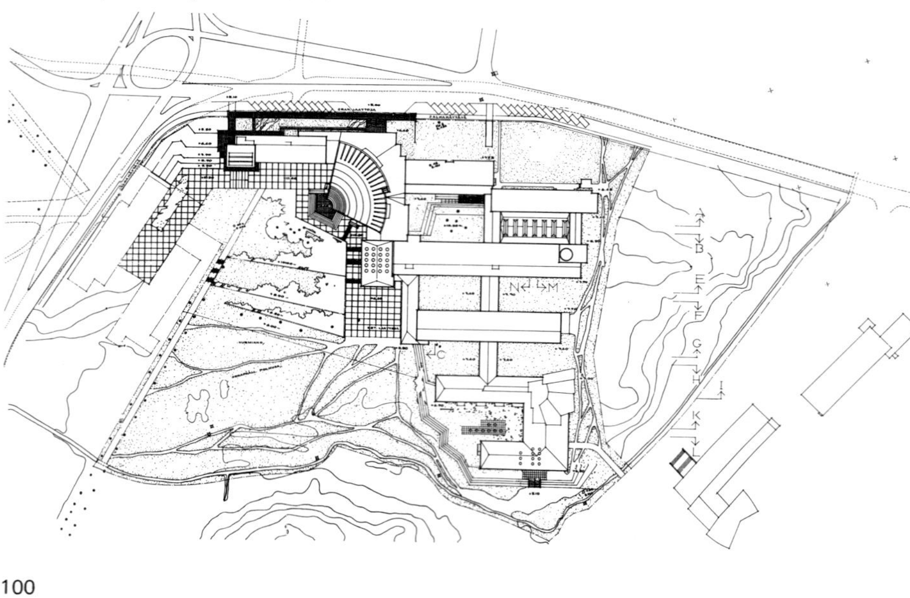

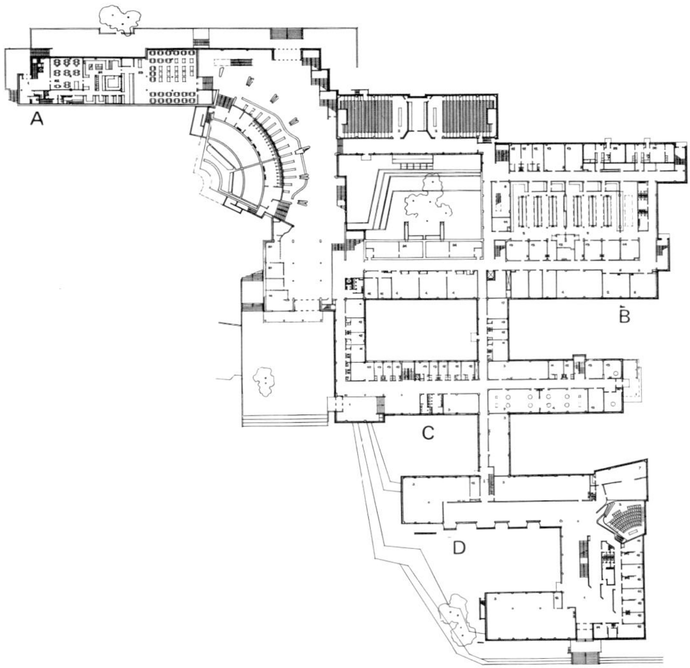

Eingangsgeschoß
Le rez-de-chaussée

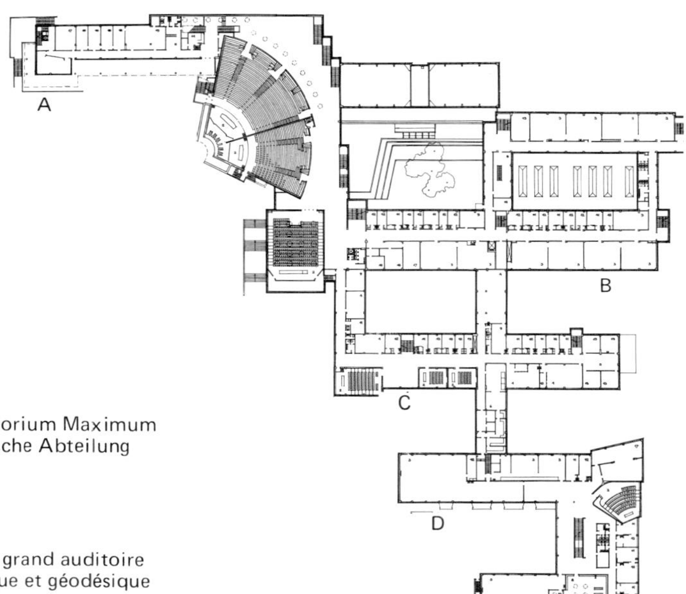

Hauptgeschoß
A Verwaltung mit Auditorium Maximum
B Geographisch-geodätische Abteilung
C Allgemeine Abteilung
D Architekturabteilung

L'étage principal
A L'administration et le grand auditoire
B La section géographique et géodésique
C La partie générale
D L'école d'architecture

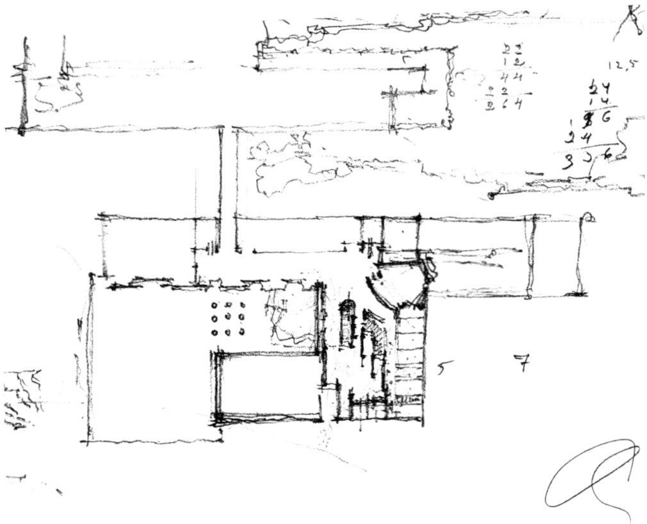

Entwurfsskizze der Eingangspartie zur Architekturabteilung / Croquis de l'entrée ce l'Ecole d'architecture

Auditorium Maximum / Le grand auditoire

1

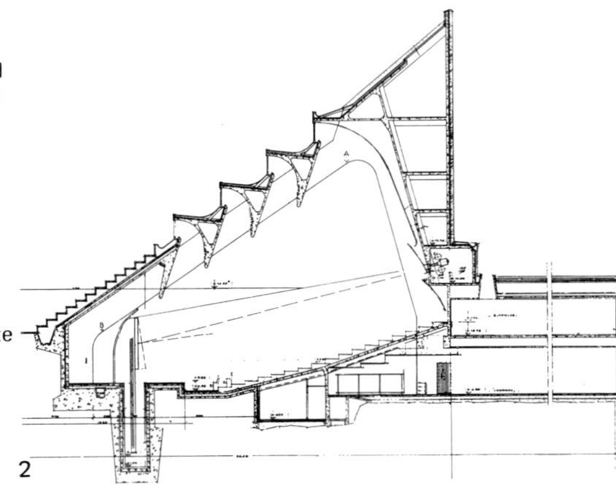

2

1 Fassade. Links Hauptauditorium und Rektorat, in der Mitte Geodäsie- und allgemeine Abteilung, rechts außen Architekturabteilung
2 Querschnitt durch das Auditorium Maximum
3 Auditorium Maximum. Der Saal erhält indirektes, nicht blendendes Sonnenlicht

1 Façade. A gauche le grand auditoire, au milieu faculté de géodésie, à droite l'école d'architecture
2 La coupe sur le grand auditoire
3 La vue intérieure du grand auditoire. La salle est éclairée par un jour indirect n'aveuglant pas

3

1

2

1 Rückseite des Auditorium Maximum
2 Auditorium Maximum
3 Foyer zum Auditorium Maximum
4 Abteilungshörsaal mit natürlichem Licht durch die Deckenoberlichter. In den tiefer gehängten Decken ist das Lüftungssystem

1 Le grand auditoire de l'arrière
2 Le grand auditoire
3 Le foyer du grand auditoire
4 Un auditoire avec éclairage zénithal. Dans le plafond suspendu se trouve la ventilation

3

4

Wasserturm der Technischen Hochschule, Otaniemi
Projekt 1968 Bauzeit 1969–1971

Der Wasserturm ist für den Bedarf der Technischen Hochschule gebaut worden. Das frei zwischen die Pfeiler gestellte „Haus" beherbergt neben den technischen Räumen auch verschiedene Wasserlaboratorien, die dem Unterricht der Universität dienen. Das Dach ist ebenfalls als eine Experimentierplattform ausgebildet.

Château d'eau de l'Ecole polytechnique, Otaniemi
Projet 1968 Exécution 1969–1971

Le château d'eau a été construit pour l'Ecole polytechnique. L'espace entre les piliers abrite les installations techniques et divers laboratoires universitaires d'hydrologie. Le toit plat sert de plate-forme expérimentale avec plusieurs terrasses d'essai.

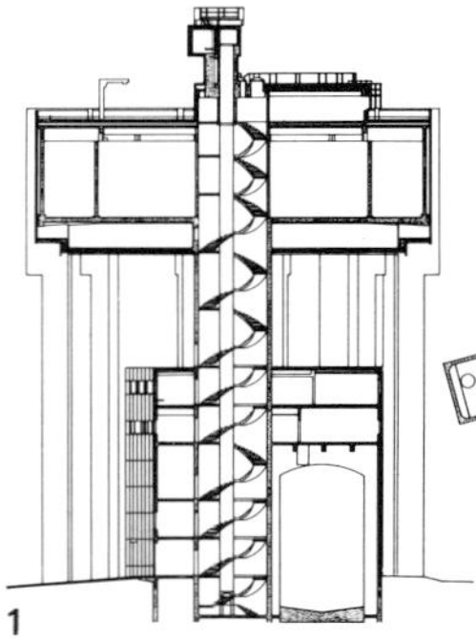
1

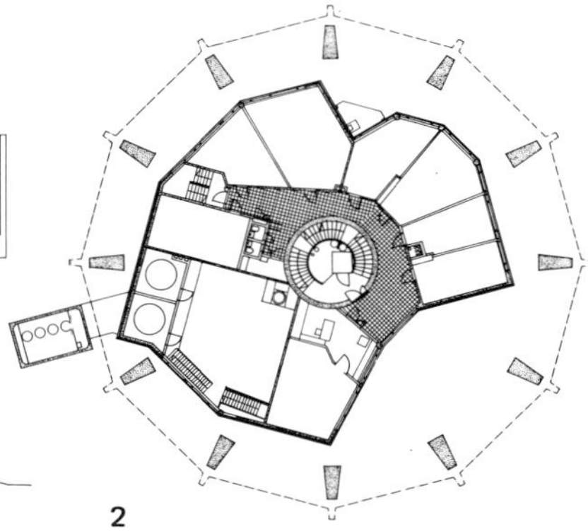
2

3

1 Schnitt
2 Grundriß mit dem Laborhaus
3 Ansicht: Vorfabrizierte Betonelementverkleidung

1 Coupe
2 Plan avec les laboratoires
3 Vue: Revêtement fait d'éléments préfabriqués en béton

Haus der Studentenvereinigung Västmanland-Dala, Uppsala (Schweden)
Entwurf 1961 Bauzeit 1963–1965

Bei der Wahl des Bauplatzes und der genauen Lage des Hauses mußten aus traditionellen Gründen zwei Bedingungen erfüllt werden. Der für dieses Haus vorgesehene Bauplatz befindet sich in einem fast barock anmutenden Garten. Dieser bildete den Hintergrund des alten „Mountaineer's Manor", des damaligen Hauptgebäudes der Vereinigung. Der ältere Teil, der mit Hilfe von Stiftungen gebaut wurde, blieb stehen. Aus verschiedenen technischen und anderen Gründen konnte der Herrschaftshausteil nicht beibehalten werden.

Maison de l'Association des Etudiants Västmanland-Dala, Upsala (Suède)
Projet 1961 Construction 1963–1965

Le choix du terrain et la position de la maison ont dû obéir à deux conditions impérieuses. Le terrain-même est un jardin de caractère romantique qui entourait l'ancien manoir dit des Montagnards: jadis lieu de réunion de l'association. La plus vieille partie, construite avec l'aide de donations, fut conservée tandis que la maison de maîtres dut être démolie pour diverses raisons, techniques et autres.

1 Entwurfsperspektiven
2 Straßenfassade

1 Croquis en perspective
2 La façade sur rue

1

2

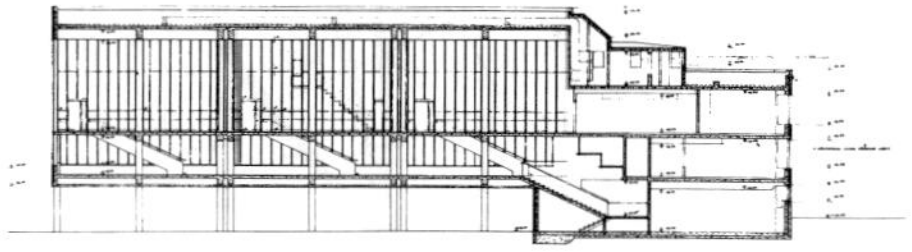

Längsschnitt / La coupe longitudinale

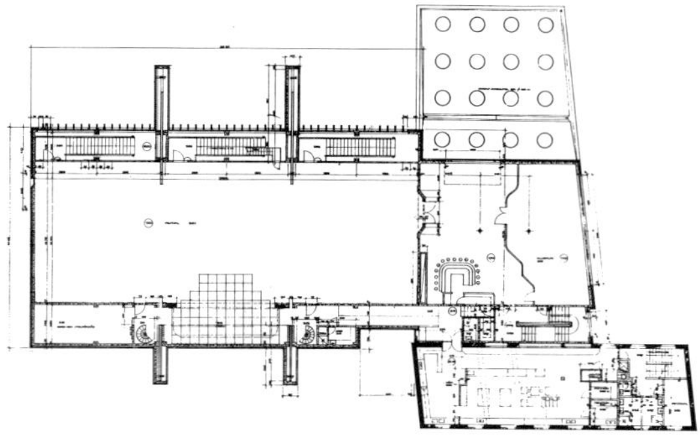

Saalgeschoß / Le plan de la salle

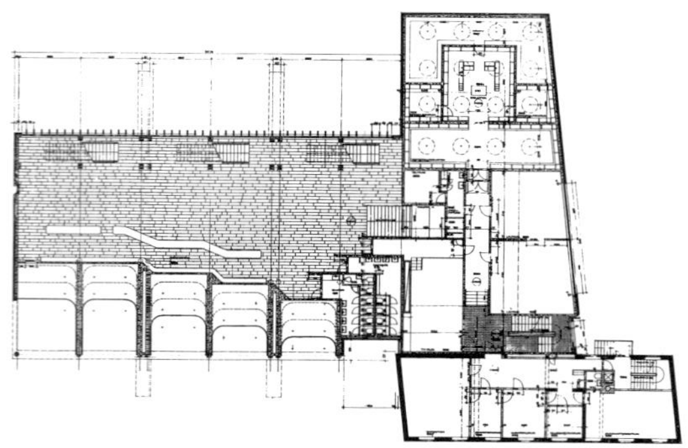

Foyergeschoß / L'étage du foyer

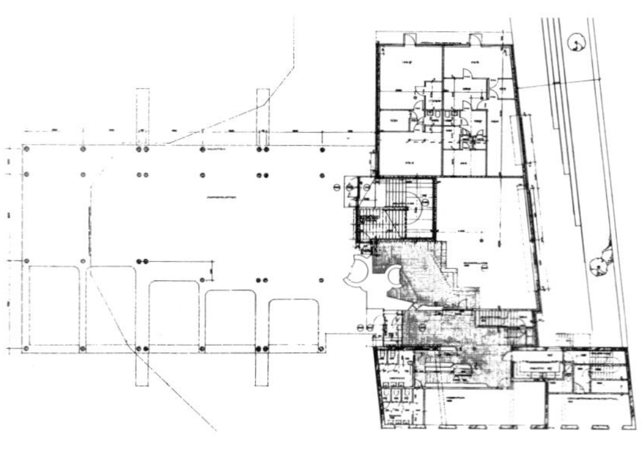

Gartenkolonnade mit den Haupteingängen
Le péristyle avec les entrées

1

1/2 Außenansichten
3 Straßenfassade mit den auskragenden Kuben für die flexiblen Zwischenwände im Hauptsaal

1/2 Les vues extérieures
3 La façade sur rue avec les volumes en saille où se logent les parois escamotables

2

3

1

2

1 Hauptsaal
2 Foyer
3 Ausschnitt der Aufgangswand

1 La grande salle
2 Le foyer
3 Le détail de la paroi de la grande salle

3

M.I.T. Senior Dormitory, Cambridge (Mass., USA)

Entwurf und Bauzeit 1947–1948

Das Baugelände liegt an einer der verkehrsreichsten Straßen in der Gegend des Charles River. Um den unruhigen Ausblick auf diese Straße möglichst zu eliminieren, wurde eine Kurvenform gewählt. So wurde erreicht, dass keines der Zimmer in einem Winkel von 90 Grad auf Straße und Verkehr blickt. Es ist ja bekannt, wieviel ruhiger es wirkt, von einem fahrenden Zug aus die vorbeifließende Landschaft nicht rechtwinklig, sondern diagonal zu betrachten.
Das Treppensystem besteht aus einem auf der Nordseite liegenden, fächerförmig aufsteigenden Bau, der von einem Punkt aus beginnend, die Übersicht von der Kontrollstelle aus ermöglicht.

1 Ausführungsplan
2 Ansicht des Studentenrestaurants
3 Treppenfassadendetail

M.I.T. Dortoir des ainés, Cambridge (Mass. E.-U.)

Projet et construction 1947/48

Le terrain de l'Ecole technique de Massachusetts est situé sur l'une des avenues les plus passantes de la région du Charles River.
Afin d'empêcher que la vue sur la rue ne soit trop directe, le bâtiment a été incurvé. Ainsi, aucune des pièces ne donne perpendiculairement sur l'avenue et sur le trafic. L'on sait, par exemple, que lorsqu'on regarde obliquement par la fenêtre d'un train, au lieu de le faire à angle droit, l'image est beaucoup moins agitée.
La disposition de l'escalier est particulière; un corps de bâtiment s'élevant en éventail du côté nord permet de surveiller l'ensemble à partir d'un point central.

1 Le plan d'exécution
2 La vue du réfectoire des étudiants
3 Le détail de la façade avec l'escalier

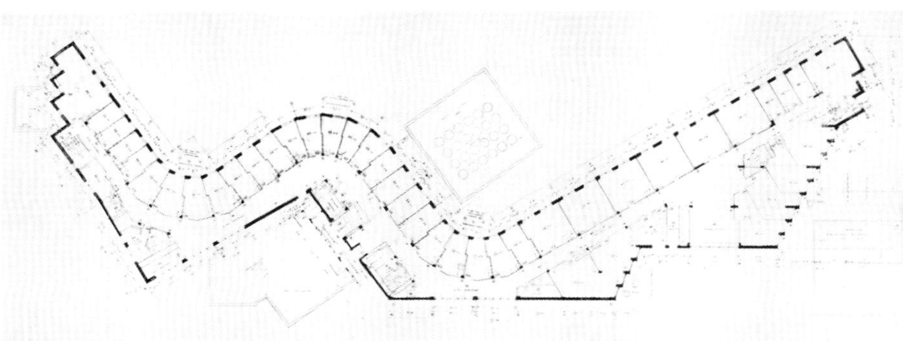

1

2

3

Studentenhotel, Otaniemi
Entwurf 1962 Bauzeit 1964–1966

Das Studentenhotel wurde als Ergänzung zu den bestehenden Studentenhäusern geplant. Es hat die Funktion eines Gästehauses; ferner können Einzelgäste sowie Gruppen im normalen Hotelbetrieb aufgenommen werden. In einem geschützten Hof im Erdgeschoß befindet sich der Haupteingang mit dem Empfangsraum und einer kleinen Cafeteria.
Jeder Gruppe ist eine kleine Küche und ein gemeinsamer Aufenthaltsraum zugeordnet. Jede Gruppe kann durch eine separate Vertikalverbindung erreicht werden, ohne daß dabei die anderen Gruppen gestört werden.

Cité universitaire, Otaniemi
Projet 1962 Construction 1964–1966

Un hôtel pour les étudiants a été projeté pour faire partie de la cité universitaire. A part les étudiants, des hôtes ou des groupes peuvent y trouver un accueil comme dans un hôtel habituel.
L'entrée du rez-de-chaussée avec la réception et un café se trouve dans une cour abritée.
Les groupes possèdent une cuisinette et un salon; elles sont accessibles par des escaliers individuels sans déranger les groupes voisins.

1
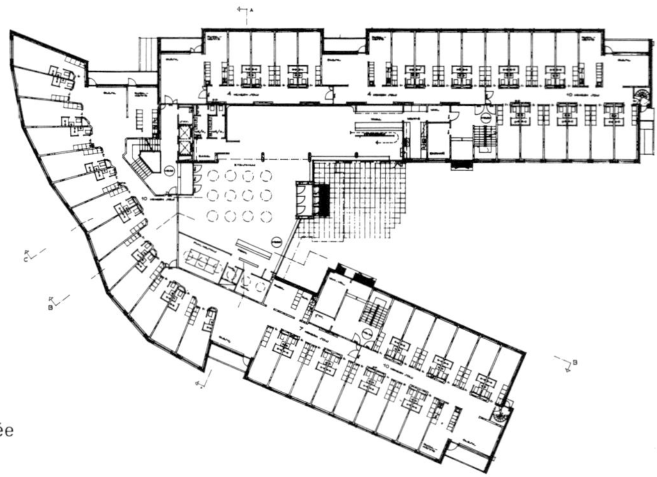

1 Grundriß Erdgeschoß
2 Situationsplan
3 Fassadenansicht des Fächerteiles

1 Le plan du rez-de-chaussée
2 Le plan de situation
3 La façade d'une aile

2

3

Institute of International Education, New York (USA)
Entwurf 1963 Bauzeit 1964/65

Das Institut für internationale Erziehung, ein internationales pädagogisches Koordinationszentrum, arbeitet mit der UNO zusammen. Die Kaufmann-Stiftung und der Ausschuß des Institutes stellten die Bedingung, daß alle Inneneinrichtungen in Finnland hergestellt werden müßten, und zwar so, daß die Haupthalle mit den Seitenräumen ein künstlerisches Ganzes bilde. Ferner wurde gewünscht, daß die Wände und die andern festen Elemente einen skulpturalen Charakter erhalten sollten, um die Würde des Institutes besonders hervorzuheben.

1 Schnitt mit Sicht gegen die Holzplastik
2 Grundriß
3 Teilansicht des Hauptsaales

Institut d'Education internationale, New York (E.-U.)
Projet 1963 Construction 1964/65

L'Institut d'Education internationale est un établissement pédagogique qui travaille avec l'Organisation des Nations unies. La fondation Kaufmann et le comité de l'institut avaient mis comme condition que tous les aménagements intérieurs fussent exécutés en Finlande et que le grand vestibule et les autres locaux formassent une composition artistique cohérente. D'autre part, il a été proposé que les parois et les éléments fixes fussent traités sculpturalement, afin d'accentuer le caractère solennel de l'institut.

1 La coupe avec la sculpture en bois
2 Le plan
3 Vue partielle de la grande salle

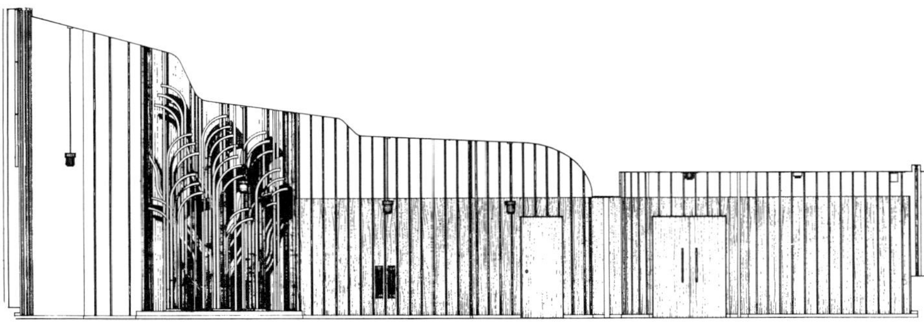
1

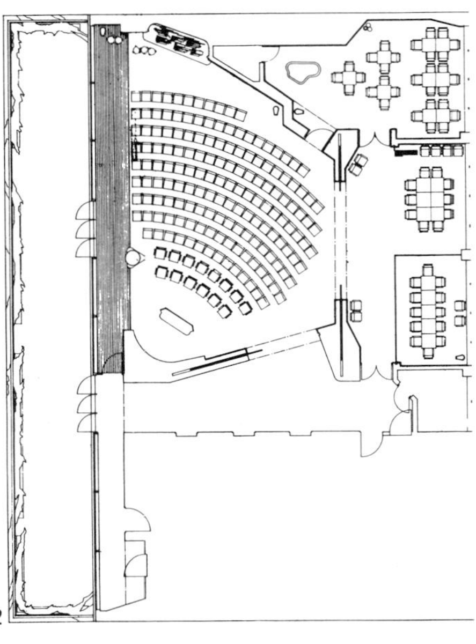
2

3

1

1 Detail der Holzplastik
2 Hauptsaal

1 Le détail de la sculpture en bois
2 La grande salle

2

Bibliotheken

Bibliothèques

Bibliothek, Viipuri (Wiborg, UdSSR)
Wettbewerb 1927   1. Preis   Bauzeit 1930–35

Der Bau wurde im Krieg vollständig zerstört und ist heute eine Ruine.
Das Gebäude umfaßte eine Bibliothek mit Leihbücherei und Lesesälen, die im Innern terrassenförmig angeordnet waren. Ferner gehörten dazu ein Vortragssaal, eine Jugendbibliothek, ein Zeitschriftenleseraum und Verwaltungsräume.
Der ganze Bau war, mit Ausnahme der Eingangspartien, die aus Naturstein bestanden, weiß verputzt.

Bibliothèque, Viipuri (Viborg, U.R.S.S.)
Concours 1927   1er prix
Construction 1930–1935

L'édifice a été détruit par la guerre russo-finlandaise et se trouve en ruines.
La bibliothèque possédait des salles de lecture en amphithéâtre, une salle de conférence, une bibliothèque enfantine, une salle des périodiques et des bureaux.
Le bâtiment était crépi en blanc, pour contraster avec les arbres du parc, à l'exception des entrées, qui étaient en pierre naturelle bleuâtre.

1 Flugbild der Bibliothek; rechts die alte Kathedrale
2 Haupteingang mit Vortragssaal

1 Vue aérienne; à droite la cathédrale
2 L'entrée principale; la salle des conférences à droite

1

2

Die verschiedenen Grundrisse überschnitten sich gegenseitig, so daß der Bau nur bei gleichzeitigem Betrachten der Pläne verständlich ist. In der Mittelachse des Erdgeschosses lag der Haupteingang, unter der Bücherei und den Lesesälen. Kontrolle und Expedition befanden sich ebenfalls in dieser Achse, aber anderthalb Stockwerke höher.

Les niveaux se superposaient comme on peut le comprendre en considérant les plans simultanément. Dans l'axe du rez-de-chaussée il y avait l'entrée principale, située sous le dépôt de livres et les salles de lecture. La surveillance et l'expédition se trouvaient également dans cet axe, mais un étage et demi au-dessus.

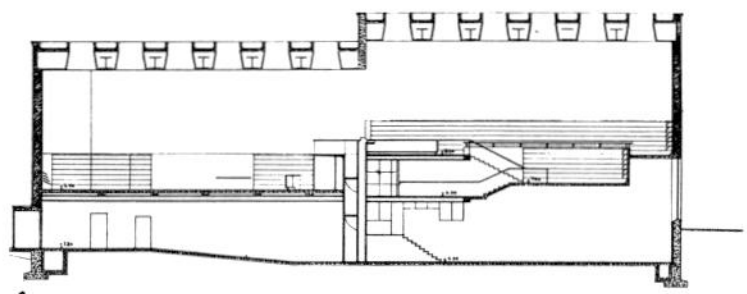

1

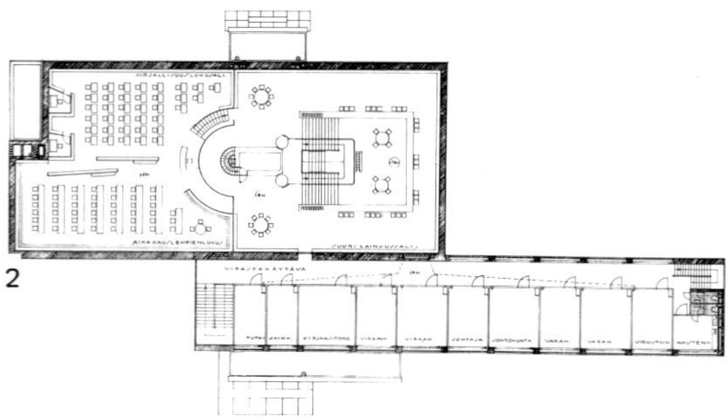

2

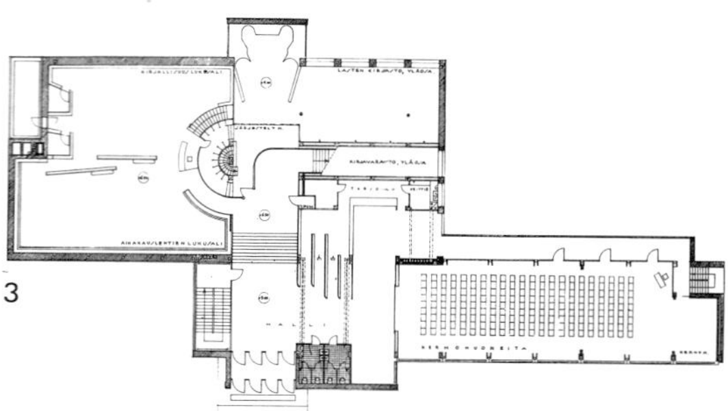

3

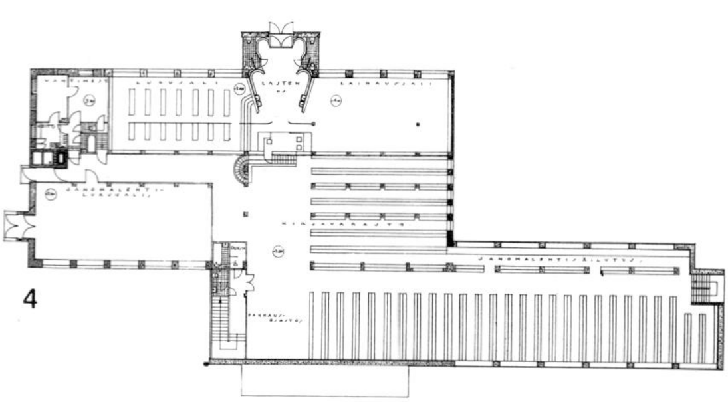

4

1 Längsschnitt durch Lesesaal und Hauptbibliothek
2 Grundriß der Hauptbibliothek und des Lesesaales, Ausgabe- und Aufsichtspult, sowie der Verwaltung
3 Eingangsgrundriß; Vortragssaal, Lesesaal, Jugendbibliothek
4 Grundriß Untergeschoß mit Archiv und Eingang zur Jugendbibliothek

1 Coupe longitudinale sur la salle de lecture et la bibliothèque
2 Le plan de la bibliothèque principale et de la salle de lecture avec le contrôle et la banque des prêts; l'administration
3 Le plan avec la salle des conférences, la salle de lecture, la bibliothèque enfantine
4 Le plan du rez-de-chaussée avec l'archive et l'entrée de la bibliothèque enfantine

Das Sonnenlicht strahlte nicht direkt ein, sondern wurde durch Tausende von Reflektierungslinien, die sich durch die konische Trichterform der Öffnungen ergaben, reflektiert, so daß diffuses Licht erzielt wurde, ideal für den Leser, der mit seinem Buch einen beliebigen Platz einnehmen konnte, ohne daß Schatten oder störende Glanzlichter darauf gefallen wären. Die künstliche Beleuchtung folgte denselben Prinzipien, indem sie schräg von allen Seiten auf das Buch einfiel.
Die Oberlichter beleuchteten die Bücher in den Regalen ohne Schattenwirkung, selbst dann, wenn eine Person direkt davorstand.

Le soleil ne donne pas directement dans la salle, mais se trouve réfléchi par les surfaces coniques des lanterneaux, ce qui dispense d'employer des verres opaques. Cette lumière diffuse est particulièrement agréable pour le lecteur qui peut occuper n'importe quelle place sans avoir l'inconvénient de l'ombre ou des reflets. L'éclairage électrique était conçu par analogie à la lumière naturelle.
Les lanterneaux élairaient les livres sans qu'il y ait d'ombres, même lorsque quelqu'un se tenait debout devant les livres.

1 Oberlichtanordnung
2/3 Ideenskizzen von 1927 über die Lichtverhältnisse bei natürlichem und künstlichem Licht durch die Oberlichter

1 L'arrangement des lanterneaux
2/3 Esquisses de 1927 montrant l'éclairage naturel et artificiel par les lanterneaux

1

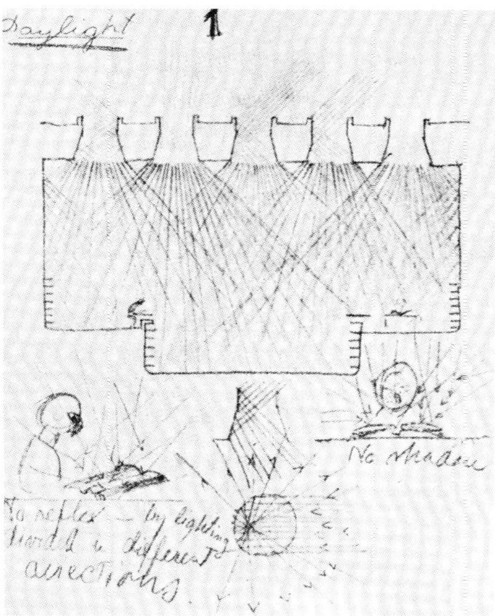

2

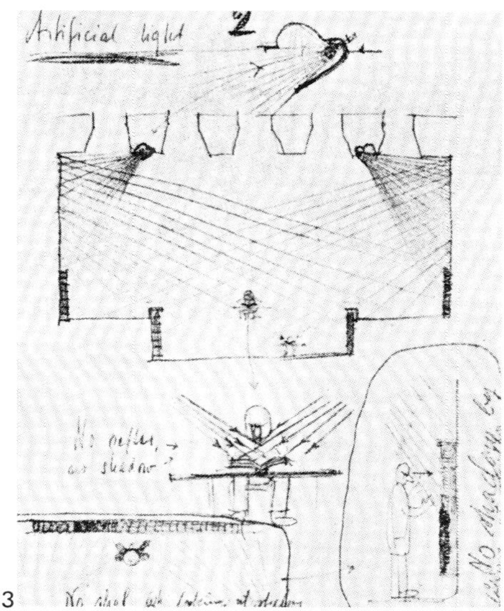

3

Der Vortragssaal diente nicht nur für Vorlesungen und Vorträge, sondern ebensosehr für Diskussionsabende. Die wellenförmige Decke aus dünnen Holzstäben war so konstruiert, daß jeder Punkt im Saal akustisch aktiv war.

La salle est destinée également aux soirées de discussion et aux conférences. Le plafond ondulé, constitué avec de fines baguettes en bois, était conçu pour obtenir que la sonorité des mots se répande le mieux possible, quel que soit l'emplacement de l'orateur.

1 Diskussions- und Vortragssaal
2 Akustikschema bei einer Diskussion
3 Die wellenförmige Decke im Vortragssaal

1 La salle des conférences et des débats
2 Le tracé du schéma acoustique lors d'un débat
3 Le plafond ondulé de la salle des conférences

1

2
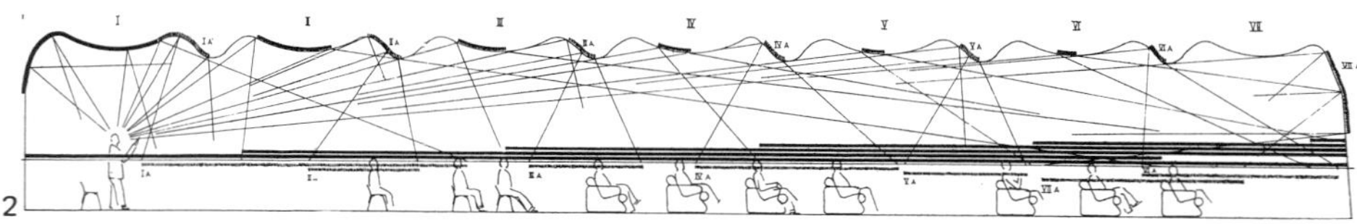

3

1

2

1 Hauptbibliothekssaal
2 Treppen zur Hauptbibliothek und zur Anmeldung: im Hintergrund der Lesesaal
3 Das verglaste Treppenhaus

1 La bibliothèque principale
2 Les escaliers entre la bibliothèque et la surveillance; au fond la salle de lecture
3 La cage d'escalier vitrée

3

Bibliothek, Seinäjoki
Entwurf 1963 Bauzeit 1963–1965

Die Bibliothek ist ein Teil des Verwaltungs- und Kulturzentrums. Die „Blank Wall"-Fassade der Bibliothek bildet die Südseite des Rathaushofes. Die Büroräume und die kleineren Hallen sind in einem rechteckigen Block untergebracht. An der Südseite steht die fächerförmig angelegte Bibliothekshalle.

1 Hauptgrundriß
2 Teilansicht des Verwaltungs- und Kulturzentrums

Bibliothèque, Seinäjoki
Projet 1963 Construction 1963–1965

La bibliothèque forme une partie du centre administratif et civique. La façade de la bibliothèque ferme le côté méridional de la cour de l'hôtel de ville. Les bureaux et une petite halle sont logés dans une aile rectangulaire. Du côté sud s'ordonne en éventail le vestibule de la bibliothèque.

1 Le plan général
2 Vue partielle du centre administratif et civique

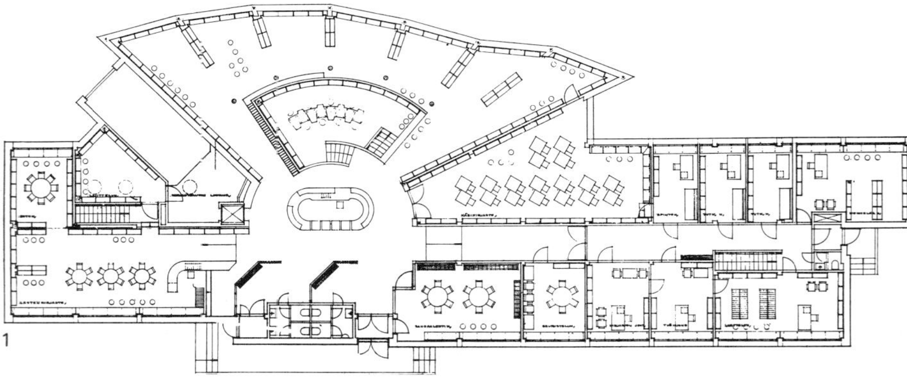

1

2

1 Detailschnitt durch die Hauptbibliothek und die Leseecke
2 Eingangsfassade
3 Die Sonnenlamellen im Hauptbibliotheksraum sind horizontal gerichtet

1 Coupe sur la grande bibliothèque et le coin de lecture (détail)
2 La façade de l'entrée
3 Les lamelles solaires de la grande salle sont disposées horizontalement

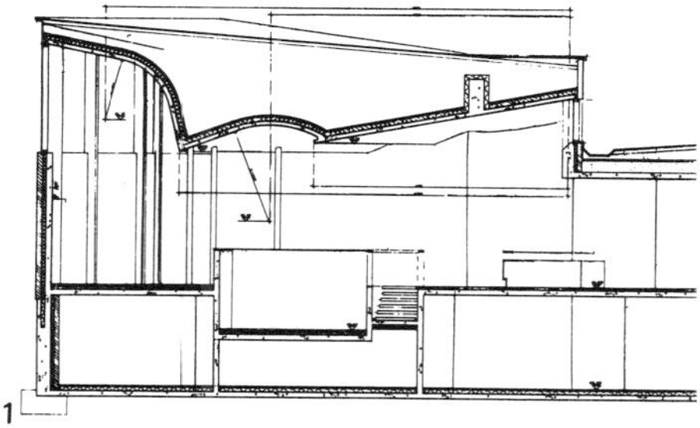

1

2

3

1

2

1 Hauptraum
2 Blick vom tieferge-legenen Lesesaal

1 La grande salle
2 Vue de la salle de lecture, surbaissée

Bibliothek, Rovaniemi
Entwurf 1963 Bauzeit 1965–1968

Die Bibliothek in Rovaniemi ist der erste Bauabschnitt des geplanten Verwaltungs- und Kulturzentrums. Der Hauptraum, der gegen den ruhig gelegenen Hauptplatz gerichtet ist, erhält das Licht von Norden. In diesem Raum befinden sich die Kinder-, die Jugendlichen- und die Erwachsenenbibliothek sowie die Lapplandsammlung und der Studentenlesesaal. Im Hauptgeschoß Arbeits- und Studierzimmer, Diskussions- und kleine Leseräume, die Verwaltung mit einer Cafeteria, die Reisebibliothek, ein kleiner Kindergarten, ein Vortrags- und Ausstellungsraum und das Ornithologische Museum. Die Musikbibliothek und das Geologische Museum sind im Untergeschoß.
Die Museumsräume sind so konzipiert, daß sie jederzeit in Bibliotheksräume umgewandelt werden können.

Bibliothèque, Rovaniemi
Projet 1963 Construction 1965–1968

La bibliothèque de Rovaniemi forme la première étape du futur centre culturel et administratif.
La grande salle, orientée vers la place principale qui est calme, est éclairée au nord. C'est là que se trouve la bibliothèque enfantine, celle des grandes personnes, le musée lapon et la salle de lecture des étudiants. A l'étage principal les salles de dictée, de travail et d'étude, les salles de discussion et de lecture, l'administration avec un café, la bibliothèque touristique, l'école enfantine, la salle de conférences et d'expositions, enfin le musée ornithologique. A l'étage inférieur se trouvent la bibliothèque musicale et le musée de géologie.
Les locaux destinés aux musées peuvent en tous temps être transformés en bibliothèques.

1 Grundriß
2 Haupteingangsfassade mit dem fächerförmig angelegten Hauptraum

1 Le plan
2 La façade d'entrée avec la grande salle disposée en éventail

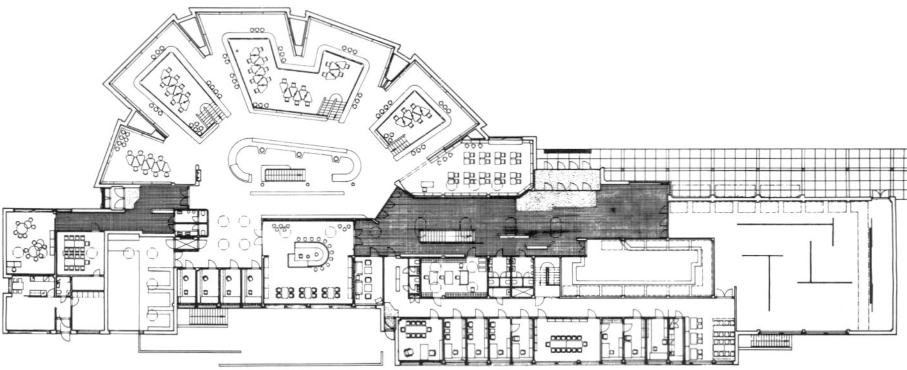

1

2

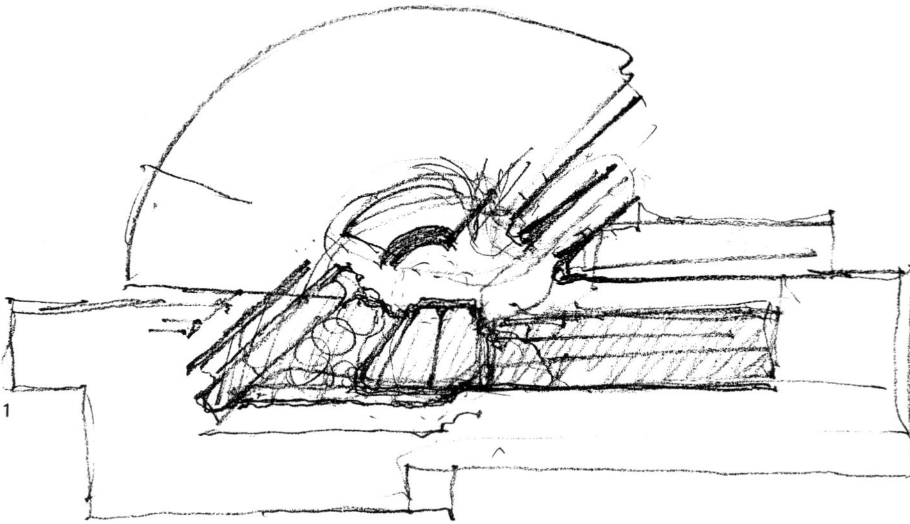

1

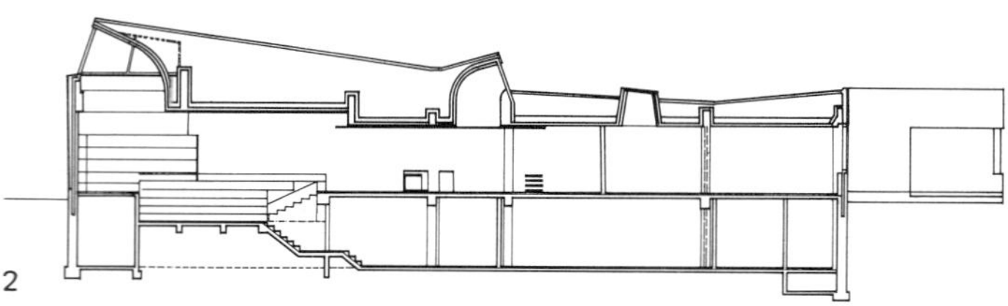

2

1 Ideenskizze, Grundriß
2 Querschnitt
3/4 Eingangshalle

1 Croquis pour la première conception du plan
2 La coupe transversale
3/4 Le vestibule

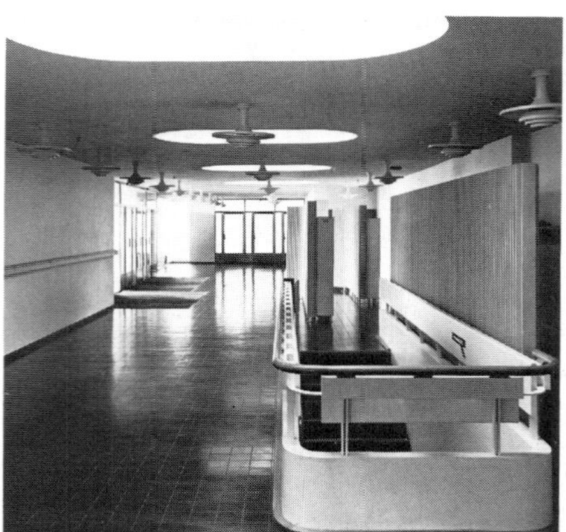

3

4

1

2

1/2 Ansichten der Hauptbibliothek
3 Ansicht der Bücherausgabe in der Hauptbibliothek

1/2 La grande bibliothèque
3 La vue du service des prêts de la grande bibliothèque

3

1

2

1 Zugang zum Haupteingang
2/3 Fassadenausschnitte

1 L'accès de l'entrée principale
2/3 Les détails des façades

3
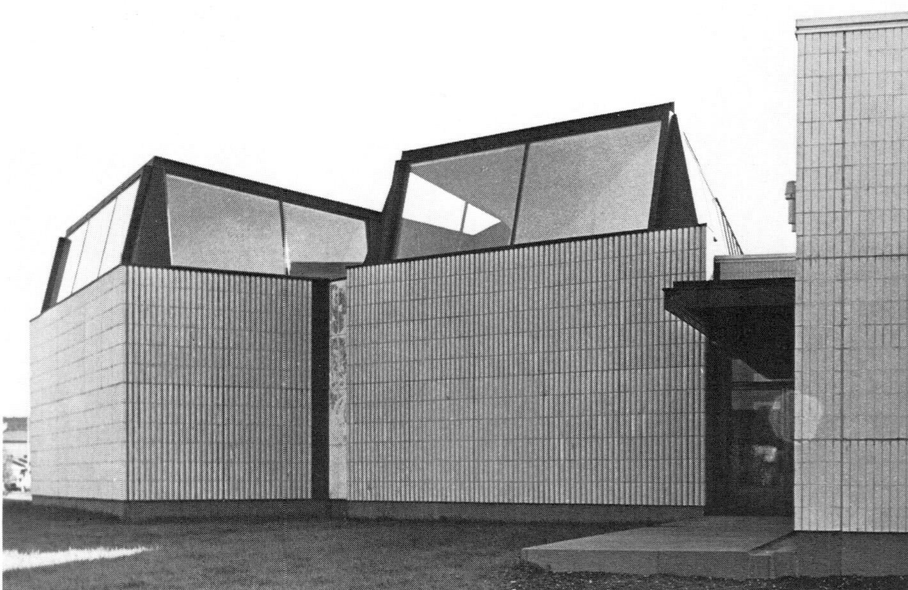

Bibliothek der Technischen Hochschule, Otaniemi
Entwurf 1964 Bauzeit 1965–1969

Die Bibliothek steht parallel zur alten Allee, die früher zum Hauptgebäude eines großen landwirtschaftlichen Gutes führte. In enger Verbindung mit dem Hauptgebäude der Technischen Hochschule stehend, schließt die Bibliothek räumlich die dritte Seite einer großen Parkanlage ab. Der eine Haupteingang ist von der ruhigen Fußgängerzone her und der zweite Haupteingang von der Straße und den Parkplätzen her erreichbar. Die großen Fensterfronten und die Dachoberlichter sind alle gegen die ruhige Parkanlage gerichtet. Mit dem Bau der Bibliothek ist die Hauptgebäudegruppe mit dem Auditorium Maximum und der Hauptverwaltung abgeschlossen und bildet das Kernstück der vor zweiundzwanzig Jahren begonnenen Planung der Technischen Hochschule in Otaniemi.

Bibliothèque de l'Ecole polytechnique, Otaniemi
Projet 1964 Construction 1965–1969

La bibliothèque s'étend le long de la vieille allée qui conduisait jadis vers le bâtiment principal d'un grand domaine agricole; elle borde le troisième côté d'un grand parc. L'une des entrées se trouve du côté de la zone des piétons, l'autre du côté de la rue et des places de stationnement. Les façades largement vitrées et les hauts-jours sont orientés vers le parc. La bibliothèque forme la dernière étape d'un ensemble comprenant le grand auditoire et l'administration générale de l'Ecole polytechnique d'Otaniemi. C'est le couronnement de cet institut dont les plans ont débuté il y a vingt-deux ans.

Situationsplan / Le plan de situation

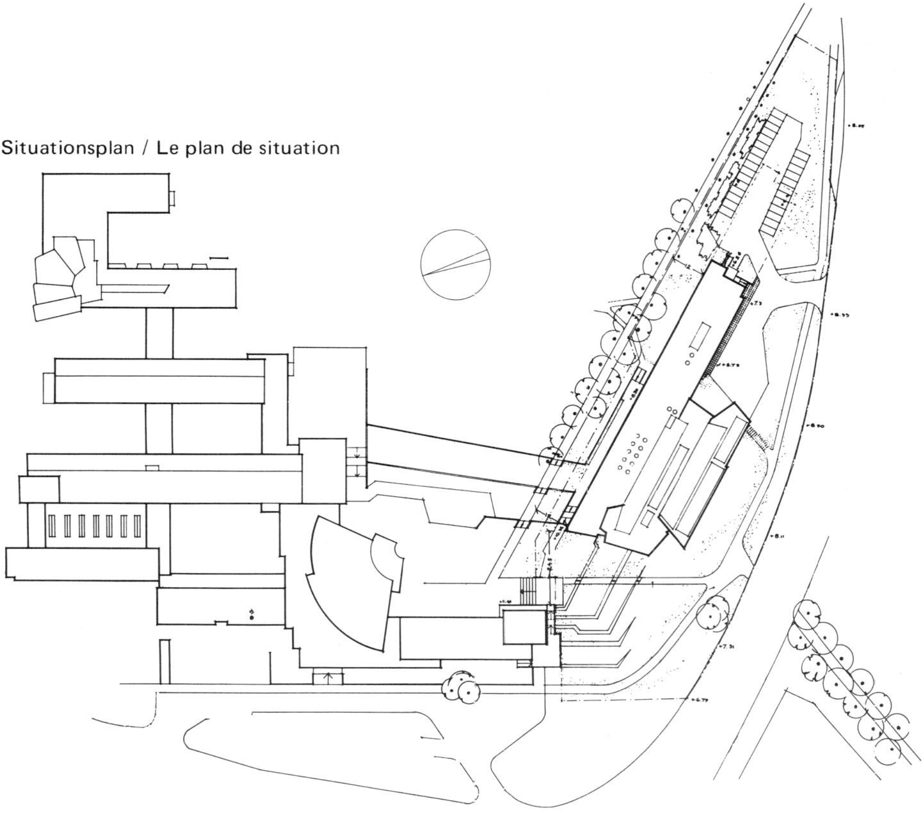

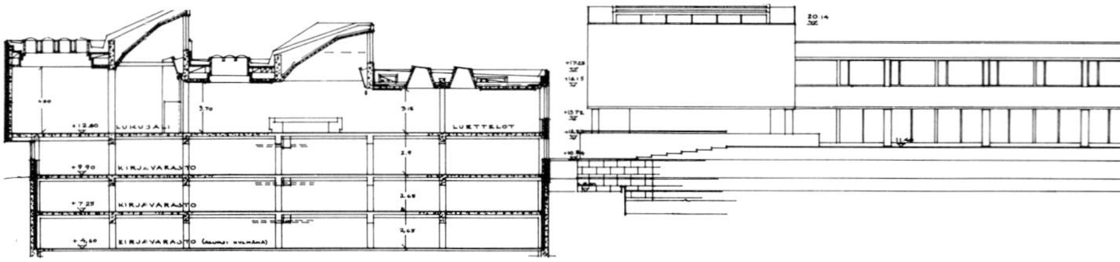
LUKUSALI
LUETTELOT
KIRJAVARASTO
KIRJAVARASTO

1

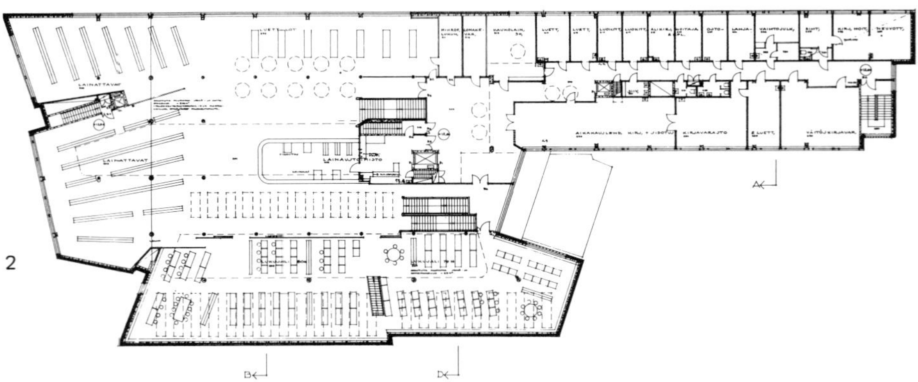
LAINATTAVAT
LAINATTAVAT
LUETTELOT
LAINAUSTOIMISTO
KIRJAVARASTO

2

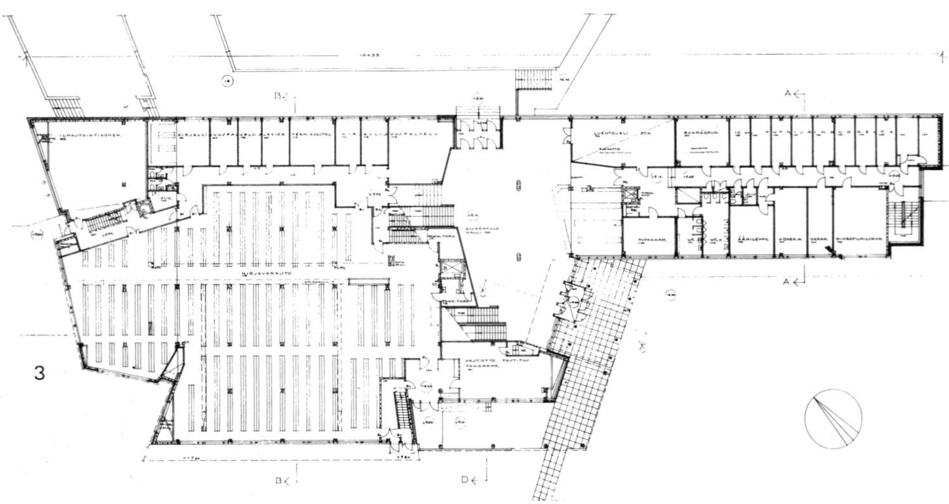
KIRJAVARASTO
LUENTOSALI

3

4

5

1 Querschnitt
2 Obergeschoß
3 Eingangsgeschoß
4 Eingangshalle
5 Hauptlesesaal
6 Bücherausgabe mit Blick in den großen Lesesaal

1 La coupe transversale
2 Le premier étage
3 Le rez-de-chaussée
4 L'entrée
5 La grande salle
6 Le service des prêts et la vue sur la grande salle de lecture

Paperback Alvar Alto, Bogen 11

6

1

1 Eingangsfassade vom Park und der Allee her
2 Haupteingangspartie

1 La façade sur le parc et l'allée
2 L'entrée principale

2

Bibliothek des Mount Angel Benedictine College, Mount Angel, Oregon (USA)
Entwurf 1965/66 Bauzeit 1967–1970

Die Bibliothek des Mount Angel Benedictine College, welches im letzten Jahrhundert gegründet wurde, steht inmitten des Schulcampus. Von der Campusseite her sind nur die einstöckig gehaltenen Vorbauten sichtbar, der eigentliche Bibliotheksteil ist im steil abfallenden Geländeabhang untergebracht. Durch diese Anordnung des Neubaus wird der Charakter der ursprünglichen Schulanlage nicht zerstört.

Bibliothèque du collège bénédictin du Mont des Anges (Mount Angel), Oregon (E.-U.)
Projet 1965/66 Construction 1967–1970

La bibliothèque de cet institut bénédictin fondé le siècle passé se trouve au centre du collège d'où seules les ailes basses de l'entrée sont visibles, tandis que le bâtiment proprement dit se situe à flanc coteau, ce qui évite l'intrusion d'une masse imposante dans l'ensemble.

1 Blick gegen den in das steil abfallende Gelände eingebauten Bibliothekstrakt
2 Situationsmodell

1 La vue de la bibliothèque construite sur la pente raide du terrain
2 La maquette de l'ensemble

1

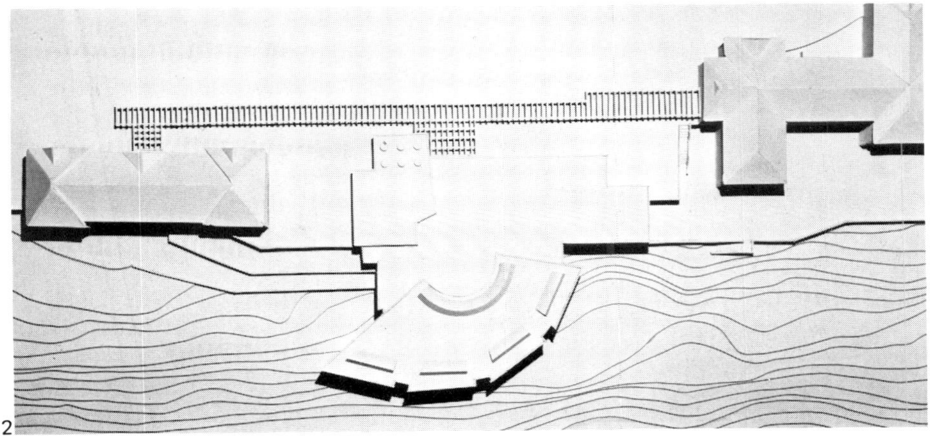
2

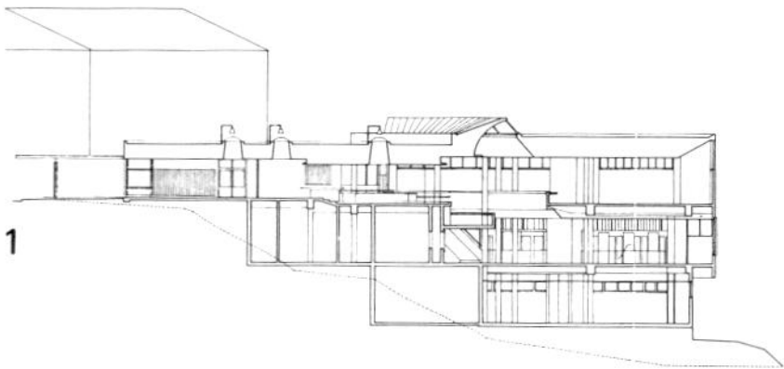

1

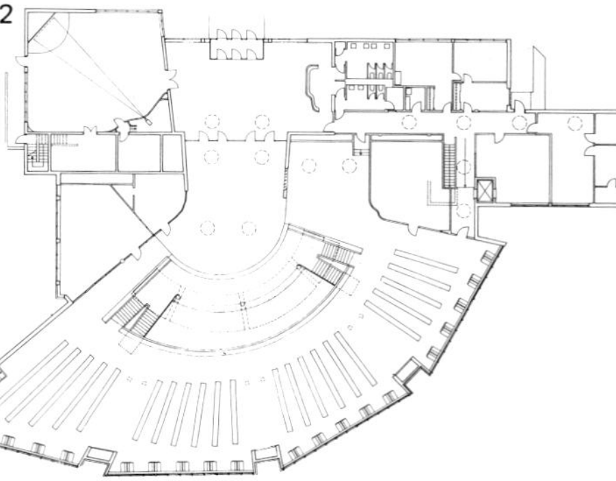

2

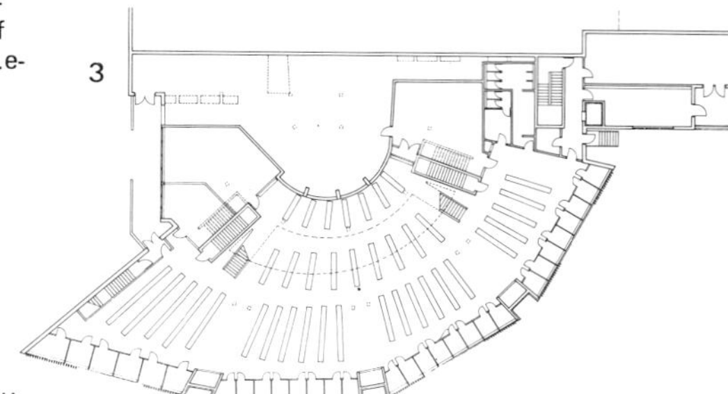

3

1 Querschnitt. Der innere Aufbau der Bibliothek folgt der Geländelinie. Die auf verschieden hohen Ebenen gelegenen Lesegalerien bilden das Kernstück
2 Grundriß des Eingangsgeschosses. In der einstöckigen Eingangspartie befinden sich die Verwaltung und ein Vortragssaal. Die Bibliothek ist zudem als eine große Handbibliothek ausgebildet
3 Grundriß des ersten Untergeschosses. Der große Bücherregalsaal
4/5 Blick in die Kernzone mit den Lesegalerien

1 La coupe transversale. Le bâtiment utilise la déclivité du terrain. Les galèries disposées à plusieurs niveaux forment le centre de l'établissement
2 Le plan du rez-de-chaussée. L'aile de l'entrée qui n'a qu'une hauteur d'étage, contient l'administration et une salle de conférences. La bibliothèque forme une grande salle de lecture
3 Le plan du rez-de-chaussée inférieur: La grande salle
4/5 La vue de la partie centrale avec les galeries munies de pupitres continus

4

5

Stadtbibliothek, Kokkola
Projekt 1966

Um einen kulturellen Schwerpunkt in der Stadt zu schaffen, wurde mit der Stadtbibliothek noch ein kleines Mehrzwecktheater mit einer öffentlichen Grünanlage längs des Wasserlaufs vorgeschlagen. Die Bibliothek befindet sich im Obergeschoß des Gebäudes. Die Bücherausgabe steht im Zentrum des Raumes, von wo aus die einzelnen Abteilungen strahlenförmig angeordnet sind. Das natürliche Licht wird mit verschieden geformten Oberlichtern ins Innere der Bibliothek gebracht.

Bibliothèque municipale, Kokkola
Projet 1966

Afin d'augmenter la valeur du bâtiment et de créer un centre culturel en faveur de la ville, on a proposé d'ajouter un petit théâtre polyvalent dans un parc au bord de l'eau. La bibliothèque se trouve au premier étage. La distribution des livres est au centre d'où rayonnent les secteurs. Des hauts-jours répandent la lumière naturelle dans la salle.

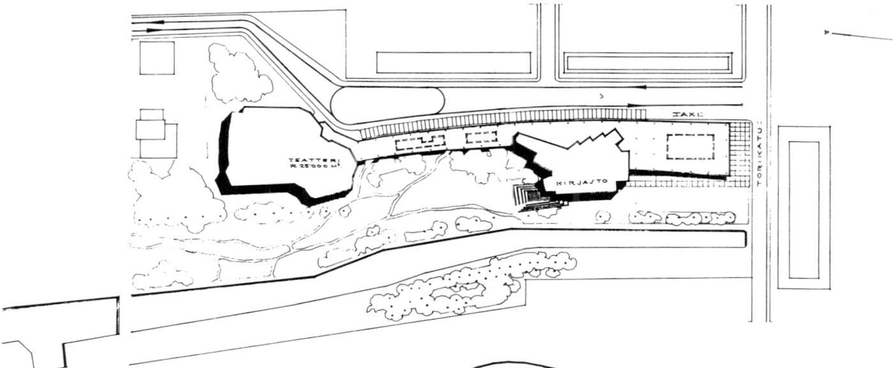

1

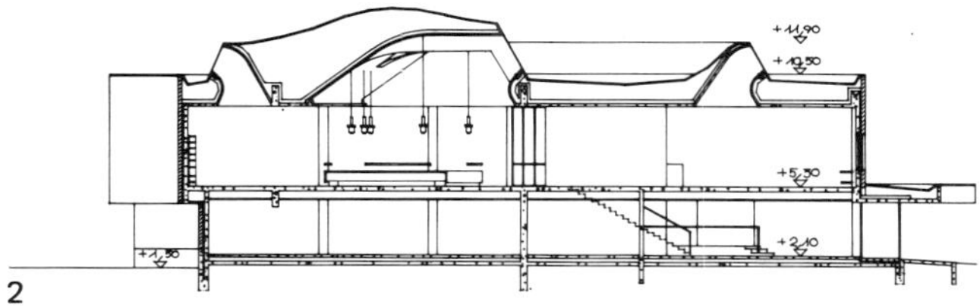

2

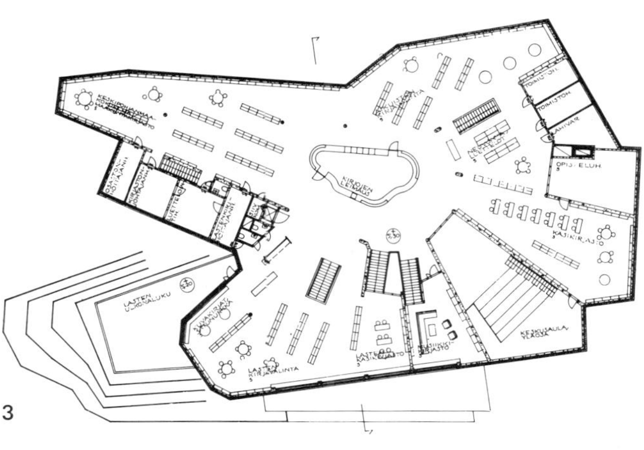

1 Situationsplan
2 Querschnitt
3 Grundriß der Bibliothek

1 Plan de situation
2 Coupe
3 Plan de la bibliothèque

3

Sportzentren

Centres sportifs

Sporthalle, Otaniemi
Bauzeit 1950–1952

Die 1952 für die Olympischen Spiele erbaute Sporthalle ist der Hauptbau des Sportzentrums der Technischen Hochschule Helsinki und dient sämtlichen leichtathletischen Disziplinen.
Laufbahn und Anlage für das Speerwerfen bestimmten die architektonische Form. Die Konstruktion: Nagelbinder-Holzträger, die am Boden hergestellt und als fertige Elemente hochgezogen werden. Eine Art Tribünenhügel verbindet die große Stadionhalle mit der kleineren Tennishalle. Das ermöglicht den Zuschauern, die Wettkämpfe beider Hallen abwechslungsweise ohne große Verschiebung zu verfolgen.

Pavillon des sports, Otaniemi
Construction 1950–1952

Le pavillon des sports forme le centre du secteur sportif de l'Ecole polytechnique de Helsinki. La salle a été construite en 1952 à l'occasion des Jeux olympiques. Tous les exercices de l'athlétisme léger peuvent y être pratiqués. L'architecture est déterminée par la piste de course et par le jet du javelot. La construction est faite de fermes en bois cloué, assemblées au sol, prêtes à être montées.
Une aire inclinée, sorte de tribune, relie la grande salle des sports à la petite salle de tennis, installation qui permet aux spectateurs d'assister sans trop se déplacer aux compétitions dans les deux salles.

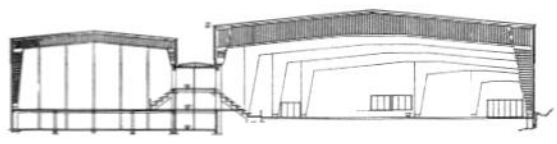

1

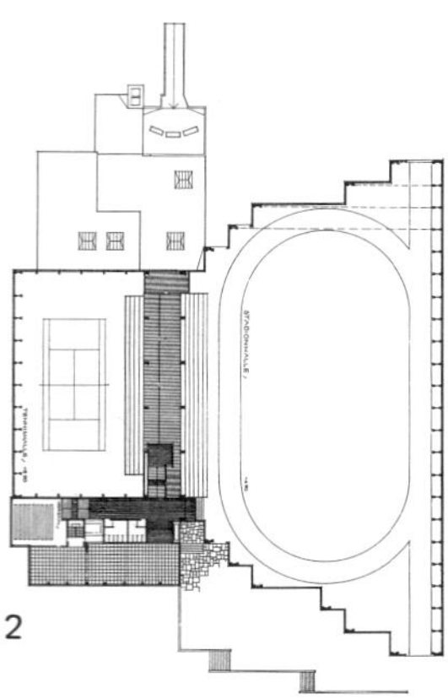

2

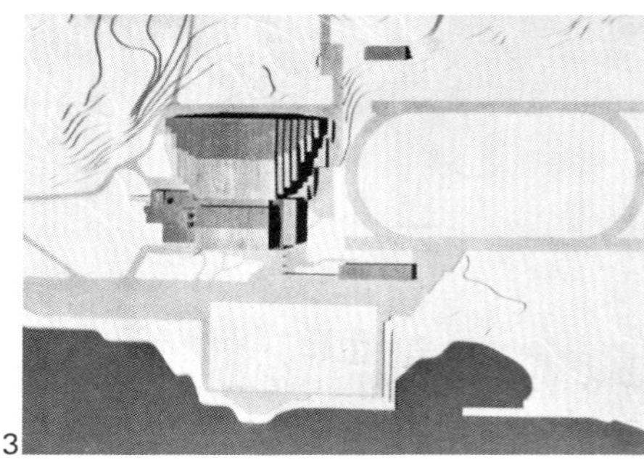

3

4

1 Querschnitt
2 Grundriß
3 Modell der Sportanlage
4 Innenansicht

1 Coupe transversale
2 Le plan
3 La maquette de la salle des sports
4 La vue de l'intérieur

Sport- und Konzertzentrum Vogelweidplatz, Wien (Österreich)
Wettbewerb 1953 1. Preis Nicht ausgeführt

Das Bauprogramm umfaßte eine gedeckte Sporthalle, welche gleichzeitig als großer Konzertsaal mit 25000 Sitzplätzen benutzt werden konnte und zusammen mit den vielen Nebenräumen auch noch als Ausstellungsgebäude dienen sollte. Ferner mußten noch separate Räumlichkeiten für Kongresse, Schwimmsport, andere vielseitige Funktionen mit einkomponiert werden.
Das Projekt bildet ein Amphitheater unter einer hängenden Dachkonstruktion, mit einer Arena, die bei Konzerten auch teilweise bestuhlt werden kann. Die Dachkonstruktion, die in der Art einer Hängebrücke konstruiert ist, deckt außerdem eine Reihe von großen und kleinen Hallen.
Zur Regulierung der Akustik dient im Innern ein aus beweglichen Lamellen bestehendes hängendes System.
Die Eingänge zum Vogelweidplatz sind für den motorisierten Verkehr unter die Erde verlegt und mit dem Eingangsplatz durch Treppen verbunden. Dieser viereckige Eingangshof liegt auf dem Niveau der Fußgänger, die durch den Gartenpark vom Tram und den Zügen kommen. Das Gebäude verdankt seinen besonderen Charakter dem hängenden Dach aus Kupfer sowie den dazugehörigen schrägstehenden Hallenwänden aus lamellenartigen, stabförmigen Metallprofilen.

Centre sportif et musical, Vienne (Autriche)
Concours 1953 1er prix Non réalisé

Le projet comportait une halle de sports pouvant être utilisée également comme salle de concerts de 25 000 places et comme salle d'exposition avec une quantité de locaux secondaires pour les congrès, la natation et d'autres destinations. Le centre du projet est formé par un amphithéâtre avec une arène sous une toiture suspendue, à la manière d'un pont-levis couvrant toutes sortes d'autres salles. L'acoustique est déterminée par un système de lamelles mobiles. Les accès des voitures du côté de la place sont souterrains avec des escaliers accédant au niveau des salles. L'entrée des piétons venant par le parc en descendant des trams et des trains est disposée dans une cour carrée.
L'édifice se distingue par la forte inclinaison de son toit en cuivre et par les parois inclinées des salles, rehaussées par des lames métalliques.

Modellansicht von Südosten. Im Vordergrund die Einfahrtsrampe für die Autos, darüber die Schwimmhalle, rechts davon der erhöhte Eingangsplatz mit Kassenhalle, hinter der Haupthalle die Freilufttennisplätze

La maquette vue du sud-est. Au premier plan, la rampe d'accès pour les autos. Au-dessus, la piscine. A droite, les entrées et les caisses. Derrière la grande salle, les terrains de tennis

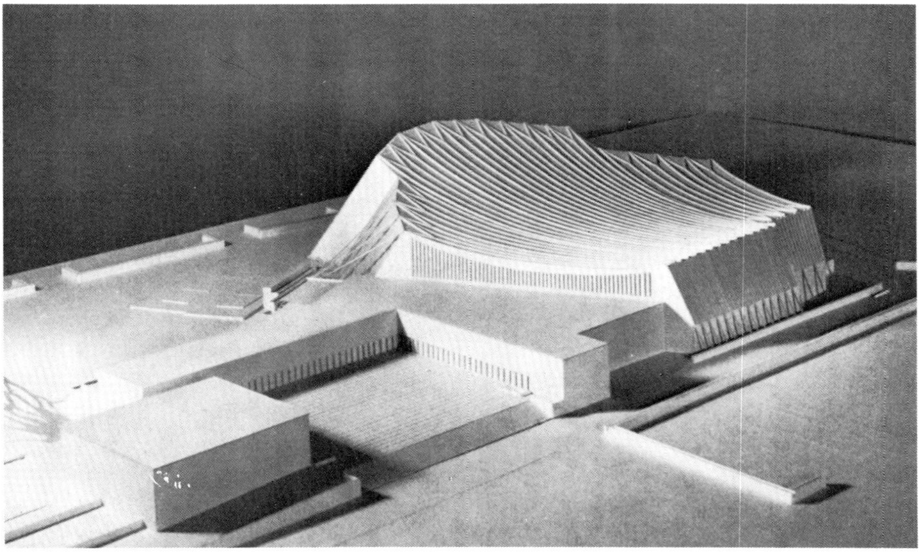

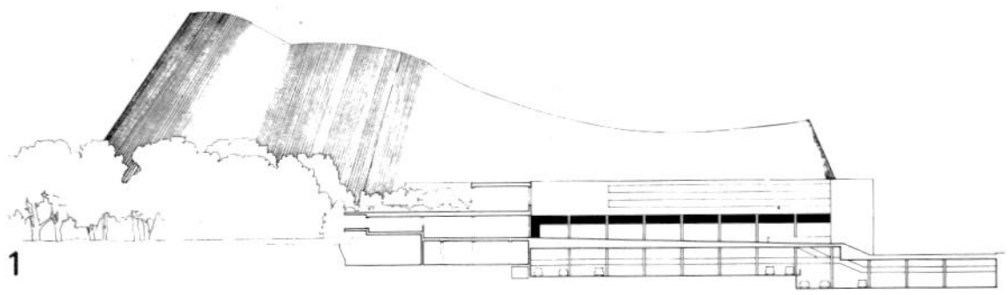

1

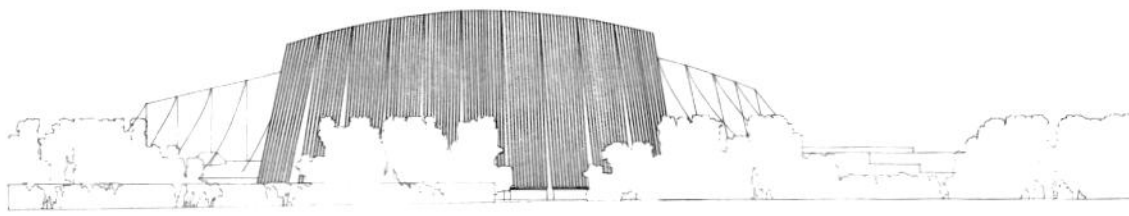

2

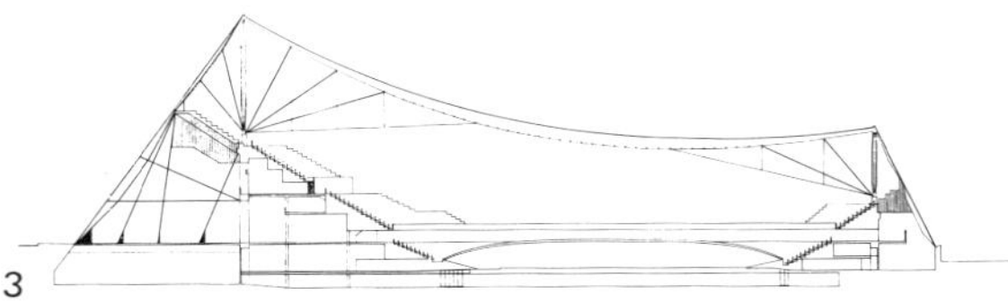

3

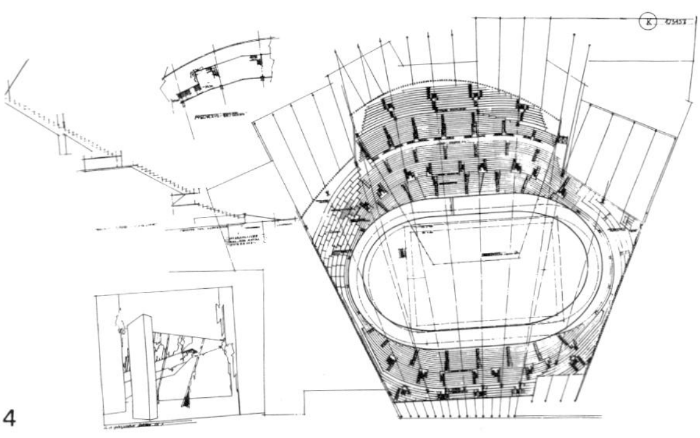

4

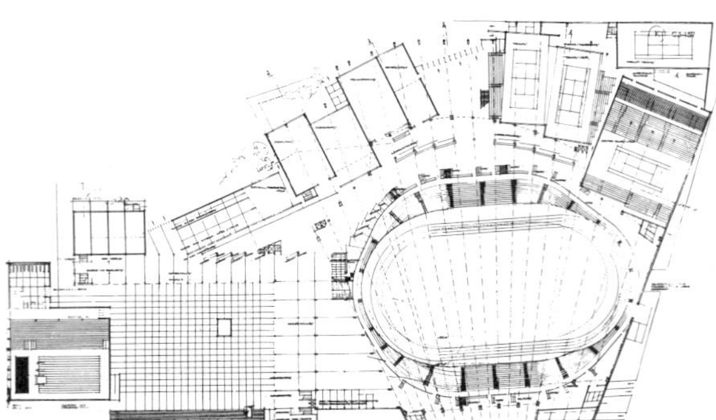

5

1 Die große Halle von der Südseite. Unter dem Eingangsplatz sind di Autoabstellplätze, über der Kassenhalle die Administration, Presse und Radio, links das Restaurar
2 Westfassade
3 Schnitt durch die Haupthalle
4 Gesamtplan der Haupthalle
5 Eingangsgrundriß. Ganz links das Schwimmbad, oben die Kegelbahnhalle. An der oberen Seite der Haupthalle sind verschiedene Hallen für Gymnastik, Boxen, Turnen und Tennis

1 La grande salle vue du sud. Sous la place, le stationnement des autos. Au-dessus des caisses, l'administration, la presse et la radio. A gauche, le restaurant
2 Façade ouest
3 La coupe sur la grande salle
4 Le plan de la grande salle
5 Le plan au niveau de l'entrée. A l'extrême gauche, la piscine; en haut, le jeu de quilles. A côté de la grande salle, les salles de sports (athlétisme, boxe, gymnastique et tennis)

Sportinstitut der Universität Jyväskylä
Projekt 1967/68 Bauzeit 1968–1970

Das Sportinstitut ist am äußeren Ende des inneren Gartens der im Jahre 1953 bis 1955 gebauten Pädagogischen Hochschule gelegen und markiert den räumlichen Abschluß derselben. Das Institut enthält Laboratorien und Forschungseinrichtungen, Vorlesungsräume und eine kleine Studentenklinik. Die vier Turnhallen sind für Ballspiele, für Geräteturnen, für Frauengymnastik und für Ballett ausgebaut.

Centre sportif de l'université de Jyväskylä
Projet 1967/68 Exécution 1968–1970

Le centre sportif est situé à l'extrémité du jardin intérieur de l'université pédagogique construite dans les années 1953 à 1955 et en forme l'achèvement.
L'institut possède des laboratoires et des installations de recherche, des salles de cours et une petite clinique pour les étudiants. Les quatre salles de gymnastique servent au jeu de ballon, aux exercices aux engins, à la gymnastique féminine et au ballet.

1 Situationsplan des Vollausbaus
2 Turnhallenansicht
3 Nordostansicht

1 Plan de situation des bâtiments achevés
2 Vue de la salle de gymnastique
3 Vue de nord-est

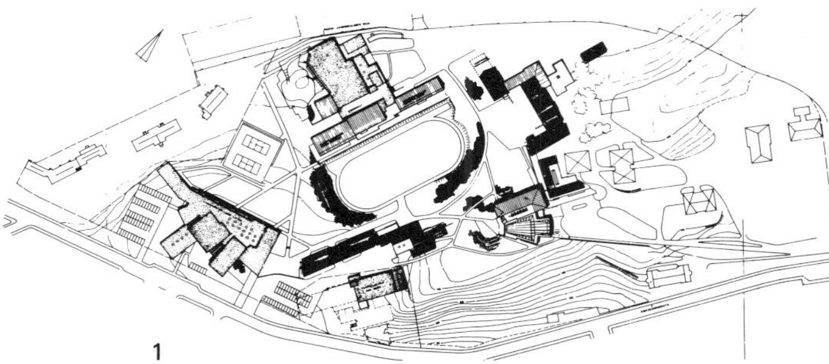
1

2

3

1

2

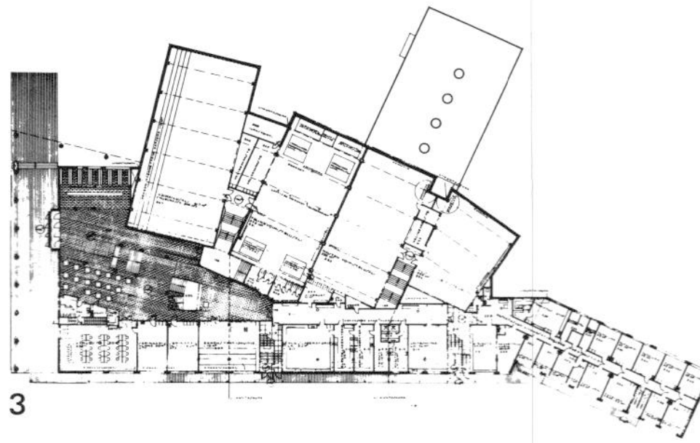

3

1 Ausschnitt der Treppenhalle
2 Eingangsfassade
3 Eingangsgrundriß
4 Eingangshalle

1 Détail de l'escalier
2 Façade de l'entrée
3 Plan du rez-de-chaussée
4 Vestibule

4

Schwimmhallenerweiterung, Universität Jyväskylä
Projekt und Bauzeit 1. Etappe 1962/63
Projekt und Bauzeit 2. Etappe 1967/68 und 1973–1975

Die neue Schwimmhalle ist ein Teil des neuen Sportinstitutes. Sie ist als Erweiterung an die bestehende Schwimmhalle angebaut, die seinerzeit der Pädagogischen Hochschule angeschlossen worden war. Das zu einem Schwimmzentrum ausgewachsene Gebäude kann ebenfalls von der Öffentlichkeit benützt werden. Dem kleinen Schwimmbecken ist ein offener Sonnengarten vorgelagert.

Extension de la piscine de l'université de Jyväskylä
Projet et exécution de la 1re étape 1962/63
Projet et exécution de la 2e étape 1967/68 et 1973–1975

La nouvelle piscine fait partie du nouveau centre sportif de l'université de Jyväskylä. Elle forme une annexe de la piscine existante qui avait complété les installations de l'Ecole supérieure de Pédagogie. Ce nouveau centre de natation est ouvert au public. Un solarium s'ajoute au petit bassin.

1

1 Schwimmhalle
2 Schnitt durch neue und alte Schwimmhalle
3 Grundriß

1 Piscine
2 Coupe sur la nouvelle piscine et l'ancienne
3 Plan

2
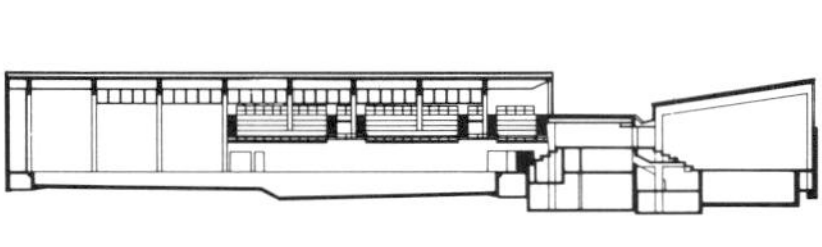

3
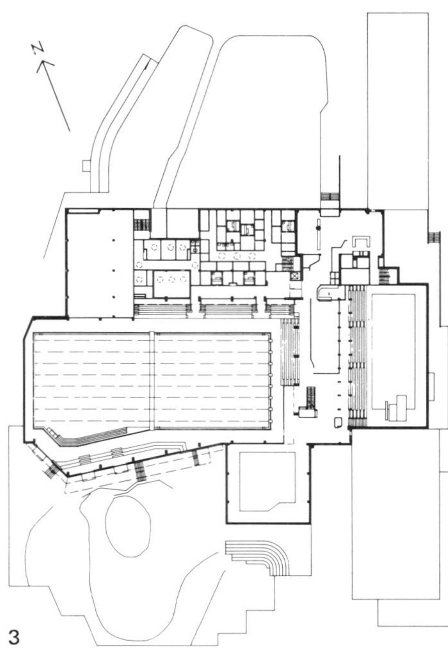

Geschäfts- und Verwaltungsbauten

Redaktionshaus der Zeitung „Turun Sanomat“
Entwurf 1927/28 Bauzeit 1928/29

Das Haus steht in einer Geschäftsstraße in Turku und ist in einen Häuserblock eingebaut. Es handelt sich um einen Eisenbetonskelettbau, wobei die Isolationswände aus Blähbeton bestehen. Die Oberfläche des porösen Blähbetons wurde mit einem Ziegelrabitzgeflecht überzogen und ein Spezialverputz aufgetragen, versehen mit einer farbig getönten Lackierung als Schutzfläche.

1 Straßenfassade
2 Eingangsgeschoß und Pfeilerschema
3 Die erste Seite der Tageszeitung wird jeweils von innen auf einen Vorhang projiziert

Bureaux et bâtiments d'administration

Le siège du quotidien «Turun Sanomat»
Projet 1927/28 Construction 1928/29

Le bâtiment a été dessiné pour le quotidien «Turun Sanomat», dont le siège est situé dans une des artères commerçantes de Turku entre deux immeubles.
La construction est une ossature en béton armé avec des parois isolantes en béton cellulaire, dont la surface a été revêtue de treillis avec un crépissage spécial, laqué et teinté.

1 La façade sur rue
2 Le plan de l'entrée et la disposition des piliers
3 La première page du journal est projetée de l'intérieur sur un écran

1

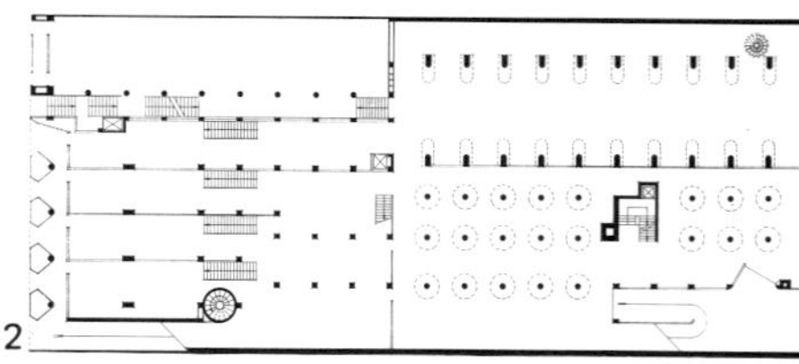
2

3

In die Flachdächer sind verschiedene Arten von Oberlichtern eingebaut. Hier wurde zum erstenmal mit großformatigen runden Oberlichtern auf konisch geformten Betonunterlagen experimentiert.
In Zusammenhang mit den unterzugslosen Decken kommen im Eisenbetonskelett symmetrische und asymmetrische Pfeilerformationen vor.

Les toitures plates sont munies de divers lanterneaux. C'est la première fois que l'essai a été fait avec des dômes en verre de grande dimension, posés sur des cônes en béton.
Les dalles pleines sont portées par des piliers symétriques et asymétriques.

1 Die ersten Experimente mit den runden Oberlichtern, von außen
2 Oberlichter von innen
3 Lagerhalle
4 Maschinensaal
5 Treppenhausausschnitt

1 Les lanterneaux ronds vus du dehors. Premiers essais
2 Les lanterneaux vus de l'intérieur
3 L'entrepôt
4 La salle des machines
5 Un détail de la cage d'escalier

1

2

3

4

5

Kultur- und Administrationszentrum „Forum redivivum", Helsinki
Wettbewerb 1948, 1. Preis

Dieser Wettbewerb war einer der ersten großen Wettbewerbe in Helsinki nach dem Kriege. Das Bauprogramm umfaßte die Hauptverwaltung für die Volkspensionsanstalt, einen Mehrzwecksaal für Konzerte, Ausstellungen usw., vermietbare Büros, Wohnungen und Ladengeschäfte, ein Restaurant und diverse Clubräume. Das Projekt ist so angelegt, daß eine ungestörte Fußgängerzone entsteht. Zwei Alternativen wurden vorgeschlagen: Ein kleineres Zentrum und ein größeres Zentrum, in dem ein Marktplatz integriert sein sollte.

Centre culturel et administratif «Forum redivivum», Helsinki
Concours 1948, 1er prix

Ce concours a été un des premiers grands concours à Helsinki après la guerre. Le programme prévoyait le siège des Retraites populaires, une salle de concerts et d'autres manifestations, des salles d'expositions, des bureaux à louer, des habitations et des magasins, un restaurant et plusieurs salles de clubs. Le projet est conçu de manière à créer une zone pour les piétons à l'écart de la circulation. Deux solutions avaient été proposées. Un centre plus petit et un autre plus grand où il y aurait eu une place de marché.

1
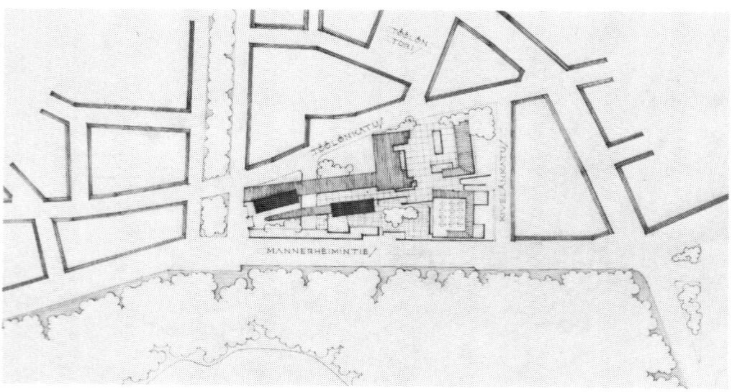

2
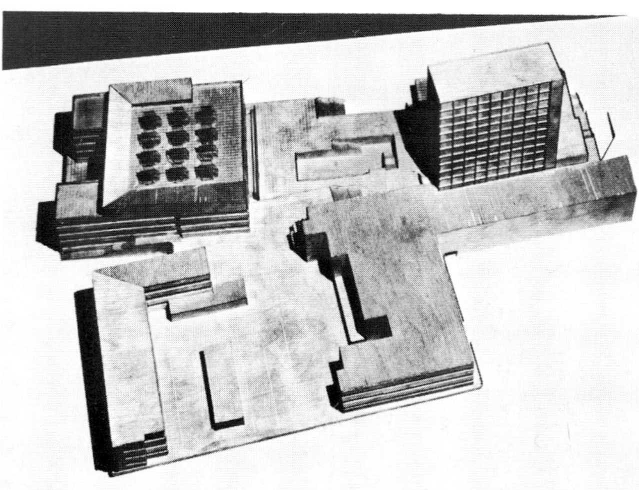

1 Situationsplan des Vollausbaus mit dem neuen Marktplatz und der Verbindung zur bestehenden Parkanlage
2 Modell

1 Plan de situation de l'ensemble achevé avec la nouvelle place du marché et les accès au parc existant
2 Maquette

1

2
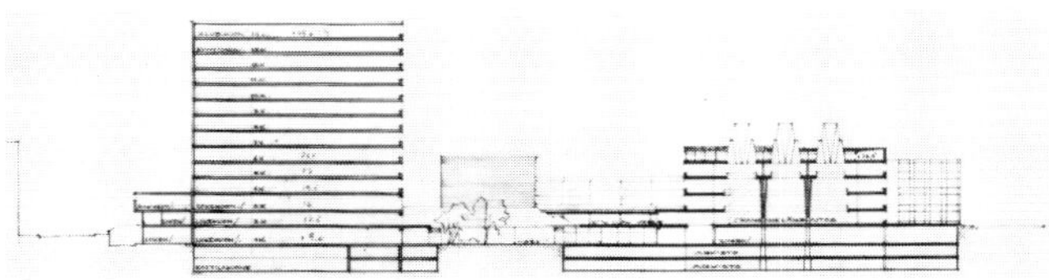

3
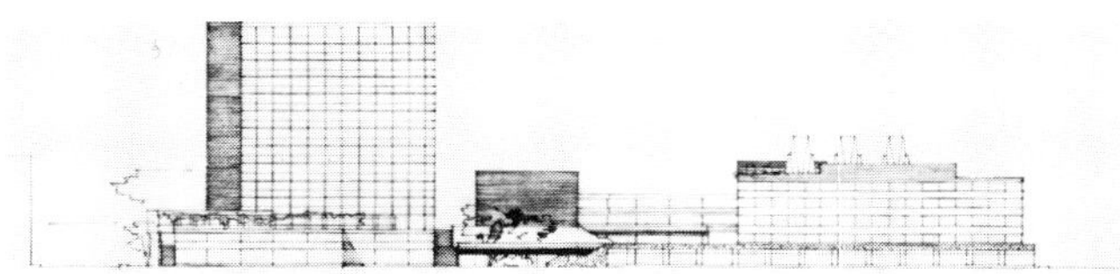

1 Studienmodell
2 Schnitt durch Bürohochhaus und Volkspensionsanstalt
3 Ansicht
4 Grundriß mit Marktplatz

1 Maquette d'étude
2 Coupe à travers l'immeuble-tour à bureaux et le bâtiment des Retraites populaires
3 Vue
4 Plan avec la place du marché

4
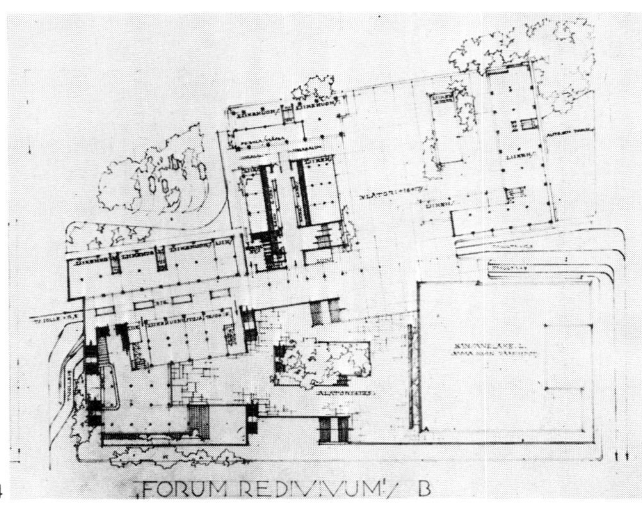

Staatliche Volkspensionsanstalt, Helsinki
Wettbewerb 1948 Bauzeit 1952–1956

Die tragende architektonische Idee bestand darin, ein Bürohaus für 800 Angestellte zu schaffen, welches nicht den Charakter der eingeschachtelten Bürohäuser in engen Stadtvierteln aufweist. Das ganze Gebäude von 110000 m3 ist um einen vom Straßenlärm getrennten, erhöhten Gartenhof in verschiedene Teile gegliedert. Die verschiedenen Teile sind alle miteinander verbunden, teils auch unterirdisch, so daß die verschiedenen Baukörper eine organische Einheit bilden.
Im Zusammenhang mit dem Bau sind verschiedene experimentelle Baumethoden entwickelt worden, so unter anderem lärmabsorbierende Wände zum Schutz der Arbeitsruhe, Strahlungsheizung mit sichtbaren architektonischen Formen usw.

Institut finlandais des retraites populaires, Helsinki
Concours 1948 Construction 1952–1956

Le programme comportait un bâtiment administratif pour 800 employés; l'allure devait se distinguer des bâtiments ordinaires, resserrés dans des quartiers urbains. L'édifice comprend 110 000 m3, avec plusieurs ailes s'ordonnant autour d'un cour jardin surélevé, loin du bruit de la circulation. Les ailes sont reliées entre elles, parfois en souterrain, et forment un ensemble cohérent.
Dans la construction, plusieurs systèmes ont trouvé une application expérimentale, comme par exemple des parois absorbant le bruit, pour assurer la tranquilité des employés, ou un chauffage par rayonnement avec des formes très étudiées.

1
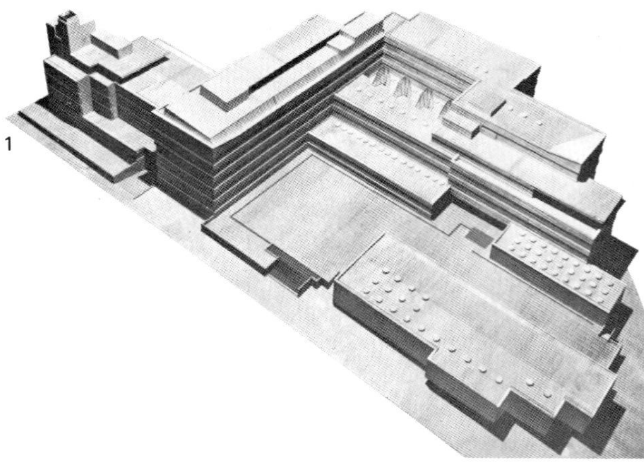

1 Modellansicht
2 Eingangsfassade

1 La maquette
2 Façade d'entrée

2

1 Querschnitt durch die Haupthalle
2 Direktionsgeschoß mit Konferenzsälen
3 Grundriß mit Büroabteil

1 La coupe à travers la grande halle
2 L'étage de la direction avec salles des conférences
3 Le plan avec les bureaux

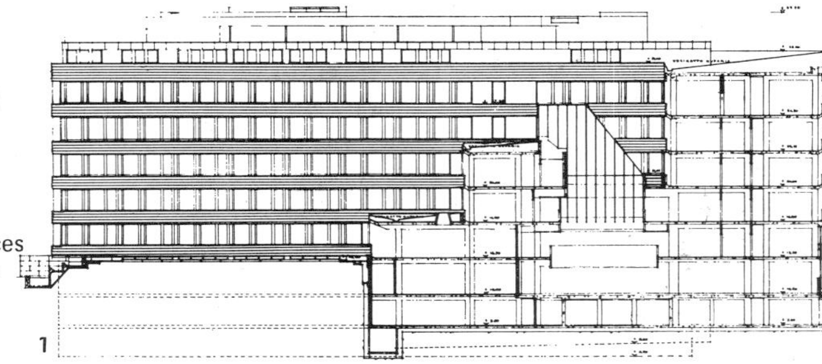

1

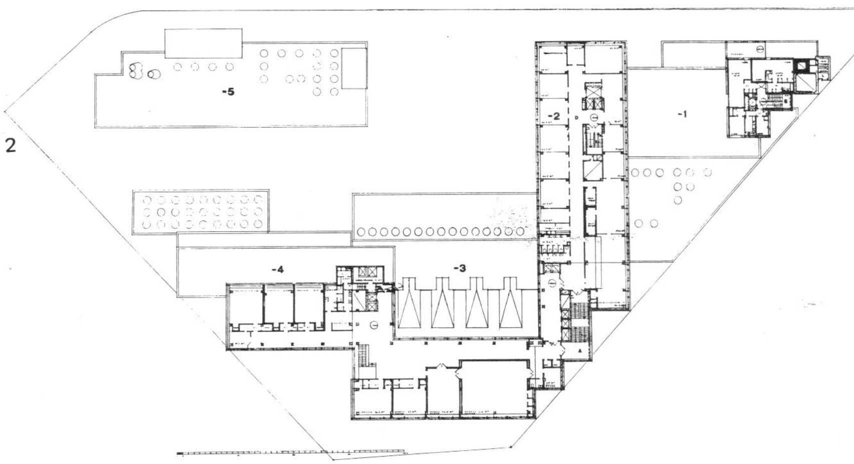

2

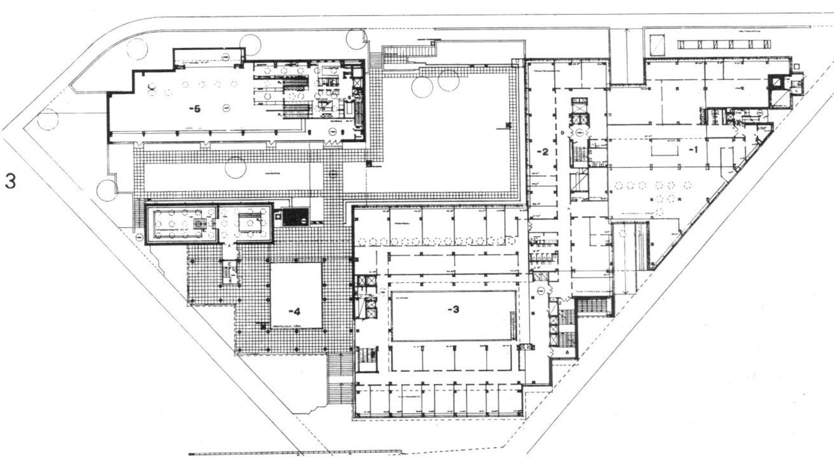

3

1

1 Aufgang zum Restaurant
2 Schnitte durch „Oberlichtkristalle" in der Haupthalle
3 Angestelltenrestaurant
4 Haupthalle
5 Fachbibliothek

1 La rampe allant au restaurant
2 Coupes à travers les lanterneaux de la grande salle
3 Le restaurant des employés
4 La grande halle
5 La bibliothèque

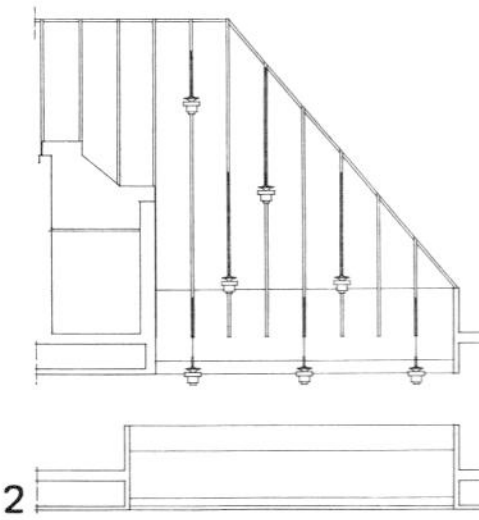

2

3

4

5

1

1 Seitenfassade
2 Gartenhoffassade

1 La façade latérale
2 La façade sur le jardin

2

Bürogebäude „Rautatalo", Helsinki
Wettbewerb 1952 Bauzeit 1953–1955

Eines der Hauptprobleme war die Errichtung eines Geschäftshauses im Zentrum, das heißt einer Umgebung, die durch die im Zeitraum 1925–1930 erbauten Geschäftshäuser geprägt ist. Es wurde dabei versucht, den Metallskelettbau so zu gestalten, daß er dem Rhythmus seiner Umgebung angepaßt ist. Das leichte Außenskelett hat nur die Glasfassade zu tragen.
Das Innere ist rings um einen Lichthof aus Travertin angeordnet, dessen Oberlichter ein weiter entwickeltes System der bereits bei der Bibliothek von Viipuri verwendeten darstellen. Über den Oberlichtern, innerhalb der Halle, sind die Lampen angebracht, so daß die Beleuchtung bei Tag und bei Nacht immer die gleiche bleibt und zudem im Winter der Schnee weggeschmolzen wird.
Die Straßenfassade ist mit Kupfer verkleidet und mit Kork isoliert. Die Giebelwand ist in Sichtbackstein ausgeführt.

Bâtiment commercial «Rautatalo», Helsinki
Concours 1952 Construction 1953–1955

Une des tâches essentielles était l'adaptation de ce bâtiment administratif à son entourage, c'est-à-dire aux immeubles construits dans le centre de la ville, de 1925 à 1930. On a essayé de traiter l'ossature de béton de façon qu'elle corresponde à l'allure des bâtiments environnants. La façade en verre n'est pas porteuse.
L'intérieur s'ordonne autour d'une cour en travertin, couverte de lanterneaux dont le système a été perfectionné par rapport à celui utilisé à la bibliothèque de Viipuri (Viborg). Au-dessus des lanterneaux, l'éclairage est installé pour obtenir le même effet de nuit que le jour. Il concourt, en hiver, à faire fondre la neige.
La façade sur rue est revêtue de cuivre et isolée avec du liège. Le mur pignon est en brique apparente.

Straßenfassade
La façade sur rue

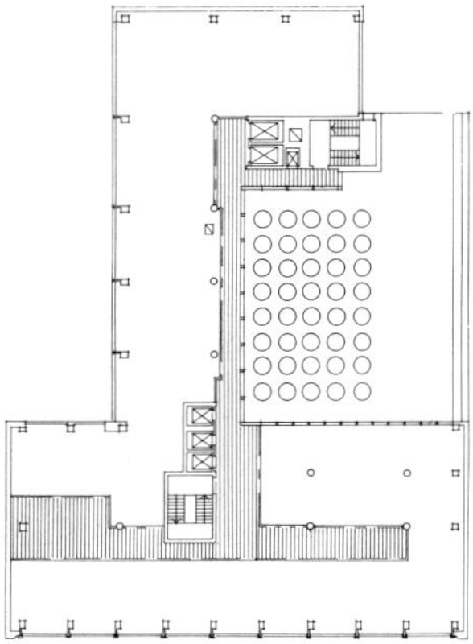

1

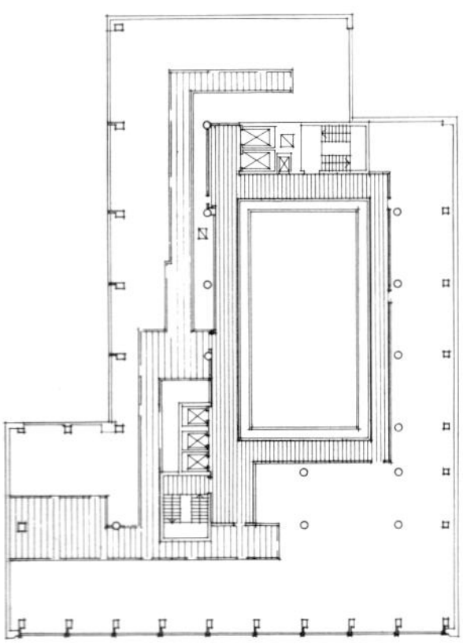

2

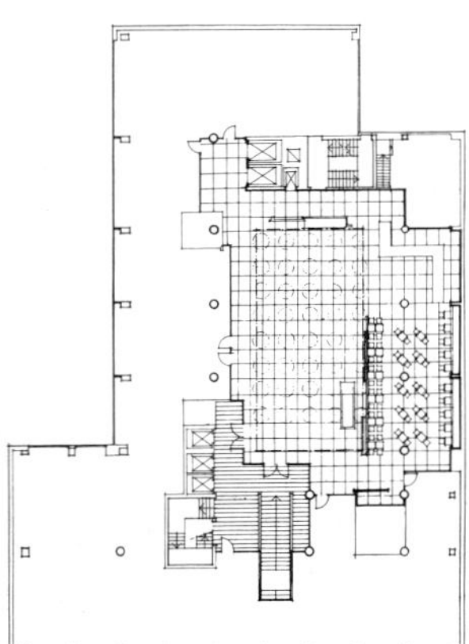

3

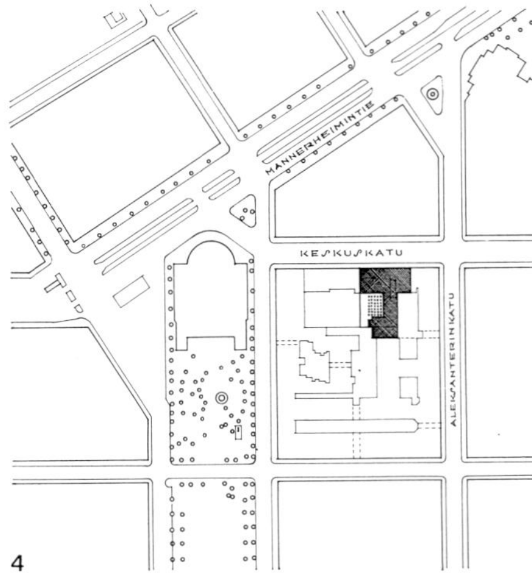

4

1 Bürogeschoß
2 Grundriß Bürogeschoßhalle
3 Grundriß Halle
4 Situation
5 Längsschnitt
6 Oberlichthalle
7 Wasserspiel in der Haupthalle
8 Oberlichthalle

1 Etage des bureaux
2 Plan de l'étage des bureaux
3 Plan du vestibule
4 Situation
5 Coupe longitudinale
6 Le vestibule avec lanterneaux
7 Jeux d'eau dans le vestibule central
8 Le vestibule avec lanterneaux

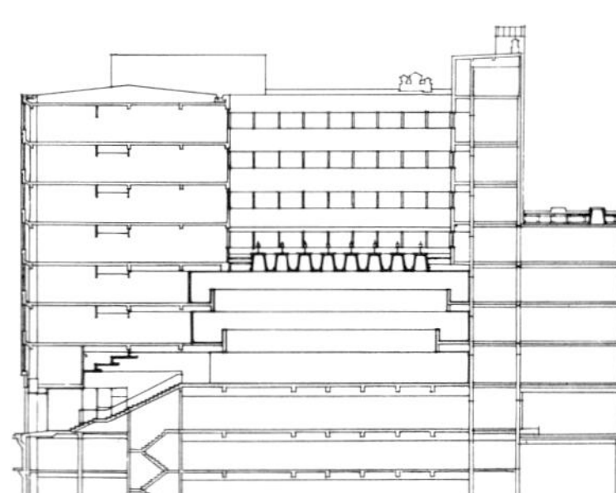

5

6

7

8

Atelierhaus, Helsinki
Bauzeit 1953–1956

Das Atelierhaus wurde im Jahre 1956 in der Gartenstadt Munkkiniemi, außerhalb Helsinkis, fertiggestellt. Es umfaßt alle für ein Architekturatelier notwendigen Räumlichkeiten.
Der Bau besteht aus zwei großen Atelierräumen mit Sekretariat, Archiv und Konferenzzimmer. Keines der beiden Ateliers hat Vorrangstellung oder spezielle Abteilungen. Sie können daher wechselweise für größere und kleinere Arbeiten benützt werden. Der Atelierbau ist auf der Straßenseite fensterlos und gegen störende Einflüsse von außen isoliert. Dafür öffnet er sich zum Garten hin, ein offenes Amphitheater umschließend, das für Vorlesungen, Geselligkeit und Erholung zur Verfügung steht.

L'atelier de l'architecte, Helsinki
Construction 1953–1956

La maison a été construite en 1956 dans la cité-jardin de Munkkiniemi, aux environs d'Helsinki. Elle dispose de tous les locaux destinés à l'agence d'un architecte.
Il y a deux grandes salles de dessin avec le secrétariat, les archives et une salle des conférences. Aucun des deux ateliers n'est traité mieux d'un que l'autre; aussi peuvent-ils être utilisés indifféremment pour des travaux plus ou moins importants.
Du côté de la rue, il n'y a pas de fenêtres, ce qui garantit du bruit; en revanche, l'atelier s'ouvre largement sur le jardin, où se trouve un genre d'amphithéâtre à ciel ouvert, à la disposition pour des conférences ou pour les récréations.

1

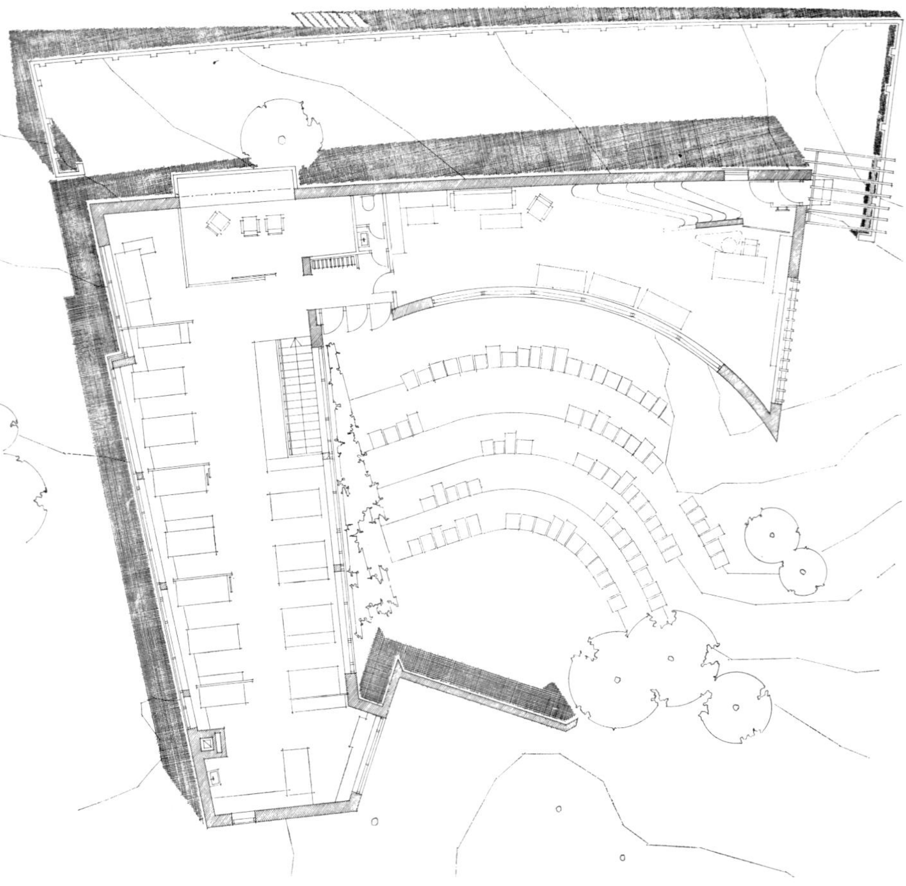

2

3

1 Grundriß des Hauptgeschosses
2 Inneres des gekurvten Ateliers
3 Der große Zeichensaal
4 Der auf drei Seiten umschlossene Gartenhof

1 Le plan de l'étage principal
2 L'intérieur de l'atelier incurvé
3 La grande salle de dessin
4 Le jardin

4

Hauptverwaltung der Enso-Gutzeit, Helsinki
Entwurf 1959 Bauzeit 1960–1962

Das Gebäude steht im alten klassizistischen Zentrum Helsinkis und bildet gewissermaßen den Ausgangspunkt zum Übergang von diesem Stadtteil zum Meer; es steht am Marktplatz, der sich gegen den Hafen hin öffnet und in gewissem Sinne eine der Riva degli Schiavoni in Venedig analoge Rolle spielt. Es bildet auch den axialen Abschluß der Esplanade, der großen Parkstraße Helsinkis. Aufgabe des Architekten war, einen modernen Bau zu schaffen, der mit der alten Architektur harmoniert.

Le siège de la société Enso-Gutzeit, Helsinki
Projet 1959 Construction 1960–1962

Le bâtiment se situe dans le centre classique de Helsinki; il forme en quelque sorte la transition entre ce quartier et la mer aux abords de la place du Marché s'ouvrant sur le port; c'est une disposition rappelant un peu le quai des Esclavons à Venise.
En même temps, il se place dans la perspective de la grande artère de la ville. L'architecte s'est ingénié à harmoniser l'allure de l'édifice moderne avec l'architecture ancienne.

1

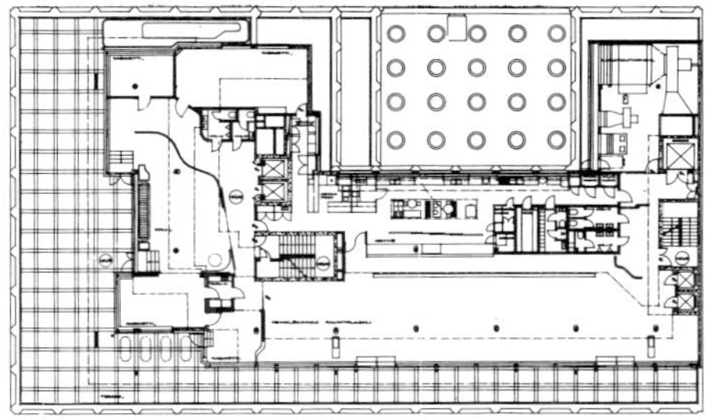

2

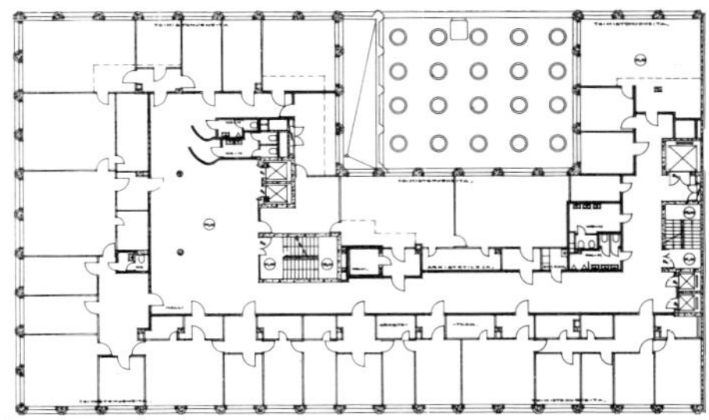

3

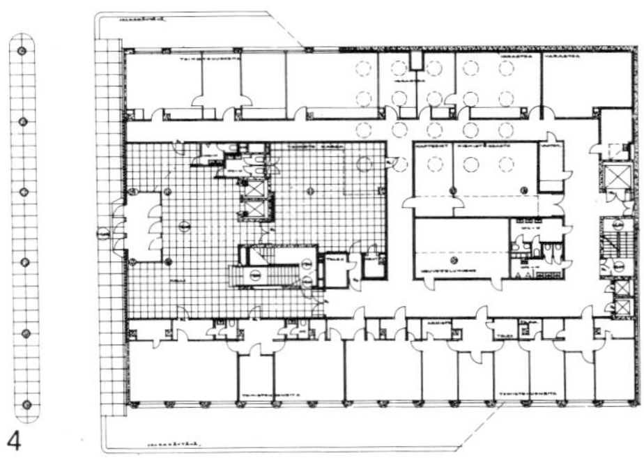

4

1 Fassadendetails
2 Dachgeschoß
3 Normalgeschoß
4 Erdgeschoß
5 Längsschnitt

1 Détails de la façade
2 L'étage de toit
3 Un étage-type
4 Le rez-de-chaussée
5 La coupe longitudinale

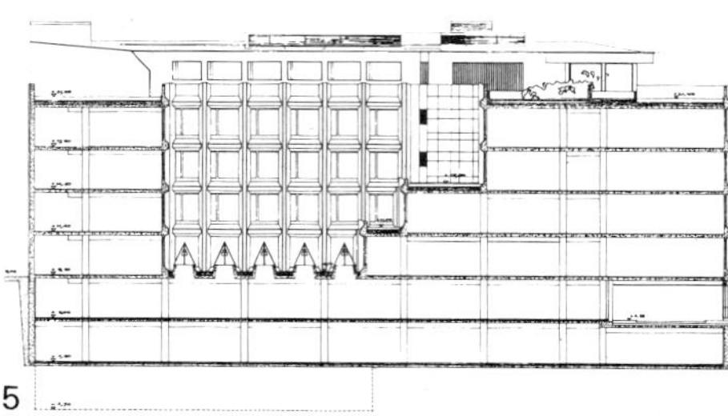

5

1

2

1 Ausschnitt der Eingangsfassade
2 Fassadenansicht
3 Längsfassade

1 Un détail de l'entrée
2 La façade
3 La façade longitudinale

3

Verwaltungsgebäude der Nordischen Bank, Helsinki
Entwurf 1962 Bauzeit 1962–1964

Bauten aus der Mitte des 19. Jahrhunderts bilden die nähere Umgebung des Erweiterungsbaues der Nordischen Bank; an der Esplanade sind es Geschäfts- und Bürohäuser aus dem Beginn unseres Jahrhunderts, an der Alexandrin-

Immeuble de la Banque Nordique, Helsinki
Projet 1962 Construction 1962–1964

Les édifices du milieu du XIXe siècle forment le cadre des agrandissements de la Banque Nordique; sur l'Esplanade ce sont des immeubles administratifs et commerciaux; sur l'avenue Alexandre et dans le centre monumental de la

1

2

1 Fassadenausschnitt
2 Blick von der Esplanade
3 Fassade

1 Le détail de la façade
2 La vue de l'Esplanade
3 La façade

3

katu und in der repräsentativen Stadtmitte ist es der Marktplatz im klassizistischen Stil, dessen Kern C.L. Engel mit der Großkirche geschaffen hat. Die Proportionierung und die Gestaltung der mit gegossenen Bronzeplatten verkleideten Fassade ist ein Versuch, diesen Bau an die verschiedenen Stile der Umgebung anzupassen.

ville, il y a la place du Marché avec des bâtiments de style Empire, dont la grande église de C.L. Engel domine l'ensemble. L'architecture et les dimensions de la nouvelle façade revêtue de laiton cherchent à s'adapter au milieu donné.

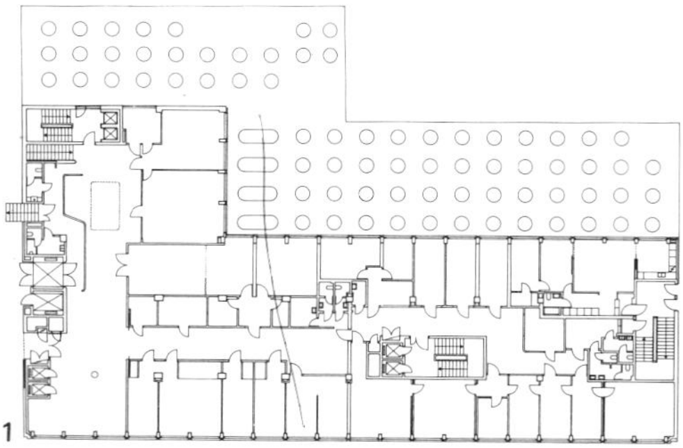
1

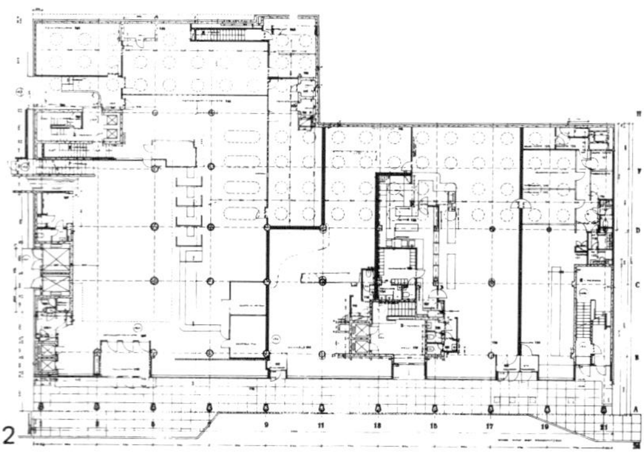
2

1 Normales Bürogeschoß
2 Straßengeschoß
3 Pfeilergang
4 Eingangshalle der Bank

1 Un étage-type
2 Le rez-de-chaussée
3 Le péristyle
4 Le vestibule de la banque

3

4

Akademische Buchhandlung, Helsinki
Wettbewerb 1962 Bauzeit 1966–1969

Zusammen mit dem gegenüberliegenden Warenhaus Stockmann bildet der ,,Kirjapalatsi'' an der Keskuskatu eine Einheit. Der Fußgängerbereich und die Autoparkierungsanlagen befinden sich unter der Straße. Der Hauptraum des Gebäudes mit der Buchhandlung mit ihren verschiedenen Verkaufsabteilungen besteht aus einer großen, drei Geschoß hohen Halle. Die Verwaltung befindet sich in den fünf darüberliegenden Geschoßen.

La librairie universitaire, Helsinki
Concours 1962 Construction 1966–1969

Cet édifice constitue un ensemble avec les Grands Magasins Stockmann, situés en face sur la Keskuskatu. L'aire des piétons et les places de stationnement se trouvent sous la chaussée. La librairie et ses multiples sections occupent le grand espace intérieur qui englobe trois hauteurs d'étages. L'administration se place dans les cinq étages supérieurs.

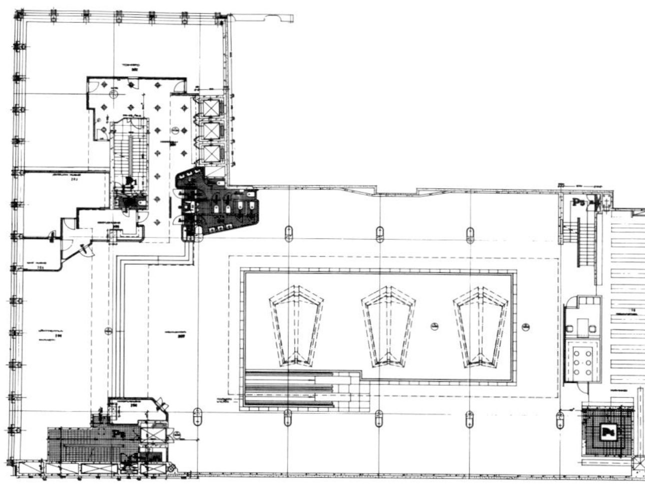

Grundriß der ersten Verkaufsgalerie
Le plan de la première galerie

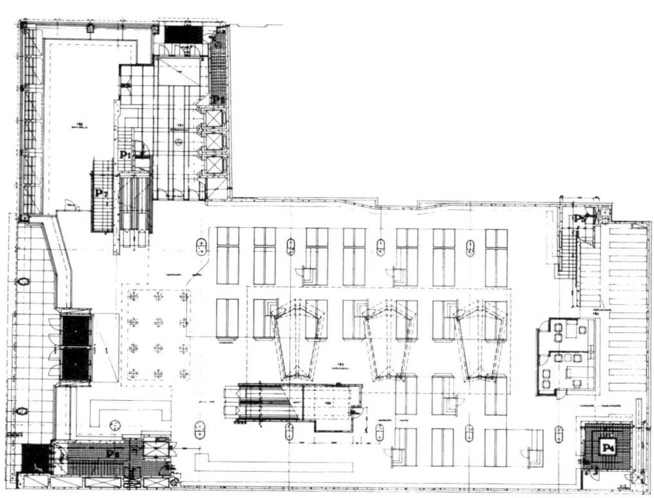

Grundriß des Eingangsgeschosses
Le plan du rez-de-chaussée

1

2
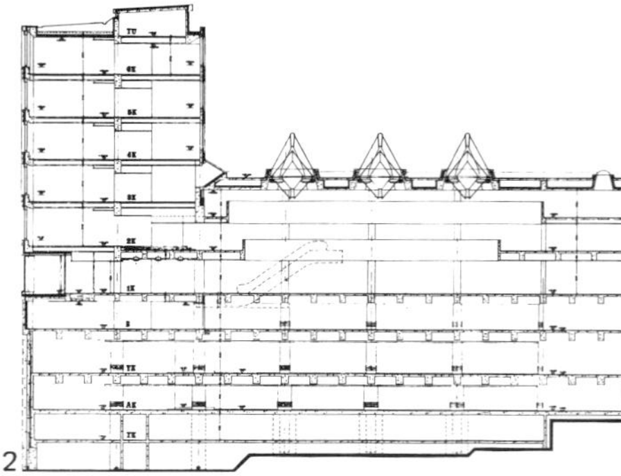

1 Fassadenansicht
2 Längsschnitt
3 Ansicht der Haupthalle

1 La façade
2 La coupe longitudinale
3 La vue de la grande salle

3

Ekenäs-Sparbank, Tammisaari
Entwurf 1964 Bauzeit 1965–1967

Das Bankgebäude mit dem Laden- und Büroanbau bildet die erste Etappe für ein Wohn- und Geschäftszentrum in Tammisaari. Tammisaari, auf schwedisch Ekenäs, ist ein altes Fischerstädtchen westlich von Helsinki. Die alten weißgestrichenen Holzhäuser mit jeweils einem abgeschlossenen Gartenpatio geben der Ortschaft einen besonderen Reiz. Die weißen Häuser bilden einen Kontrast zum Grün der vielen großen Bäume, zum dunklen Meerwasser und zum blauen Himmel.

La Banque d'Epargne Ekenäs, Tammisaari
Projet 1964 Construction 1965–1967

Cette banque avec les ailes des magasins et des bureaux constitue la première étape d'un centre d'habitations et d'affaires à Tammisaari (Ekenäs en suédois), ancien port de pêcheurs à l'ouest de Helsinki. Les vieilles maisons de bois peintes en blanc avec leurs enclos donnent à cette localité un charme très particulier où le blanc, la verdure des arbres, le bleu foncé de la mer et l'azur du ciel forment un contraste saisissant.

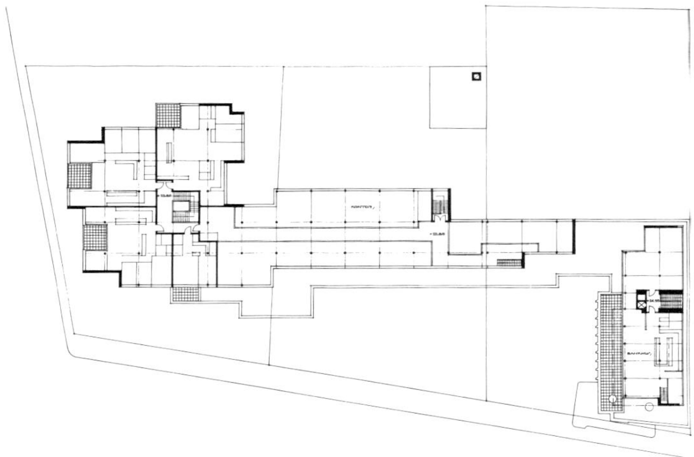

Grundriß des ersten Obergeschosses
Le plan du premier étage

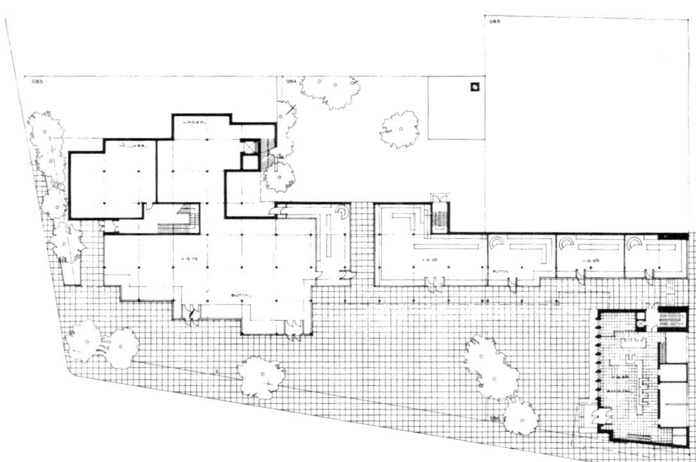

Erdgeschoßgrundriß
Le plan du rez-de-chaussée

1

1 Wie die Häuser der Umgebung, so wurde auch die Ekenäs-Sparbank ganz in Weiss gehalten
2 Eingangsfassade

1 La banque et les bâtiment annexes sont blancs
2 La façade

2

Verwaltungsgebäude Pohjola „Maiandros", Helsinki
Wettbewerb 1965

Der Wettbewerb wurde von einer Privatfirma für deren Hauptverwaltung ausgeschrieben. Die Bauherrschaft verlangte Großraumbüros ohne Korridore. Eine Kombination von Quadraten und Korridorteilen wurde gewählt, die einem Mäander gleich zusammengehängt sind. Dadurch entstand eine größere Flexibilität, und die Belichtung mit natürlichem Tageslicht ist besser gewährleistet. Der Lärm der nahegelegenen Schnellstraße wurde durch eine dreidimensional gekrümmte Betonwand abgeschirmt. Die waldähnliche Umgebung wurde möglichst geschützt belassen.

Bâtiment administratif Pohjola «Maiandros», Helsinki
Concours 1965

Le concours a été organisé par une société privée pour son siège principal. Le client désirait de grandes surfaces dépourvues de corridors. La disposition horizontale est faite de carrés et de dégagements qui s'ordonnent comme dans un méandre, ce qui permet une variété d'aménagements et augmente l'éclairage naturel. Le bruit de la route express proche a été amorti par une paroi ondulée tridimensionale en béton. Les alentours boisés ont été sauvegardés dans la mesure du possible.

1

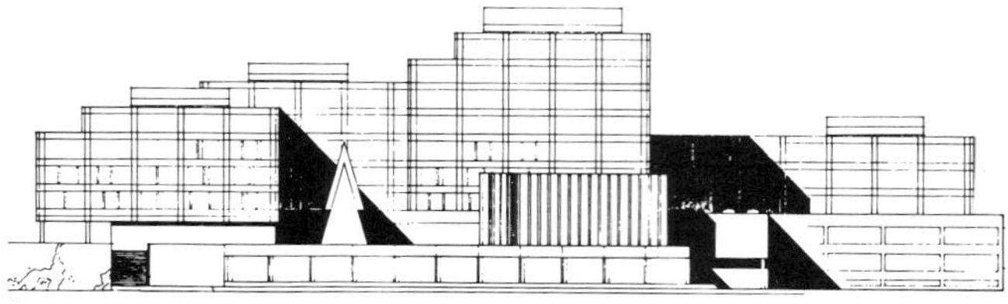

2

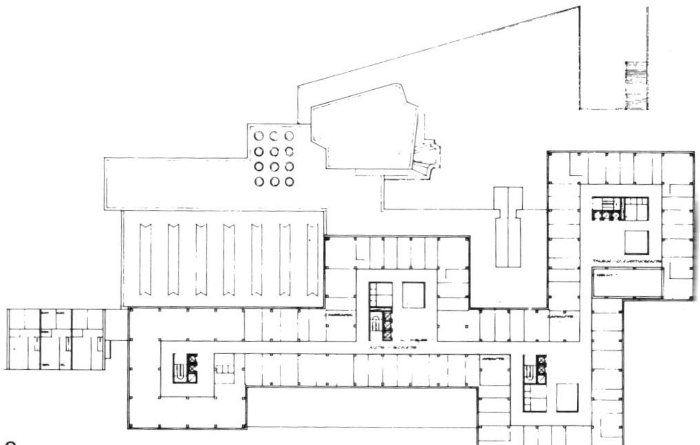

3

1 Modell
2 Gartenfassade
3 Normalbürogeschoß

1 Maquette
2 Façade sur jardin
3 Etage-type de bureaux

Polizeipräsidium, Jyväskylä
Projekt 1967/68 Bauzeit 1970

Das Gebäude der Polizeiverwaltung bildet den ersten Bauabschnitt des geplanten Verwaltungs- und Kulturzentrums der Stadt Jyväskylä. Es bildet die Polizeizentrale für die Stadt und die Region. In ihr befinden sich sämtliche notwendigen Abteilungen und Büroräumlichkeiten. Die äußere Erscheinungsform ist schlicht und unprätentiös gehalten. Lediglich die Betonwand erhielt gegen die öffentliche Grünanlage hin eine speziell geformte Skulpturform, die später mit dem Theater eine Formfortsetzung erhält.

Immeuble de la direction de police, Jyväskylä
Projet 1967/68 Exécution 1970

La construction du poste de police communal et départemental forme la première étape du centre administratif et culturel projeté pour la ville de Jyväskylä. Il s'y trouve tous les secteurs et tous les bureaux. L'aspect extérieur est sobre et sans prétention. Seule la paroi en béton donnant sur la zone de verdure forme un élément sculptural qui, plus tard, s'incorporera au théâtre.

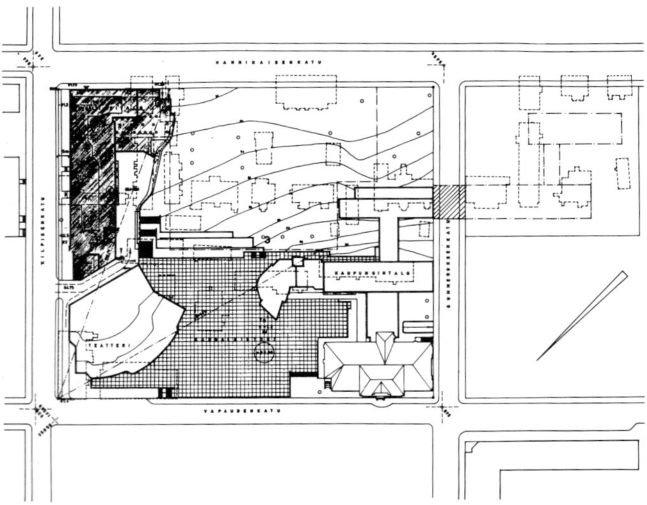

1

2

1 Situationsplan
2 Eingangsfassade

1 Plan de situation
2 Façade de l'entrée

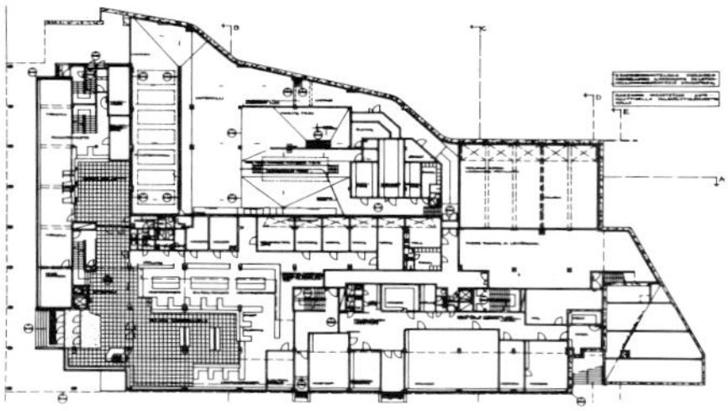

1

1 Eingangsgeschoß
2 Betonwandausschnitt
3 Fassadenausschnitt

1 Rez-de-chaussée
2 Détail de la paroi en béton
3 Détail de la façade

2

3

Verwaltungsgebäude für die städtischen Elektrizitätswerke „Sähkötalo", Helsinki
Projekt 1967–1970 Bauzeit 1970–1973

Die Verwaltung der Elektrizitätswerke der Stadt Helsinki ist ein Beispiel, wie ein bestehendes Gebäude in einen Neubau integriert werden kann.
Alle Funktionen im Altbau wurden ohne Veränderung belassen, teilweise sind sie in den Neubau als selbständige Erweiterungen übernommen worden.
Die horizontalen Dachelemente überdecken den neuen wie den alten Teil des Gebäudes als verbindendes Element für die neue Form des Gesamtvolumens.

Bâtiment administratif des Services électriques municipaux «Sähkötalo», Helsinki
Projet 1967–1970 Exécution 1970–1973

Le siège des Services électriques de la ville de Helsinki montre comment un bâtiment existant parvient à être adapté à l'architecture nouvelle. Le bâtiment ancien conserve sans changement toutes ses fonctions, tandis qu'une partie seulement est placée dans l'annexe nouvelle. Les toitures plates s'étendent sur la partie ancienne comme sur l'annexe, conférant de l'unité à l'ensemble.

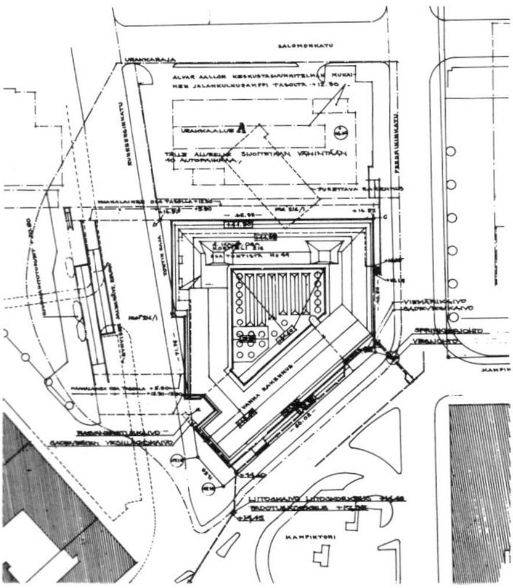
1

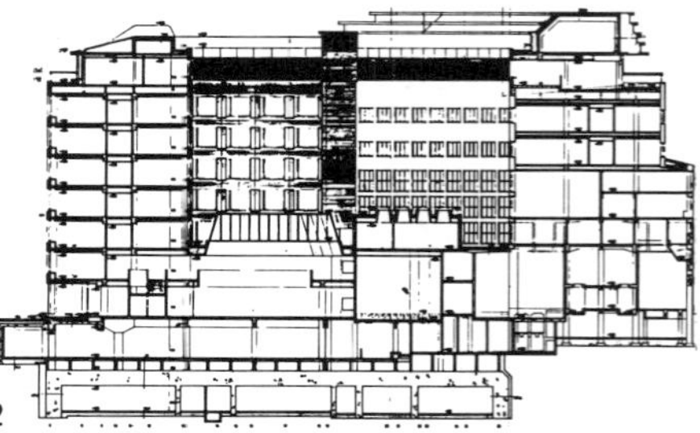
2

1 Situationsplan
2 Schnitt
3 Eingangsfassade

1 Plan de situation
2 Coupe
3 Façade de l'entrée

3

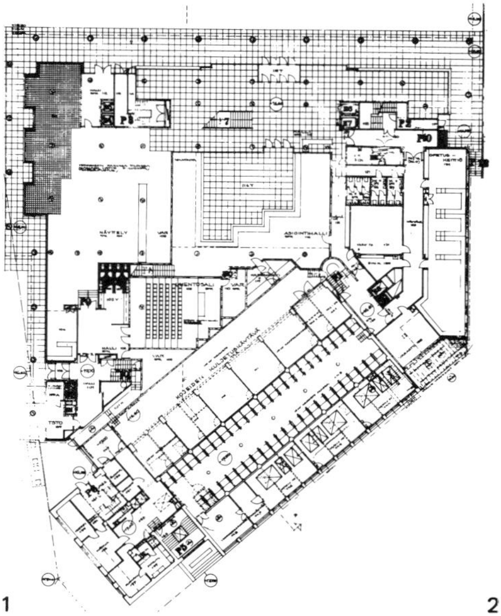

1

2

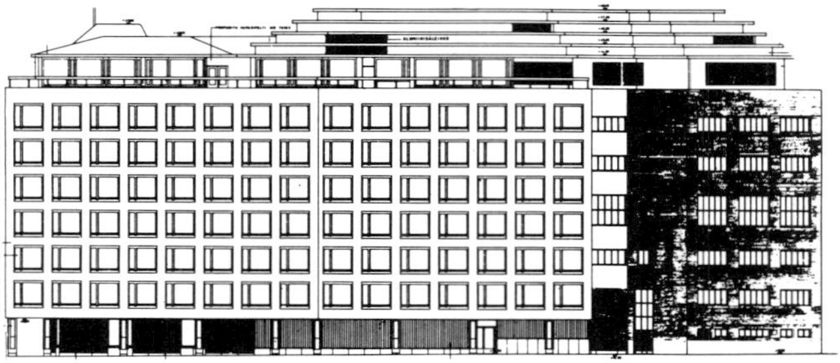

3

4

1 Eingangsgeschoß
2 Schalterhalle
3 Fassade mit altem und neuem Teil
4 Ansicht

1 Rez-de-chaussée
2 Vestibule des guichets
3 Façades avec la partie ancienne et la nouvelle
4 Vue

Hauptbahnhof „Drottning Torget", Göteborg (Schweden)
Wettbewerb 1956, 1. Preis

In Göteborg ist der Bahnhof infolge seiner speziellen städtebaulichen Lage nicht nur ein Bahnhof, sondern vor allem ein Zentrum, wo eine Unzahl Verkehrsfunktionen zusammentreffen. Die Schwäche der meisten Verkehrssysteme ist die, daß sie den Übergang von einer Verkehrsform zu einer anderen nicht lösen. Das Projekt stellt den Versuch dar, diese Übergangsnachteile mit Hilfe einer „Verkehrsmaschine" zu lösen. Die Verkehrsebenen bilden gleichzeitig das Dach des Bahnhofs, des Parkhauses usw. Empfindliche Teile, wie solche, in denen gearbeitet werden muß, sind vom schweren Bauskelett konstruktiv getrennt, damit keine Vibrationen übertragen werden.

Gare centrale «Drottning Torget», Göteborg (Suède)
Concours 1956, 1er prix

A Göteborg, la gare, en raison de sa position, est davantage qu'une simple gare: c'est un centre où se réunissent plusieurs systèmes du trafic urbain, dont la plupart manquent de relations entre les uns et les autres. Le projet tente de résoudre les difficultés du trafic par un système central. Les surfaces affectées au trafic forment la toiture de la gare, du grand garage, etc. Les parties du bâtiment dans lesquelles il faut travailler sont séparées de la lourde ossature, afin d'éviter les vibrations.

1
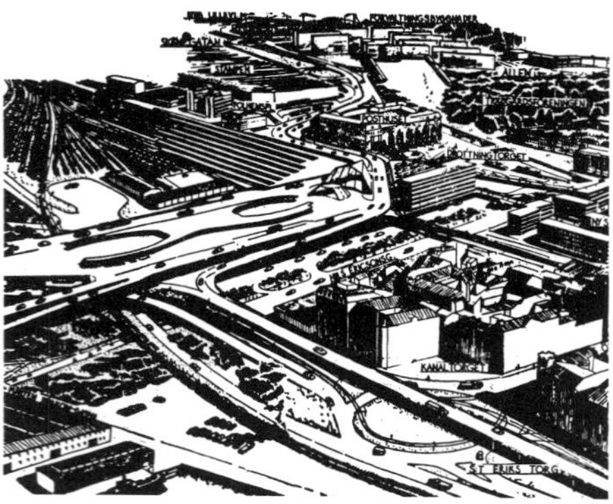

2
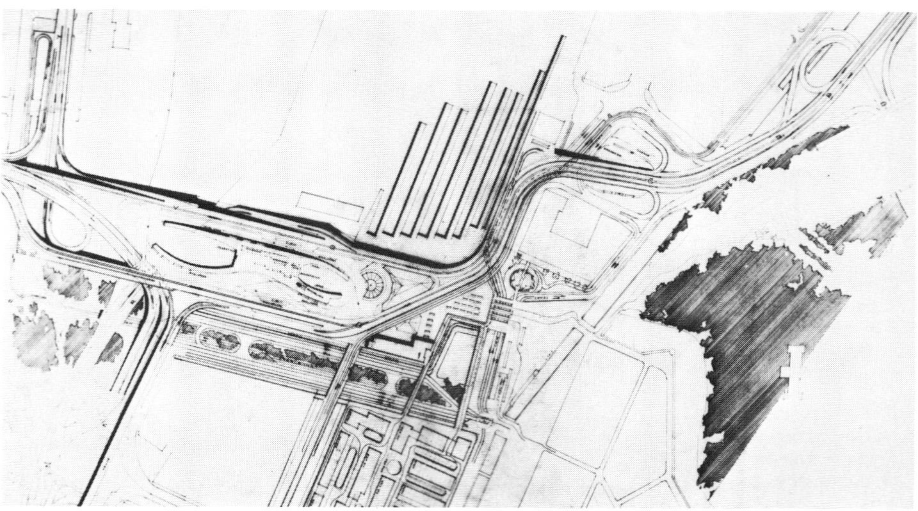

1 Stadtansicht
2 Situationsplan, Vollausbau

1 Vue de la ville
2 Plan de situation de tout l'ensemble

Fabriken

Usines

Zellulosefabrik, Sunila
Entwurf 1935–1937 Bauzeit 1936–1939
Spätere Erweiterung 1951–1954

Der Zellulosekonzern von Sunila in Südfinnland, nicht weit von der Hafenanlage Kotka entfernt, gehört fünf großen Industrieunternehmen zu gleichen Teilen.
Die Felseninsel, auf der die Fabrik errichtet ist, wurde in ihrer Naturform so belassen, daß sich der Fabrikationsprozess mit den einzelnen Herstellungsetappen von oben beginnend stufenweise zum Hafenniveau hinziehen kann.

Usine de cellulose, Sunila
Projet 1935–1937 Construction 1936–1939
Extension 1951–1954

Le consortium de cellulose de Sunila, dans la Finlande du sud, non loin de Kotka, appartient à parts égales à cinq sociétés industrielles.
L'île avec ses terrasses rocheuses, sur laquelle se situe l'usine, a été conservée telle quelle, et la fabrication utilise la dénivellation en partant du haut et en s'échelonnant jusqu'au niveau de la mer.

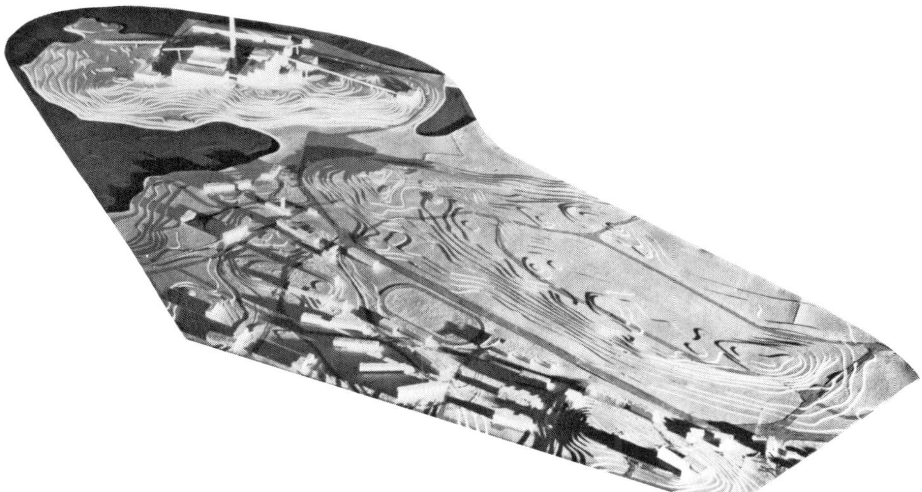

Modell Siedlung und Fabrik / Maquette des habitations et de l'usine

Das Zentrum der Anlage ist zu einer Terrasse aufgebaut, von wo alle Produktionszweige überblickt werden können. Diese Terrasse bildet gleichzeitig eine Gartenanlage, womit eine ruhige Atmosphäre für das Administrationszentrum geschaffen ist. Überall an der Peripherie der verschiedenen Fabrikgebäude, die mit „Freiluftkorridoren" untereinander verbunden sind, ist der Kiefernwald unberührt gelassen. Jeder Arbeiter der verschiedenen Abteilungen hat dadurch die Möglichkeit, unmittelbar in die freie Natur hinauszugehen. Statt der Errichtung eines uniformen Monolithen hat man hier versucht, auf natürliche Weise jeder Abteilung ihren eigenen Charakter zu geben. Das Ergebnis ist ein pyramidenförmiger, kontrastreicher Baukörper.

Le centre des établissements forme une terrasse d'où les ateliers peuvent être surveillés. Là se trouvent les bureaux, les laboratoires, etc., aménagés dans une zone verte qui forme un cadre agréable. Les bâtiments de l'usine, reliés entre eux par des allées, se placent au milieu de la forêt de pins intacte. Les ouvriers se trouvent ainsi dans une ambiance de verdure où chaque corps de bâtiment s'insère librement dans le site, au gré des étagements du terrain.

1 Situationsplan
2 Links Lagergebäude, in der Mitte Förderturm der Nebenprodukte, rechts Rohstoff-Förderband
3 Teilansicht der Fabrik

1 Le plan de situation
2 A gauche, les entrepôts; au milieu, le silo des produits dérivés
3 Vue partielle de l'usine

1

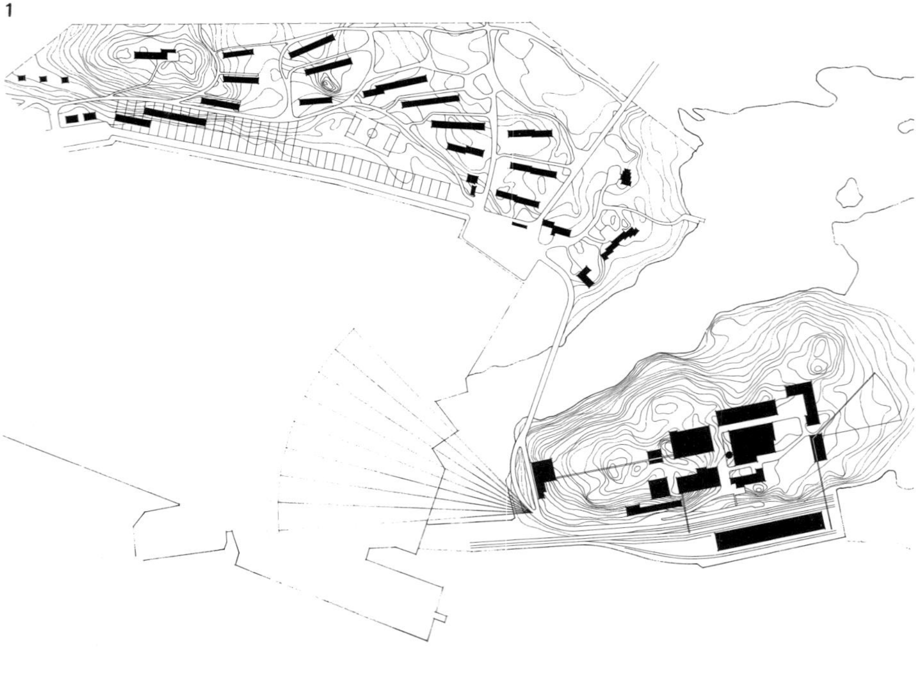

2

3

1

1 Gesamtansicht
2 Von links nach rechts: Lagergebäude, Förderturm der Nebenprodukte, Rohstoff-Förderband, Verwaltung
3 Die Felsformation wurde möglichst erhalten
4 Detail der Sichtbetonwand einer Lagerhalle

1 Vue d'ensemble
2 De gauche à droite: entrepôts, le silo et tour des produits dérivés, installations de transbordement, administration
3 Les rochers ont été conservés autant que possible
4 Une partie des parois en béton apparent d'un entrepôt

2

3

4

Sägewerk, Varkaus
Entwurf und Bauzeit 1945/46

Das Sägewerk Varkaus gehört zu einer der größten Industriekonzentrationen in Finnland. Es steht auf den Ruinen älterer Industrieanlagen, so daß das neue, durchrationalisierte Sägewerk auf den noch soliden Betondächern aufgebaut werden konnte. Die Konstruktion besteht aus einem Holzbau mit dünnem Stahlskelett.
Die elastischen architektonischen Formen umschließen den technischen Betrieb wie eine organische Haut.

La scierie, Varkaus
Projet et construction 1945/46

La scierie de Varkaus fait partie d'un des plus importants groupes industriels de Finlande. Elle s'élève sur les ruines d'anciens établissements, dont les terrasses en béton étaient assez solides pour servir de fondations à la nouvelle scierie conçue selon les procédés les plus modernes.
Une ossature métallique légère forme le cadre d'une construction en bois.
Les éléments de l'architecture se plient tout naturellement aux exigences mécaniques de la scierie.

1

1/2/3 Holzverschalung mit Holzleisten verkleide die aus der Funktio bestimmte Form

1/2/3 Le revêtement en lames de bois fait ressortir les formes déterminées par la fonction

2

3

Heizzentrale der Technischen Hochschule, Otaniemi
Entwurf 1962 Bauzeit 1962/63

Die Heizzentrale versorgt die verschiedenen Gebäudegruppen der Technischen Hochschule in Otaniemi mit Wärme. Die Heizzentrale ist so konzipiert, daß sie auch als Forschungszentrum für die Wärmeingenieure dienen kann. Spätere Erweiterungsmöglichkeiten wurden bereits eingeplant.
Um eine maximale Flexibilität im Innern zu erreichen, wurde eine Skelettkonstruktion gewählt. Die Außenwände sind mit Sichtbacksteinen verkleidet, die Blecharbeiten sind aus Kupfer und die Sockelpartien aus rauhem Sichtbeton. Die grossen Fensterpartien bestehen aus Metall. Die gleichformatigen Teile sind auswechselbar.

La centrale thermique de l'Ecole polytechnique, Otaniemi
Projet 1962 Construction 1962/63

La centrale thermique approvisionne en chaleur les bâtiments de l'Ecole polytechnique d'Otaniemi. Elle est conçue de manière à servir de laboratoire de recherche pour les ingénieurs de la branche. Les agrandissements sont prévus au programme des constructions. Afin d'assurer une grande liberté dans les dispositions, la construction est faite sur une ossature. Les façades sont en brique rouge; les soubassements en béton apparent; la ferblanterie est en cuivre. Les grands vitrages sont métalliques, avec des éléments en série interchangeables.

1

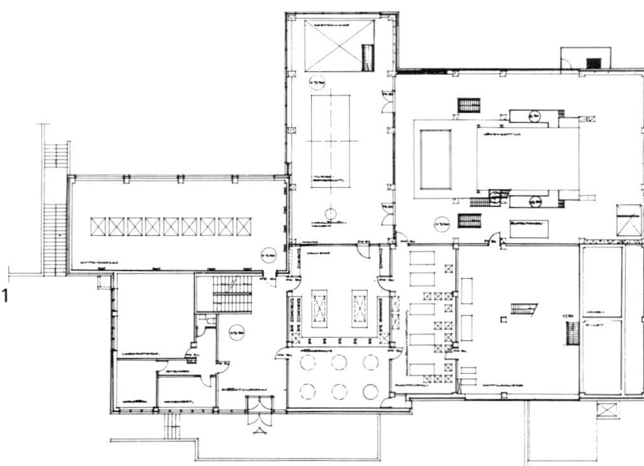

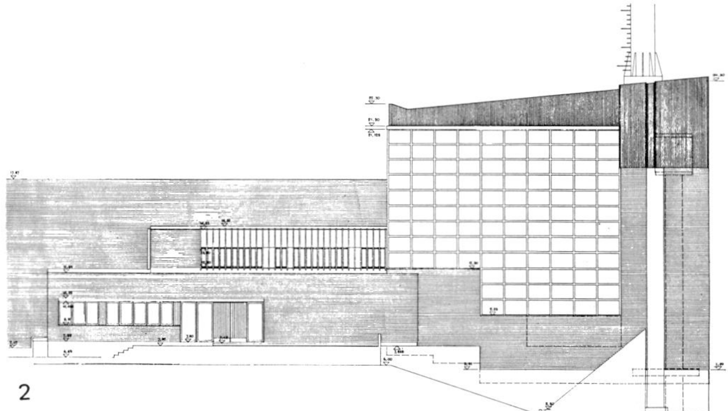

2

1 Grundriß
2 Längsfassade

1 Le plan
2 L'élévation longitudinale

1

1/2 Fassadenansicht

1/2 La façade

2

Rathäuser

Hôtels de ville

Rathaus, Säynätsalo
Wettbewerb 1949 Bauzeit 1950–1952

Säynätsalo ist eine Insel mit großen Höhenunterschieden, im Binnensee Päjänne gelegen. Seine 3000 Einwohner leben von einer einzigen bescheidenen Industrie.
Der städtebauliche Entwurf entstand 1945 und etwas später die Neugestaltung des Zentralmarktes mit dem Rathaus und den Geschäftsbauten.
Außer den Büros der Lokaladministration mit dem Ratssaal für die Gemeindeversammlungen ist noch die Gemeindebibliothek darin unter-

Hôtel de ville, Säynätsalo
Concours 1949 Construction 1950–1952

Säynätsalo est une ile avec de grandes différences de niveau, qui se trouve dans le lac intérieur de Päjänne. Les quelque 3000 habitants vivent d'une unique et modeste industrie.
L'étude d'aménagement date de 1945; le renouvellement du marché central avec l'hôtel de ville et les bâtiments commerciaux est un peu postérieur.
A part les bureaux municipaux et la salle du conseil communal, il contient la bibliothèque

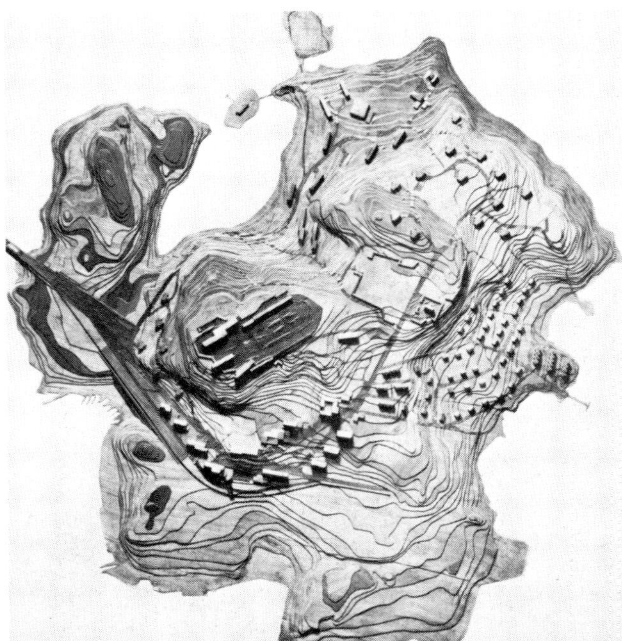

Modell der Gesamtüberbauung

La maquette de l'ensemble

gebracht, neben Wohnungen und im Erdgeschoß einigen Geschäftsräumen, die so geplant worden sind, daß sie später bei einer notwendig werdenden Erweiterung des Rathauses, diesem angefügt werden können.
Der Sitzungssaal hat beinahe die Form eines Kubus, denn seine Höhe entspricht ungefähr der Breite. Die Innendecke zeigt die ganze Dachkonstruktion, deren Hauptträger so gestaltet sind, daß die triangularen Streben gleichzeitig auch die sekundären Balken tragen. Im harten Winterklima Finnlands wird die notwendige Ventilation zwischen dem inneren und dem äußeren Dach dadurch erleichtert, daß alle Hauptkonstruktionen ins Innere des Raumes verlegt und schwere eingebaute Konstruktionen vermieden werden.

municipale, des habitations et, au rez-de-chaussée, quelques magasins qui sont disposés de telle manière qu'ils puissent être incorporés à l'hôtel de ville lorsque celui-ci devra s'agrandir.
La salle du conseil a la forme d'un cube, car sa hauteur correspond à peu près aux côtés. La charpente est apparente à l'intérieur, les fermes et les chevrons restent visibles. Dans le rude climat de la Finlande, la ventilation de la charpente est facilitée grâce à cette construction apparente, où aucun élément n'est enrobé.

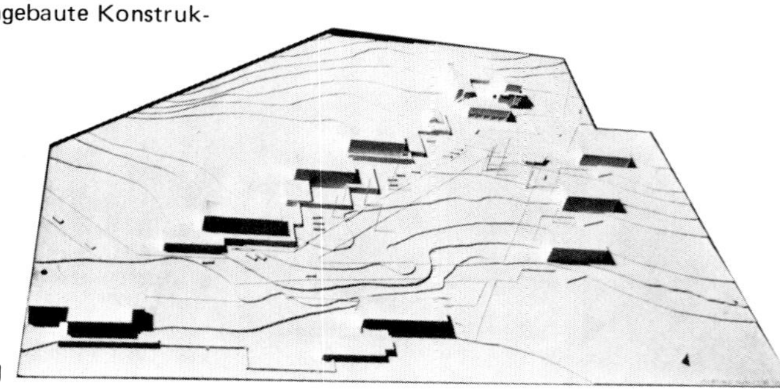
1

2

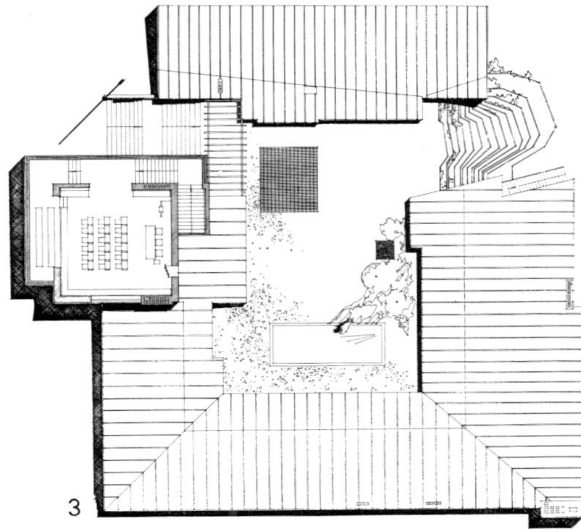

3

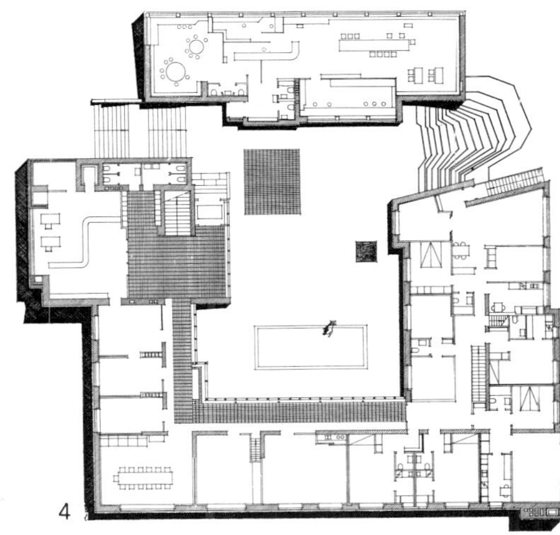

4

1 Situationsmodell
2 Südostfassade mit Haupttreppe
3 Dachplan mit Ratssaal
4 Hauptgeschoß
5 Schnitt durch Bibliothek und Verwaltungsteil

1 Maquette de la situation
2 Façade sud-est avec escalier
3 Plan du toit avec salle du conseil
4 Etage principal
5 Coupe de la bibliothèque et des bureaux de l'administration

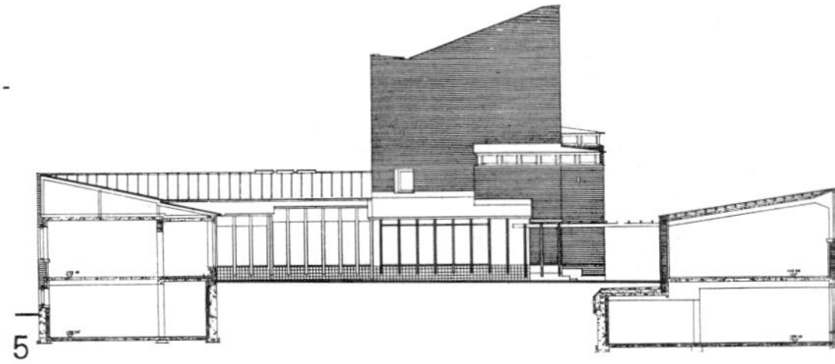

5

1 Südseite
2 Korridor mit Büroräumen
3 Haupteingang

1 Vue de sud
2 Corridor avec les bureaux
3 Entrée principale

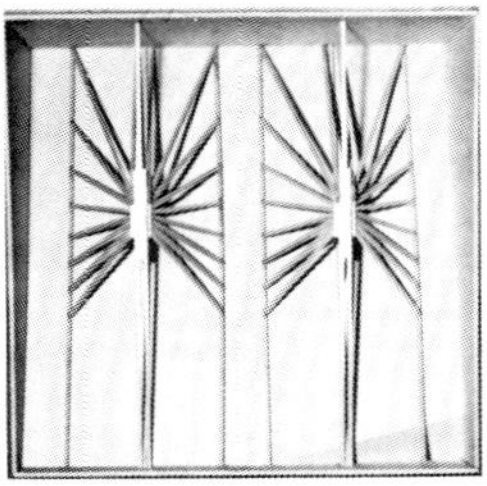

1 Detail der Dachkonstruktion
2 Deckenkonstruktion im Ratsaal
3 Treppe von der Westseite zum Innenhof

1 Détail de la construction du toit
2 La charpente apparente dans la salle du conseil
3 Escalier conduisant du côté ouest et du parc vers la cour intérieure

Rathaus und Stadtverwaltung, Marl (Deutschland)
Wettbewerb 1957

Das Rathaus in Marl ist der Versuch, eine grundsätzlich repräsentative Aufgabenstellung durch eine besondere Formorganisation zu lösen, wobei die einzelnen Gebäudekomplexe so zueinander angeordnet sind, daß eine vom Verkehr geschützte Agora entsteht, die sich zur grünen Parkanlage hin öffnet. Die Eingangshalle ist ähnlich dem System der U-Bahnen organisiert, man wählt das gewünschte Dezernat und folgt dem getrennten, vorgegebenen Wegablauf dazu.

Hôtel de ville et Administration communale, Marl (Allemagne)
Concours 1957

Dans l'hôtel de ville de Marl, le programme représentatif a amené la solution d'une ordonnance particulière, en ce sens que les bâtiments sont groupés à l'écart de la circulation autour d'une place s'ouvrant sur le parc. Le vestibule est ordonné à la manière du métro, où l'on choisit le terminus et suit ensuite le couloir qui mène à destination.

1 Fassade des Rathaus- und Sitzungssaales
2 Lageplan
3/4 Erste Organisations- und Ideenskizzen

1 Façade des salles de l'hôtel de ville
2 Plan de situation
3/4 Premières esquisses de l'ensemble

1

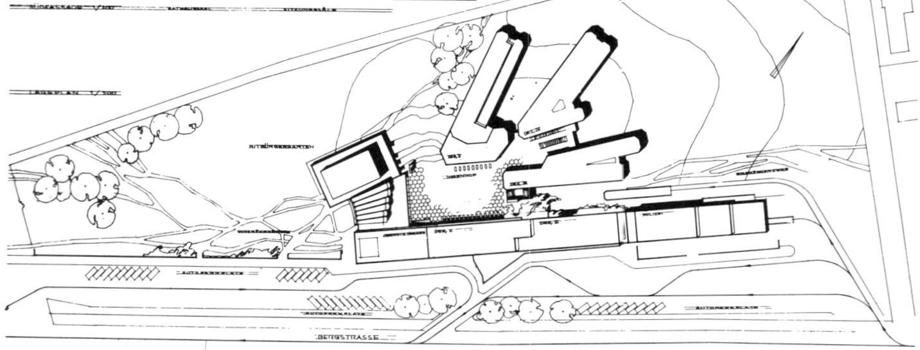

2

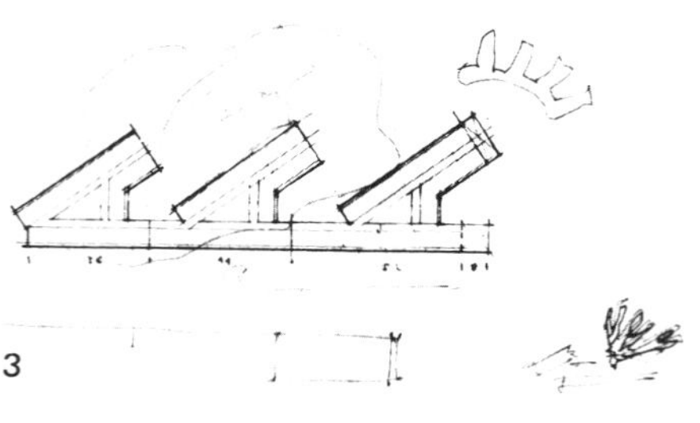
3

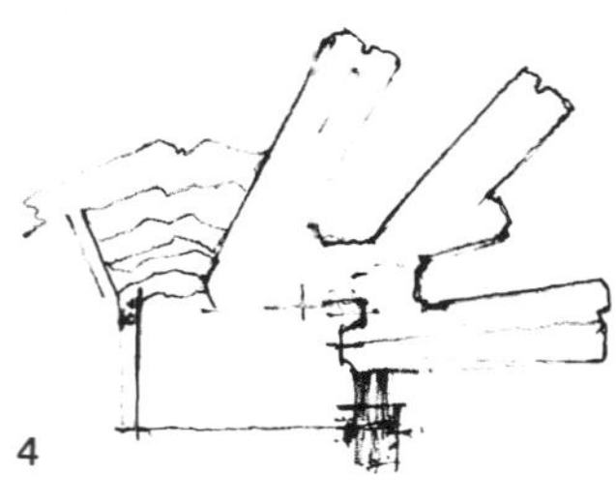
4

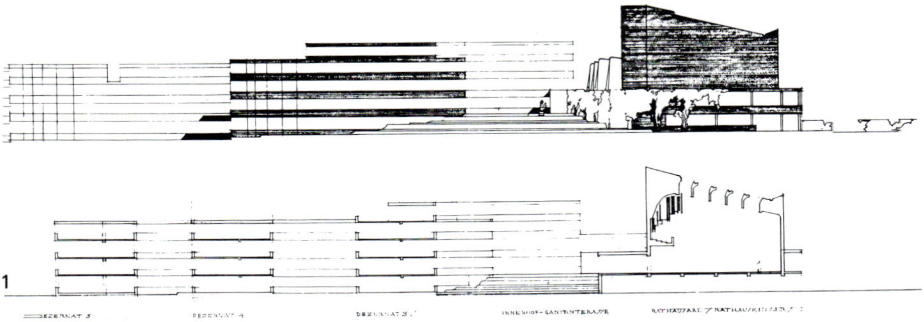

1

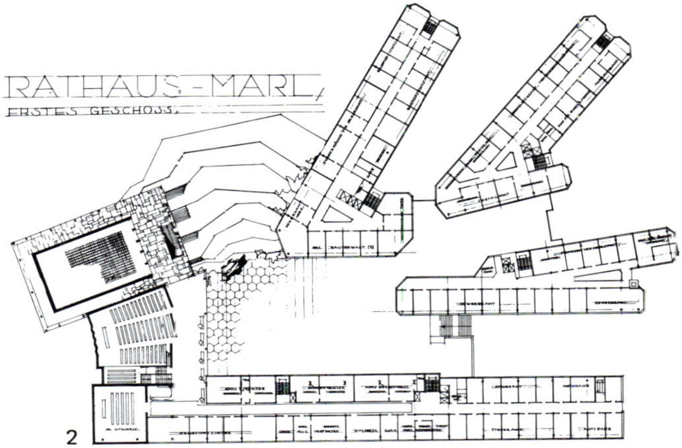

2

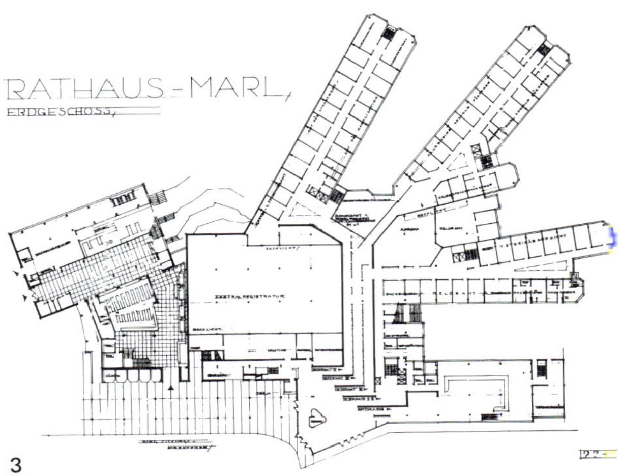

3

1 Gartenfassade und Schnitt
2 Erstes Obergeschoß mit der Agora
3 Eingangsgeschoß mit dem speziellen Verteilsystem

1 Façade sur le parc et coupe
2 Premier étage et la place
3 Rez-de-chaussée avec le système des cheminements

Rathaus, Kiruna (Schweden)
Wettbewerb 1958 1. Preis Nicht ausgeführt

Kiruna ist die reiche ,,Goldgrube'' Schwedens, wo das hochprozentige Eisenerz gewonnen wird. Das vorliegende Projekt versuchte, sich die einzigartige Umgebung zunutze zu machen. Das Rathaus und das Gemeindehaus bilden das Zentrum der dramatisch bewegten Landschaft, die von der vom Bergbau gewonnenen Schlackenerde gebildet wird, was den besonderen Charakter der ganzen Gegend bestimmt. Das Rathaus wurde wegen der enormen hier vorkommenden Schneemassen so konstruiert, daß diese automatisch vom Gebäude auf die beinahe fensterlose Nordseite fallen.

Hôtel de ville, Kiruna (Suède)
Concours 1958 1er prix Non réalisé

Kiruna est la grande «mine d'or» de Suède, où est extrait un minerai très riche.
Le projet de cet hôtel de ville a tenté de s'intégrer dans ce paysage unique.
L'hôtel de ville et la maison communale constituent le centre de cette contrée caractéristique, dont l'aspect est déterminé par les immenses dépôts des déchets de minerai.
En raison des énormes accumulations de neige, l'édifice a été construit de manière que les masses s'éboulent sur la face nord qui est presque dépourvue de baies.

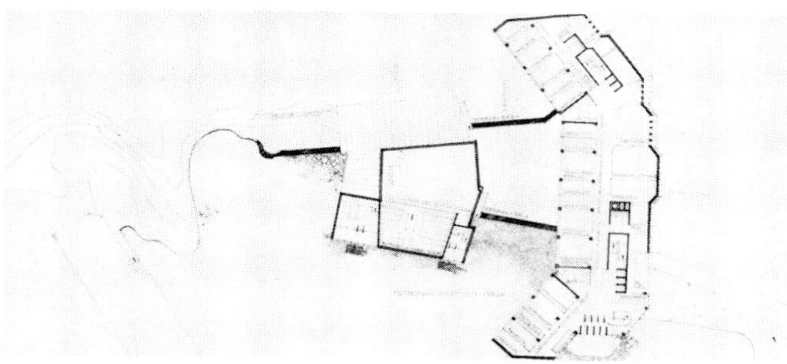
1

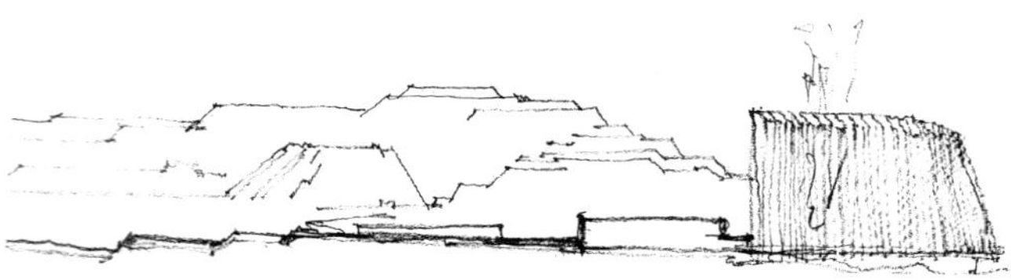
2

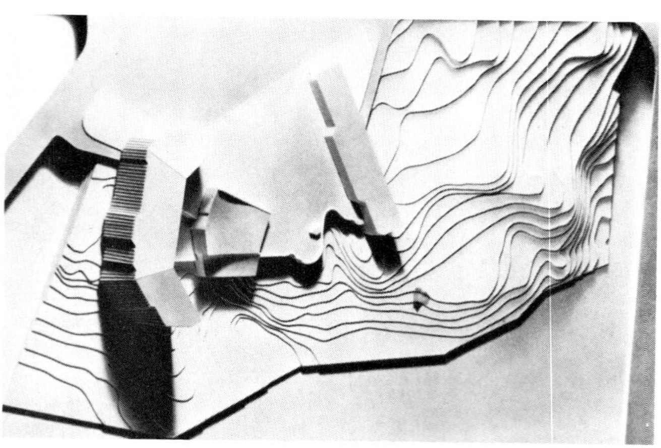
3

1 Eingangsgeschoß
2 Fassadenskizze
3 Modell
4 Situationsskizze

1 Le plan de l'entrée
2 Le croquis de la façade
3 Maquette
4 L'esquisse du plan de situation

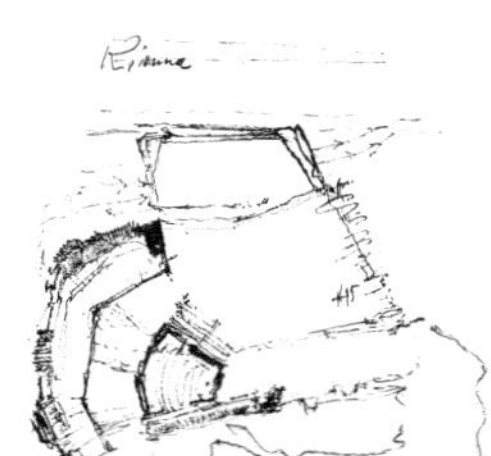
4

Rathaus, Seinäjoki
Entwurf 1961/62 Bauzeit 1963–1965

Das Rathaus bildet mit der bereits gebauten Kirche und der Bibliothek einen Teil des geplanten Stadtzentrums von Seinäjoki.
Der Ratssaal, die Dominante dieses Baues, fällt besonders durch das hochgezogene Dach mit den Oberlichtern auf. Ein bepflanzter Treppenhügel und ein Wasserspiel verbinden den Hauptplatz mit dem Gebäudekomplex. Der Haupteingang liegt unter dem Ratssaal, der aber auch vom Treppenhügel her erreicht werden kann.

1 Außenansicht des Rathauses
2 Administratives Zentrum mit Rathaussaal

Hôtel de ville, Seinäjoki
Projet 1961/62 Construction 1963–1965

L'hôtel de ville forme avec l'église, bâtie antérieurement, et avec la bibliothèque, une partie du centre qui est prévu pour la ville de Seinäjoki.
La toiture oblique avec ses lanterneaux domine l'édifice et en caractérise l'allure. Une succession de terrasses plantées et un jeu d'eaux relient la place avec les bâtiments. L'entrée principale se trouve sous la salle du conseil; mais celle-ci est accessible aussi par les terrasses.

1 La vue extérieure de l'hôtel de ville
2 Le centre administratif avec la salle de l'hôtel de ville

1

2

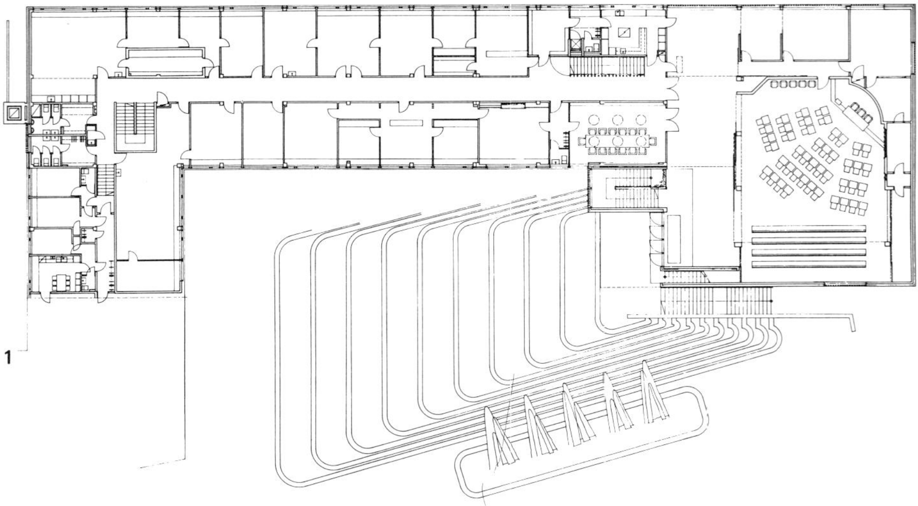

1

2

3

1 Grundriß des ersten Obergeschosses
2 Fassadenansicht
3 Das Innere des Ratssaales

1 Le plan du premier étage
2 La façade
3 La vue intérieure de la salle du conseil

Stadthaus, Alajärvi
Entwurf 1966 Bauzeit 1967–1969

Alajärvi ist eine kleine Ortschaft mit ungefähr fünftausend Einwohnern im Westen von Mittelfinnland. Rund um eine berühmte klassizistische Zentralkirche soll ein Gemeinschaftszentrum entstehen. Das Stadt- und das Gesundheitshaus bilden die erste Bauetappe dieses Vorhabens. Der innere Kern ist als Fußgängerzone vorgesehen. Die neuen Bauten sollen der Umgebung angepaßt werden, damit der ländliche Charakter der Ortschaft beibehalten werden kann.

Hôtel de ville, Alajärvi
Projet 1966 Construction 1967–1969

Alajärvi est une petite localité d'environ cinq mille habitants à l'ouest de la Finlande centrale.
Un centre communautaire est en train de s'ériger aux abords de la célèbre église du début du XIXe siècle sur un plan de croix grecque. L'hôtel de ville et le dispensaire forment la première étape de cet ensemble. La zone interne est réservée aux piétons. Les nouvelles constructions seront adaptées au caractère campagnard de la localité.

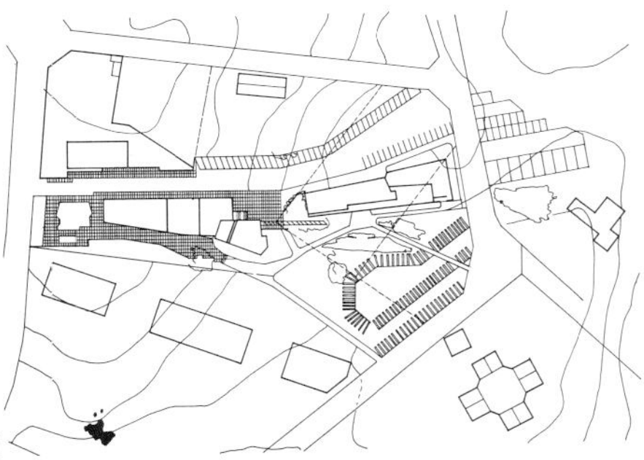
1

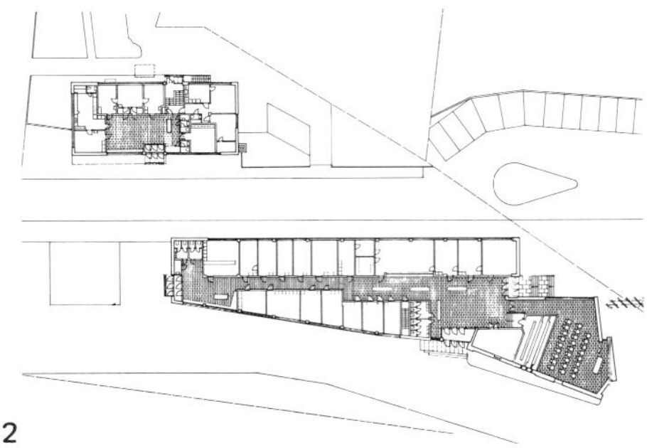
2

3

4

5

1 Situationsplan
2 Grundriß
3 Stadthaus
4 Das Innere des Ratssaales
5 Fassade

1 Le plan de situation
2 Le plan
3 L'hôtel de ville
4 L'intérieur de la salle du conseil
5 Façade

Sakralbauten

Centres spirituels

Abdankungskapelle Malm, Helsinki
Wettbewerb 1950 1. Preis Nicht gebaut

Architektur soll den passenden Rahmen für die heiteren wie die ernsten Ereignisse des menschlichen Lebens bilden. Bei einer Abdankungskapelle handelt es sich um den Abschied des Menschen vom Leben, verbunden mit den entsprechenden Trauerfeiern. Daraus ergeben sich einige wesentliche Forderungen an die architektonische Gestaltung:
Erstens: natürliche Einfachheit. Banale Effekte und pompöse Formalismen sind zu vermeiden.
Zweitens: Der Bau hat den Gefühlen der Trauerversammlung in angemessener Weise Rechnung zu tragen.
Schon seit langem hat die ständig zunehmende Beanspruchung der Abdankungskapellen zu einer rein routinemäßigen Behandlung der Zeremonien geführt. Jede der drei Kapellen hat indessen ihren eigenen Zeremonienhof, der so orientiert ist, daß eine gegenseitige Störung auch bei mehreren gleichzeitig stattfindenden Abdankungen ausgeschaltet ist.

Chapelle du cimetière de Malm, Helsinki
Concours 1950 1er prix Non réalisé

L'architecte crée le cadre qui doit convenir à toutes les occasions de la vie, qu'elles soient gaies ou graves.
La chapelle où sont rendus les honneurs est le lieu où l'on prend congé à jamais d'un être cher; cette cérémonie funèbre doit évoluer dans une ambiance digne et austère, où les sentiments de l'assistance ne soient pas heurtés par les effets d'une vaine pompe ou d'une affligeante banalité.
D'une manière générale le cadre est approprié à l'austérité des cérémonies funèbres.
Souvent, les cérémonies qui se multiplient ont amené une sorte de routine fâcheuse; on a cherché à l'éviter à Malm. Chaque chapelle dispose d'un espace pour que les honneurs se rendent dignement, sans donner l'impression d'une cérémonie trop réglée et organisée.

1

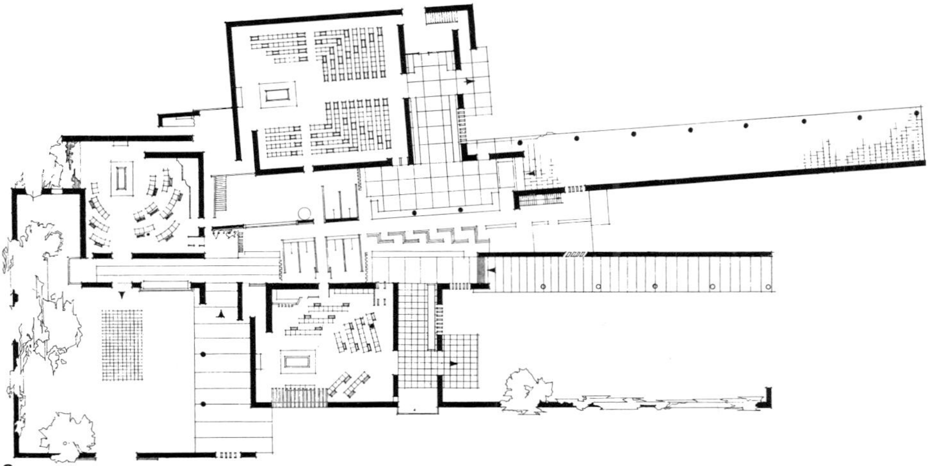

2

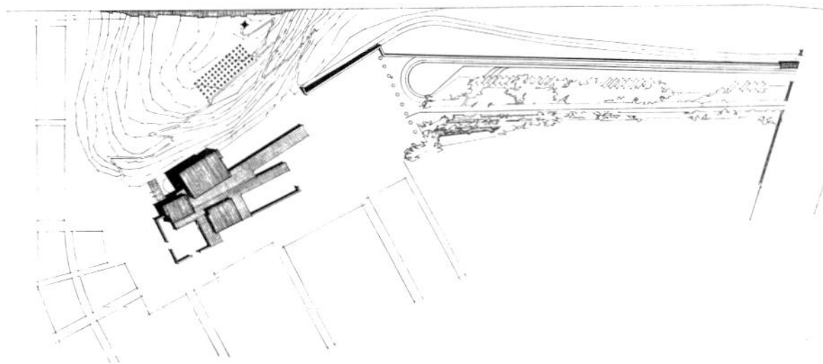

3

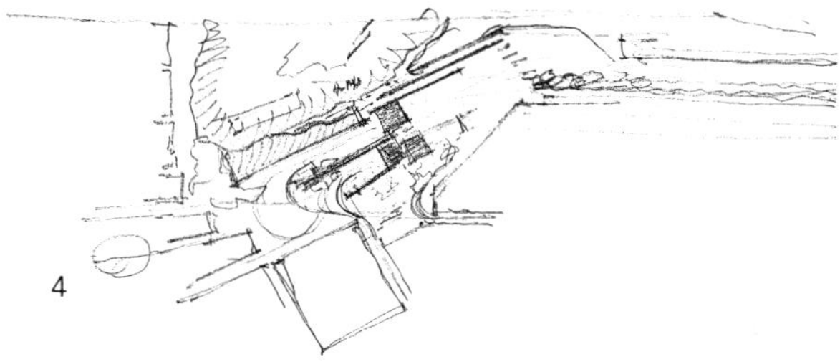

4

1 Modell
2 Hauptplan
3 Situation
4 Frühe Entwurfsskizze
5 Längsfassade
6 Querschnitt

1 Maquette
2 Le plan
3 Situation
4 Une des premières esquisses
5 Façade longitudinale
6 Coupe

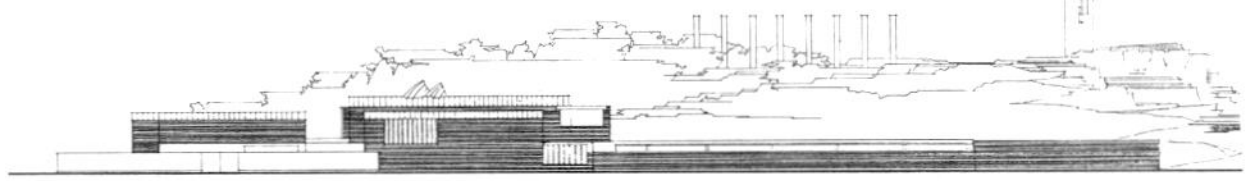

5

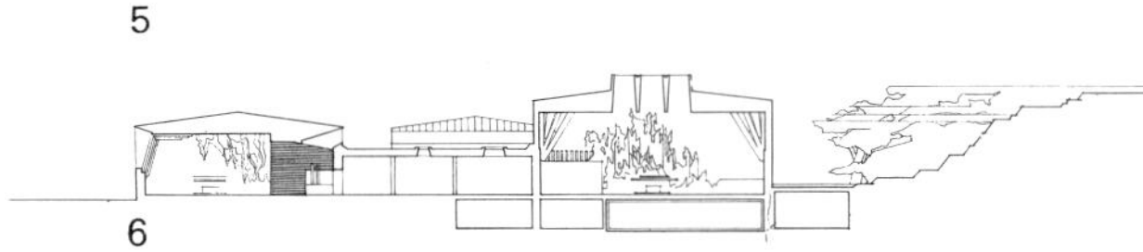

6

Friedhof, Lyngby (Dänemark)
Wettbewerb 1952 Nicht gebaut

Es handelt sich hier um einen Friedhof mit Abdankungskapelle. Das Wettbewerbsprogramm sah eine einzige Abdankungskapelle für mindestens 15 Abdankungen pro Tag vor. Eine derartige Massenabfertigung von Trauerzeremonien ist stoßend; das Projekt sieht statt einer einzigen eine ganze Gruppe von mehreren Kapellen vor.
So können verschiedene Abdankungen gleichzeitig stattfinden, ohne daß sie sich gegenseitig stören, da die Eingänge und die damit zusammenhängenden Patios für wartende Gruppen entsprechend angeordnet sind.
Der Friedhof liegt in einer kraterförmigen Vertiefung. Alle Wege zu den Gräbern folgen dieser Vertiefung. Parallel zu den Wegen fließt Wasser in kleinen Bächen.
So ist hier mit allen Mitteln versucht worden, eine Lösung zu finden, die jeder einzelnen Abdankung eine Atmosphäre der Ruhe und des Privaten verleiht.

Cimetière, Lyngby (Danemark)
Concours 1952 Non réalisé

Le programme du concours proposait l'étude d'un cimetière et d'une chapelle où devaient se dérouler au moins quinze services funèbres par jour. Telle accumulation de cérémonies étant étrange, le projet prévoit plusieurs chapelles au lieu d'une seule. Ainsi, les honneurs peuvent être rendus séparément, sans que les défilés se mélangent.
Le cimetière est situé dans une sorte de cratère, où conduisent tous les chemins allant aux tombes.
Ainsi l'atmosphère invite au recueillement tout en respectant les sentiments des affligés qui viennent rendre hommage à leurs disparus.

1 Situationsplan
2 Ideenskizze

1 Plan de situation
2 Croquis

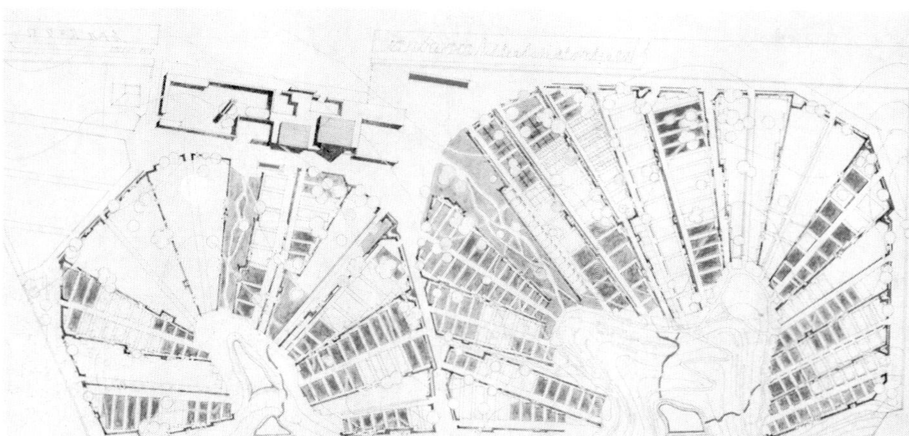
1

2

1 Modell
2 Hauptgrundriß
3 Längsschnitt
4 Modellansicht

1 La maquette
2 Le plan général
3 Coupe longitudinale
4 Vue de la maquette

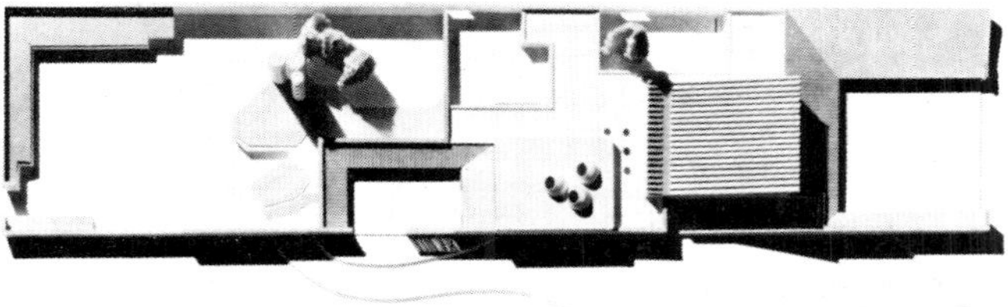

1

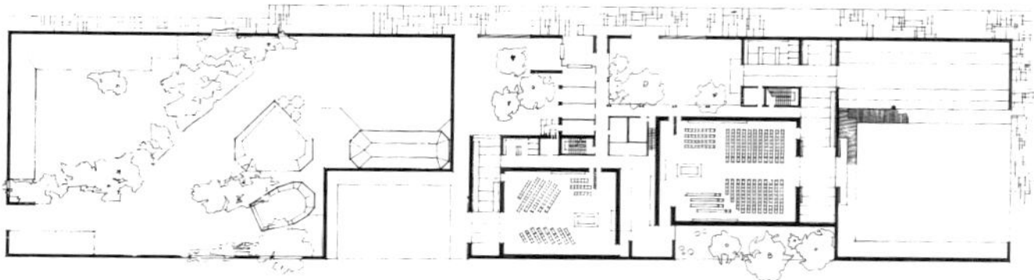

2

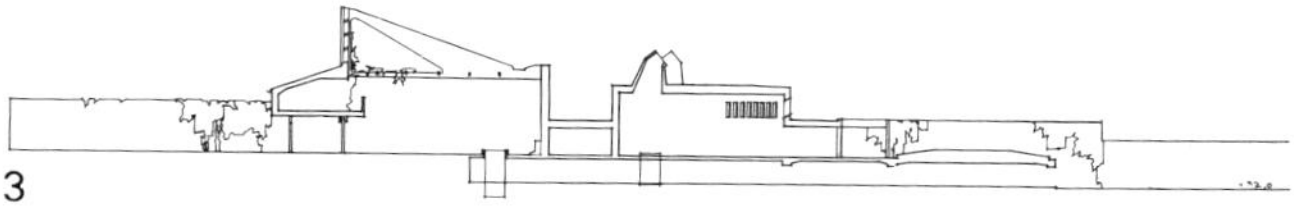

3

4

Kirche, Lahti
Wettbewerb 1950 Projekt 1970

Die Kirche in Lahti soll die zentrale Hauptkirche der Stadt werden. Sie steht auf einem dreieckförmigen Hügelgrundstück zwischen zwei Hauptstraßen des Zentrums und wird die Dominante der Stadt bilden.
Im Jahre 1950 wurde ein Kirchenwettbewerb ausgeschrieben, das Projekt kam jedoch nicht zur Ausführung. Das nun vorliegende Projekt ist von Grund auf neu.
Aus dem überhöhten Kirchenraum ragt der Kirchturm, der aus einzelnen Pfeilerelementen besteht. Die gedeckte offene Vorkirche kann für verschiedene Anlässe benutzt werden.

1 Situationsplan
2 Modell
3 Haupteingangsfassade
4 Hauptgrundriß

Eglise, Lahti
Concours 1950 Projet 1970

L'église de Lahti est destinée à devenir l'église principale de la ville. Elle se trouve sur une éminence triangulaire entre deux avenues du centre de la ville où elle dominera. C'est en 1950 que fut ouvert le concours; mais le projet n'a pas été réalisé alors. Celui de 1970 présente une conception toute nouvelle.
Le clocher formé par une série de piliers se dresse au-dessus du volume de la nef. Le porche peut être utilisé pour diverses manifestations.

1 Le plan de situation
2 La maquette
3 L'entrée
4 Le plan du rez-de-chaussée

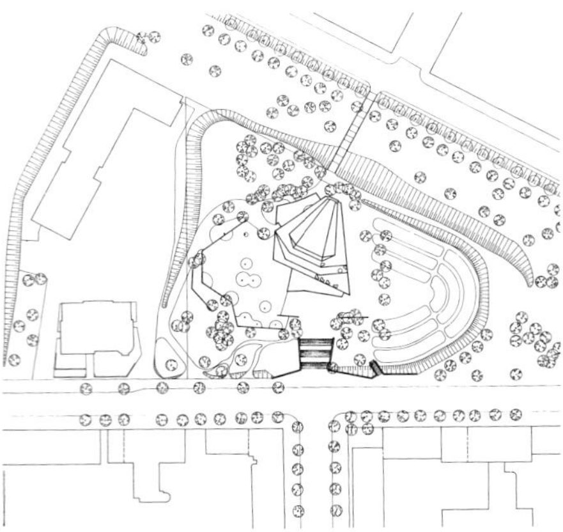
1

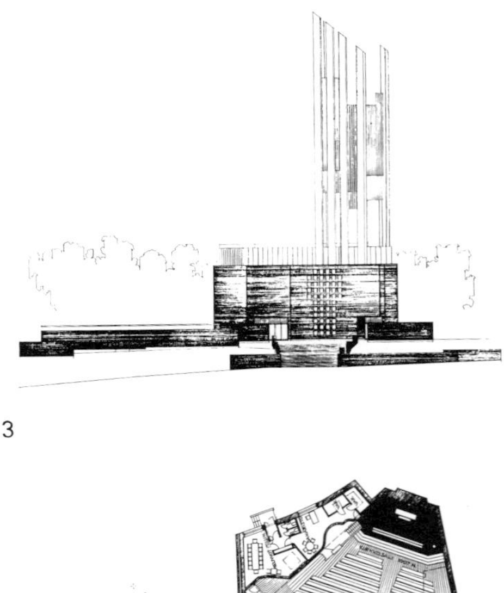
3

2

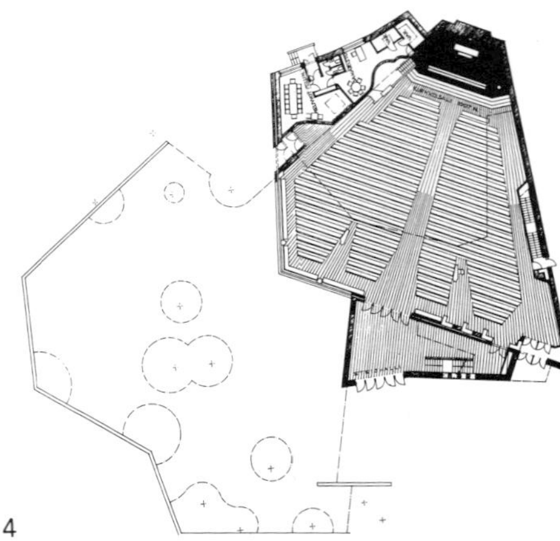
4

Kirche und Kirchgemeindezentrum, Seinäjoki
Kirche: Wettbewerb 1952 Bauzeit 1958–60
Kirchgemeindezentrum: Entwurf 1963 Bauzeit 1964–1966

Die Kirche ist Haupt- und Bischofskirche von Mittel- und Nordfinnland. Der Kirchturm, ein Wahrzeichen von Seinäjoki, ist zugleich ein Aussichtsturm auf das Meer und über das agrar- und forstwirtschaftlich genutzte Land der Umgebung. Das Gemeindezentrum umschließt einen viereckigen, in verschiedenen Ebenen von der Kirche her ansteigenden Kirchhof. Der Kirchplatz wird als Freiluftkirche und für grosse Feste verwendet. Teilweise ist das Dach des Gemeindezentrums als Dachterrasse ausgebaut.

Eglise et le centre paroissial, Seinäjoki
Eglise: Concours 1952 Construction 1958–1960
Centre paroissial: Projet 1963 Construction 1964–1966

L'église est la cathédrale de la Finlande centrale et septentrionale. Le clocher, symbole de Seinäjoki, est aussi un belvédère offrant la vue sur la mer et sur les environs avec ses territoires agricoles et forestiers. Le centre paroissial est groupé autour d'un espace carré s'élévant en plusieurs terrasses au-dessus de l'église. Cet espace donne lieu à des sermons en plein air et à des grandes festivités. En partie, la toiture du centre paroissial forme également une terrasse.

1 Grundriß
2 Der Kirchturm, das Wahrzeichen von Seinäjoki

1 Le plan
2 Le clocher, symbole de Seinäjoki

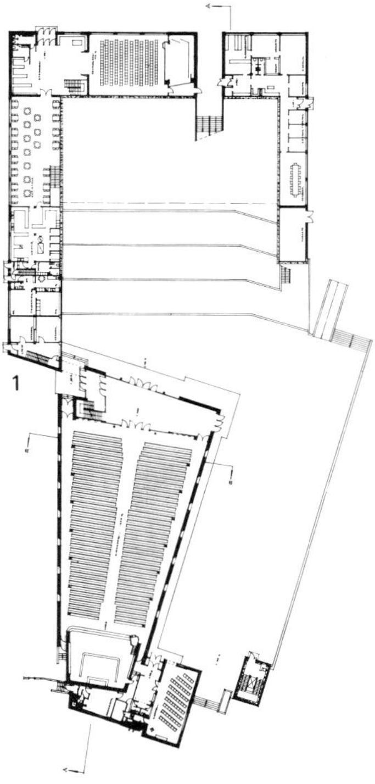
1

2

1 

2 

3 

4 

1 Innenansicht
2 Orgel
3 Kapelle mit farbigem Glasfenster
4 Eingangshalle
5 Seitenansicht der Kirche mit Turm
6 Kirche und Kirchgemeindehaus vom Rathausplatz aus

1 Vue intérieure
2 L'orgue
3 La chapelle avec des vitraux
4 L'entrée
5 La vue latérale de l'église avec le clocher
6 L'église et le presbytère vus de la place de l'hôtel de ville

5 

6 

Kirche in Vuoksenniska, Imatra
Entwurf 1956 Bauzeit 1957–1959

Die Kirche in Vuoksenniska ist eine der drei Kirchen der Gemeinde Imatra. Die Gemeinde ist stark industrialisiert, was die Form der Kirche mitbestimmt hat.
Der Kirchturm bietet hier ein besonderes Problem, da die Gegend von zahlreichen Fabrikkaminen beherrscht wird. Es ist also die Form und nicht die Höhe, durch die er sich auszeichnen muß.
Der Kirche kommen neben den sakralen auch verschiedene soziale Aufgaben zu, wie dies in einem Industrieort besonders der Fall ist. Die Gesamtheit der diesen verschiedenen Funktionen gewidmeten Räume spiegeln sich in der äußeren Form.
Der eine der drei Räume, mit Altar, Kanzel und Orgel faßt etwa 290 Menschen. Die Kapelle kann durch Öffnen der Zwischenwände der zwei Räume, die sonst sozialen Zwecken dienen, zu einer Kirche mit 800 Sitzplätzen erweitert werden. Weitere Raumgruppen sind im Westteil untergebracht und können durch besondere Eingänge erreicht werden.
Die Liturgie des lutheranischen Gottesdienstes inspirierte zur asymmetrischen Anordnung des Innenraumes. Die Wand der Kanzelseite ist gerade, die gegenüberliegende Längswand aus akustischen Überlegungen in drei Bogenformen modelliert.
Die Asymmetrie erstreckt sich auch auf den vertikalen Aufbau des Raumes. Die Fenster in der bogenförmigen Längswand sind in schräg-diagonaler Stellung so angerodnet, daß sie mit den Innenformen der Decke das gesprochene Wort über die ganze Gemeinde verteilen.
Die Akustik wurde im Atelier anhand des Modells empirisch studiert.

Eglise de Vuoksenniska, Imatra
Projet 1956 Construction 1957–1959

L'église de Vuoksenniska est l'une des trois églises de la commune d'Imatra. La commune est fortement industrialisée, ce qui a déterminé l'allure de cette église.
Le clocher a posé un problème très spécial, car la région est dominée par de nombreuses cheminées. La forme du clocher doit donc ressortir plutôt que la dimension.
L'église, à part sa destination proprement dite, est appelée à suffire à d'autres fonctions, comme il arrive dans une contrée industrielle; celles-ci sont exprimées dans les volumes extérieures.
L'un des espaces qui contient l'autel, la chaire et l'orgue, est prévu pour 290 personnes. Il y règne une atmosphère de recueillement. C'est là qu'ont lieu également les noces, les enterrements et d'autres cérémonies. Cette chapelle peut être agrandie par la suppression des parois qui la séparent des deux pièces qui sont habituellement destinées aux réunions et aux assemblées. De cette façon, la salle peut contenir 800 personnes. Dans l'aile ouest, il y a d'autres locaux accessibles par des entrées distinctes.
La liturgie luthérienne a conduit à la disposition asymétrique de l'intérieur. Le mur contre lequel se dresse la chaire est droit; la paroi longitudinale, en face, est conçue selon trois courbes qui obéissent à des considérations d'ordre acoustique.
Cette conception asymétrique se retrouve dans les élévations. Les fenêtres de la paroi longitudinale arquée sont disposées en biais et s'accommodent aux lignes du plafond, dont le rôle consiste aussi à renvoyer le son sur l'assemblée des fidèles. En effet, les conditions de l'acoustique ont été étudiès sur les maquettes.

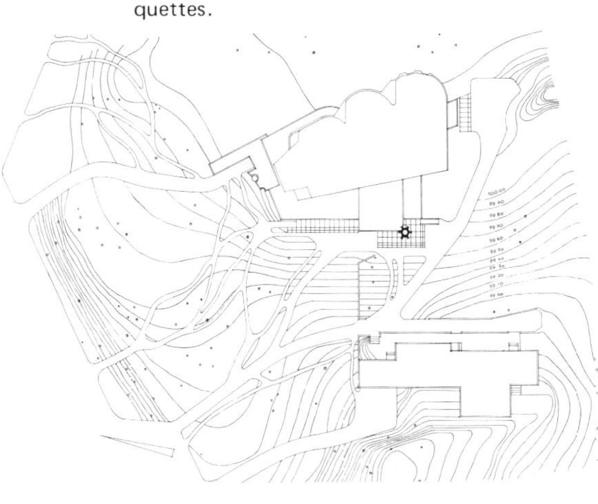

Situationsplan
Le plan de situation

1 Deckenöffnung für Ventilation und Heizung
2 Die aus akustischen Gründen schräggestellten inneren Fenster der einzelnen Raumabschnitte
3 Die Orgel
4 Längsschnitt mit Ansicht der Orgel
5 Grundriß mit Orgelgalerie und einpunktierter Deckenkonstruktion
6 Plan des Hauptgrundrisses

1 Ventilation et chauffage par le plafond
2 Les fenêtres disposées obliquement pour des raisons d'acoustique dans les compartiments de l'église
3 L'orgue
4 La coupe longitudinale avec la vue de l'orgue
5 Le plan de la galerie de l'orgue avec la construction du plafond en pointillé
6 Le plan du rez-de-chaussée

1

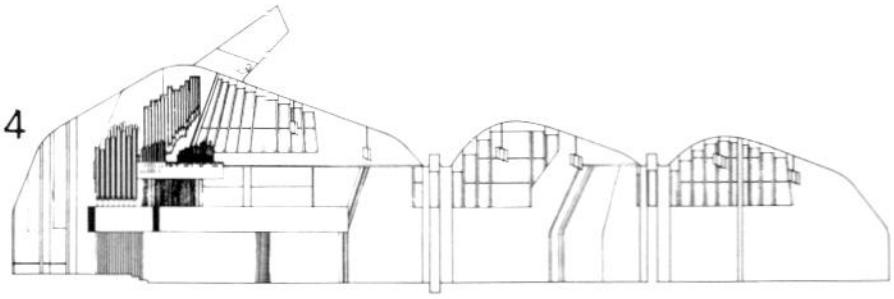

4

2

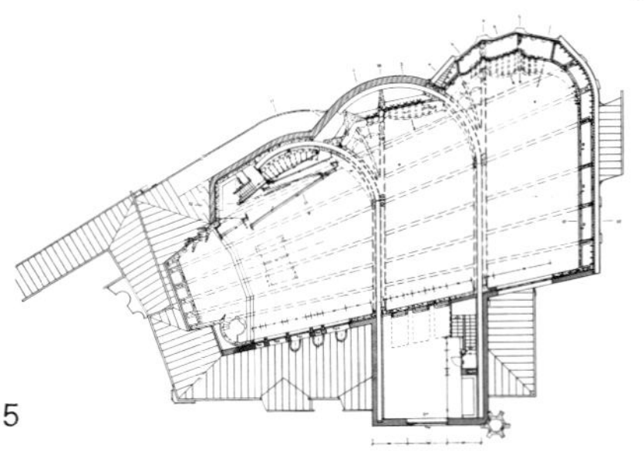

5

3

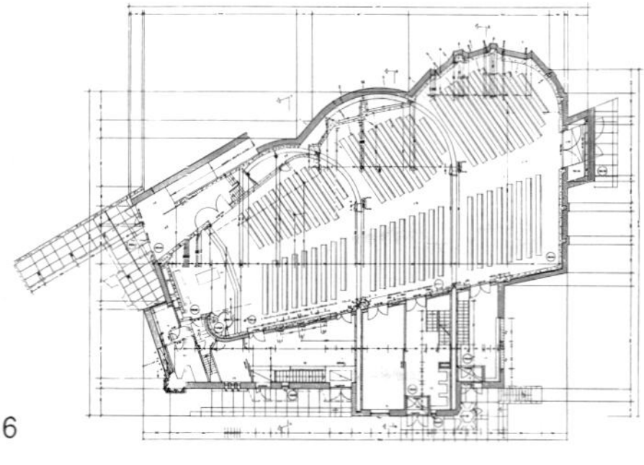

6

1

2

1 Die durch die drei kombinierbaren Räume bedingte Außenform
2 Blick gegen Altar, Kanzel und Orgel
3 Ausschnitt aus einer Projektskizze
4 Gesamtansicht. Rechts im Vordergrund ein Teil des Pfarrhauses, links hinten Ausgang und Vordach für Begräbniszeremonie, Wände weiß verputzt, Dach aus Kupfer

1 L'extérieur avec les trois compartiments
2 Vue vers l'autel, la chaire et l'orgue
3 Une partie de l'esquisse de l'avant-projet
4 Vue de l'ensemble. Au premier plan, à droite, une partie de la cure; à l'arrière-plan, à gauche, la sortie et l'avant-toit pour les cérémonies funèbres. Les murs crépis en blanc. Le toit en cuivre

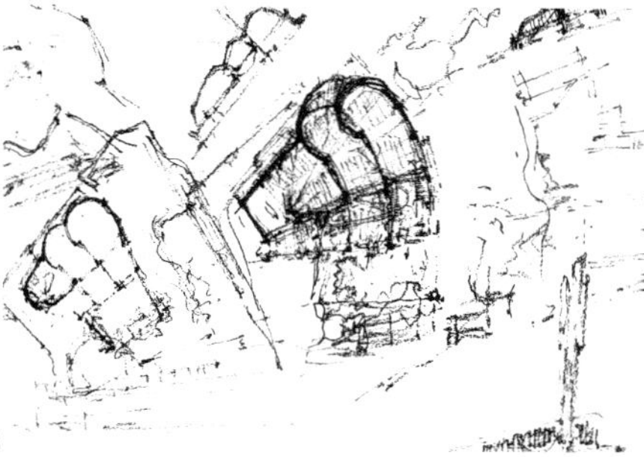

3

4

Kirchliches Gemeindezentrum, Wolfsburg (Deutschland)
Entwurf 1959 Bauzeit 1960–1962

Inmitten einer Wohnsiedlung und am Rande einer Grünzone liegt das kirchliche Gemeindezentrum auf dem höchsten Punkt längs der Hauptquartierstraße. Es besteht aus einer Gruppe von drei getrennten Bauten. Das Gotteshaus und das Saalgebäude sind um einen gemeinsamen Platz angeordnet und bilden somit die Hauptgruppe. Der gemeinsame Platz ist gegen die Hauptstraße hin mit dem freistehenden, offenen Glockenturm abgeschlossen und durch einen schmalen Durchgang mit der Grünzone verbunden.

1 Situationsplan
2/3 Ansichten

Centre paroissial, Wolfsburg (Allemagne)
Projet 1959 Construction 1960–1962

Le centre paroissial est situé au milieu des habitations aux abords d'une zone de verdure au point le plus élevé d'une grande avenue. Il est subdivisé en trois parties. L'église et le bâtiment contenant les salles sont groupés autour d'une place qui s'ouvre sur l'avenue, et qui est marquée par le campanile ajouré. Un passage étroit mène à la zone de verdure.

1 Le plan de situation
2/3 Vues

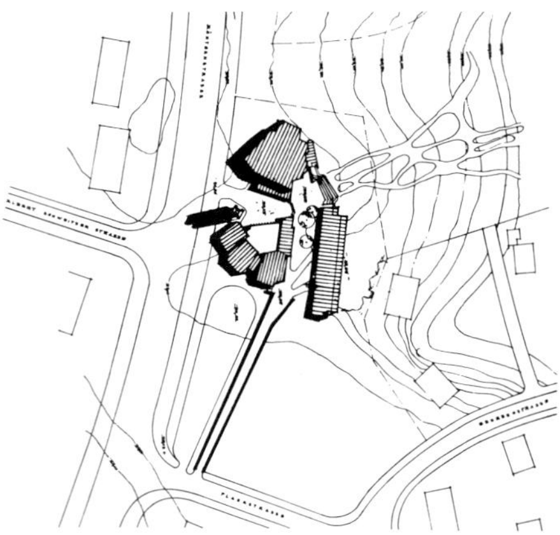
1

2

3

1 

2 

1 Dachlicht
2 Blick vom Altar in den Kirchenraum
3 Längsschnitt
4 Die Fensterpartie von innen
5 Die Fensterpartie von außen

1 L'éclairage zénithal
2 La vue de l'autel sur la nef
3 La coupe longitudinale
4 Les fenêtres vues de l'intérieur
5 Les fenêtres vues de l'extérieur

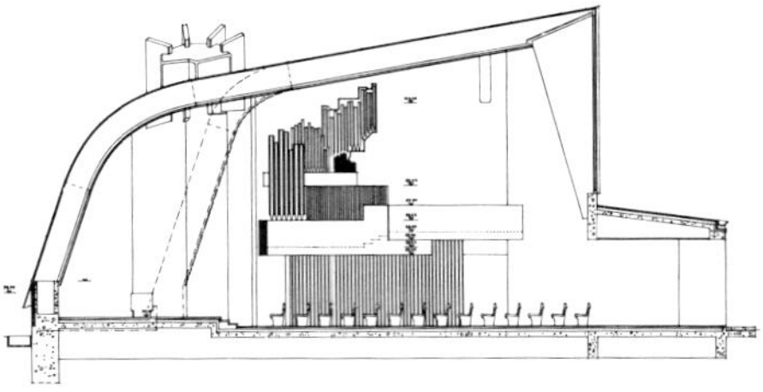
3

4 

5 

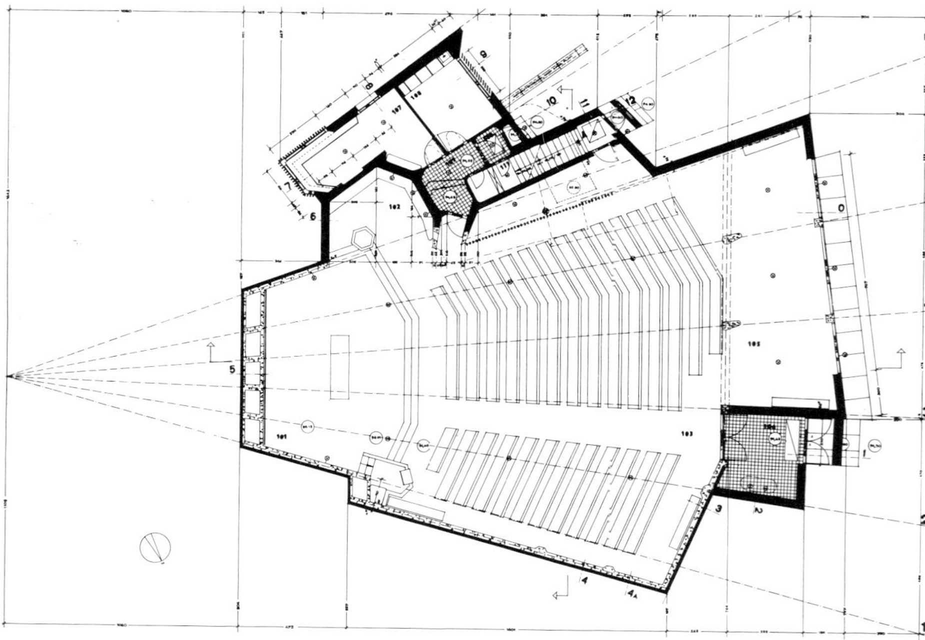

Grundriss und Blick vom Nebeneingang gegen Altar und Kanzel
Le plan et la vue de l'entrée secondaire sur l'autel et la chaire

Kirchgemeindehaus, Detmerode (Deutschland)
Entwurf 1963 Bauzeit 1965–1968

Die Kirche hat zweihundertfünfzig Sitzplätze, und der in deutschen Kirchen übliche leere Raum kann ebenfalls mit Stühlen aufgefüllt werden, so daß etwa sechshundert Menschen eine Sitzgelegenheit finden.
Das Hauptmotiv der Kirchendecke bilden kuppelartige akustische Holzreflektoren von ungefähr 250 cm Durchmesser. Im Untergeschoß unter dem Chor befindet sich eine kleine Kapelle.

Eglise, Detmerode (Allemagne)
Projet 1963 Construction 1965–1968

L'église offre normalement deux cent cinquante places, mais l'espace vide, habituel dans les églises allemandes, peut être rempli avec d'autres chaises, ce qui donne environ six cents places assises.
Le plafond est formé par des conques en bois de 250 cm de diamètre formant abat-son.
Sous le chœur, il y a une crypte.

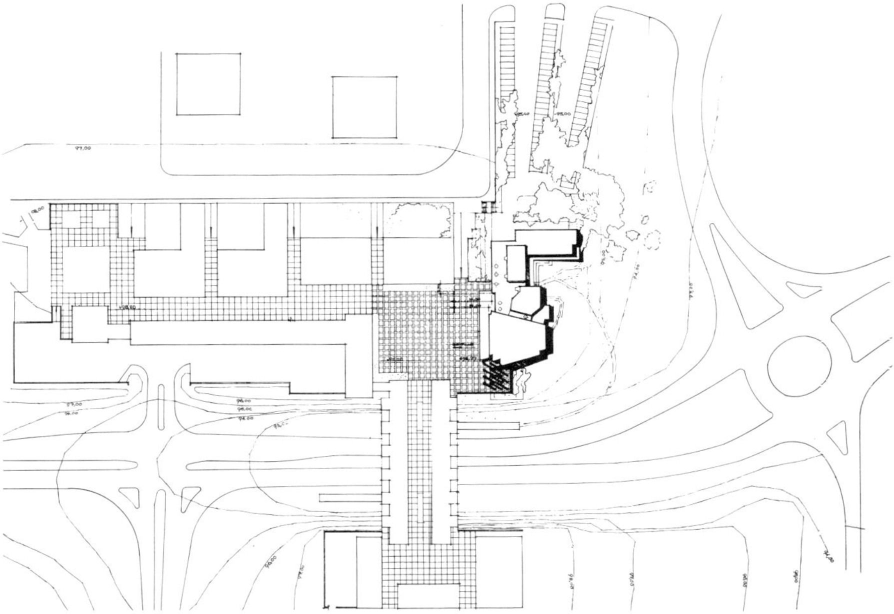

1

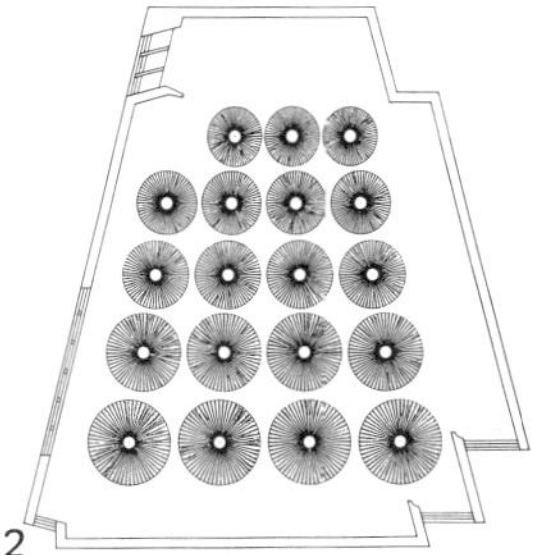

2

3

1 Lageplan
2 Zeichnung der Decke mit kuppelartigen akustischen Holzreflektoren
3 Modell mit den Holzreflektoren an der Decke

1 Le plan de situation
2 Le dessin du plafond avec les conques en bois
3 La maquette avec les conques du plafond

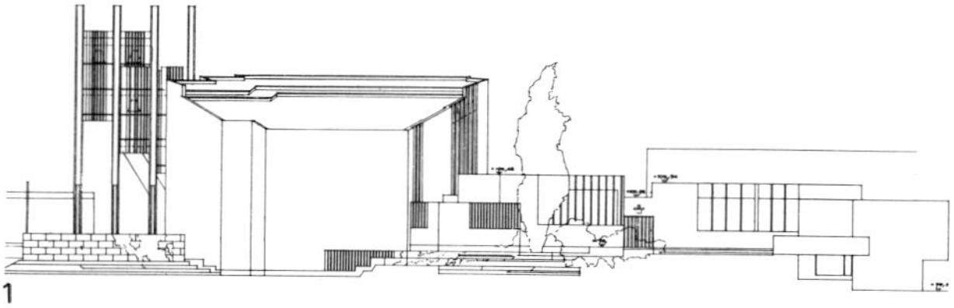

1

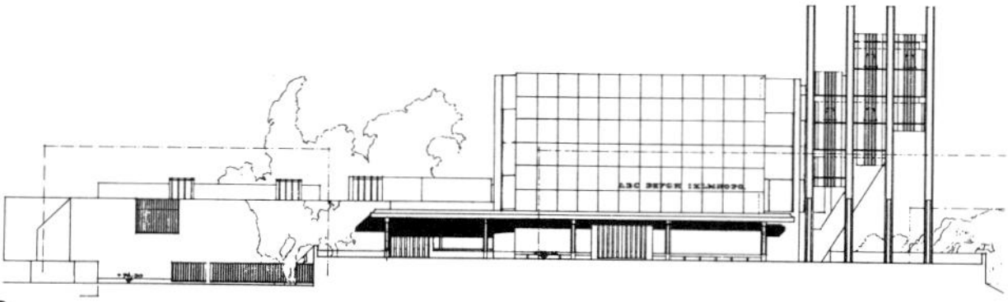

2

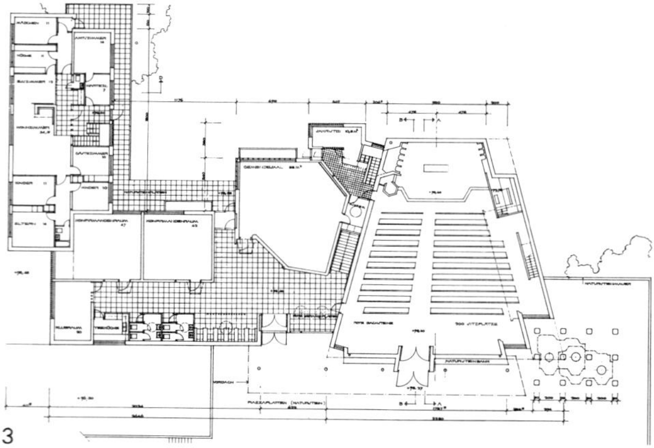

3

1 Rückfassade
2 Eingangsfassade
3 Grundriß des Hauptgeschosses
4 Glockenturm
5 Querschnitt

1 La façade postérieure
2 Le porche
3 Le plan du rez-de-chaussée
4 Le clocher
5 La coupe

4

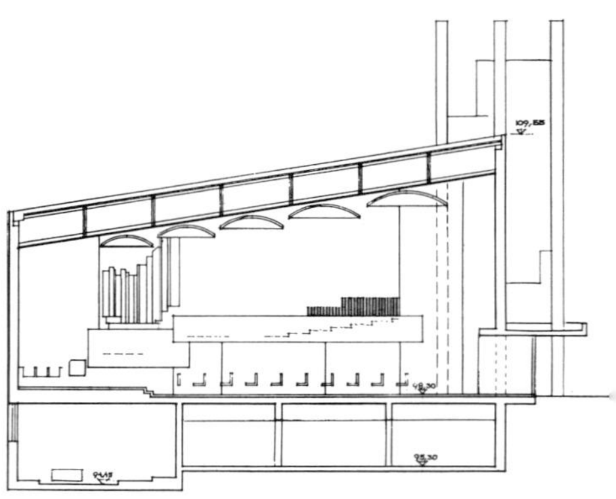

5

Kirchgemeindezentrum Riola, Bologna (Italien)
Entwurf 1966 In Ausführung

Das Kirchgemeindezentrum liegt an einer alten Straße, die in die Stadt Bologna führt, und wird auf der einen Seite vom Fluß Reno begrenzt und auf der anderen von der alten römischen Brücke. Es sollte die erste Kirche werden, in der die neue, „reformierte" Liturgie in architektonisch-funktionelle Form umgesetzt wird. Das Hauptmotiv ist dabei die Schaffung einer möglichst engen Beziehung zwischen Altar, Chor und Orgel sowie dem Baptisterium.
Die Kirche ist eine asymmetrische Basilika mit asymmetrischen Gewölben, durch die das Licht, in der Altarregion intensiviert, in die Basilika hineingeführt wird. Auf Galerien wurde verzichtet; dafür wurde der Chorraum stufenförmig aufgebaut.
Die vordere Wand der Kirche kann geöffnet werden; dadurch bildet der Vorhof eine Erweiterung des Gottesdienstraumes.

Centre paroissial Riola, Bologne (Italie)
Projet 1966 En voie de réalisation

Le centre paroissial se trouve sur une ancienne voie conduisant à Bologne; il est limité d'un côté par le Reno, de l'autre par le vieux pont romain.
L'église devait être la première qui manifeste, par une architecture fonctionnelle appropriée, les nouvelles tendances de la liturgie. Il s'agissait de créer une relation étroite entre l'autel, le chœur, les orgues et le baptistère. La nef est asymétrique de même que les fermes et les voûtes, laissant passer le jour dont l'intensité est plus forte dans la zone de l'autel. Il n'y a pas de galeries, mais le chœur est surélevé de trois marches. L'église peut s'ouvrir par une porte pliante sur le parvis qui forme alors une extension du lieu de culte.

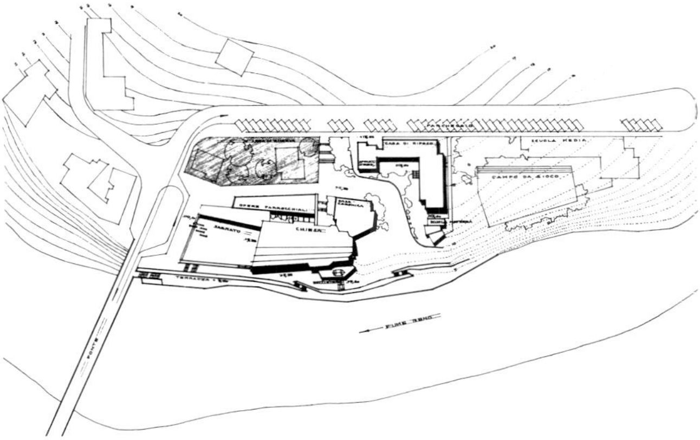

Lageplan
Le plan de situation

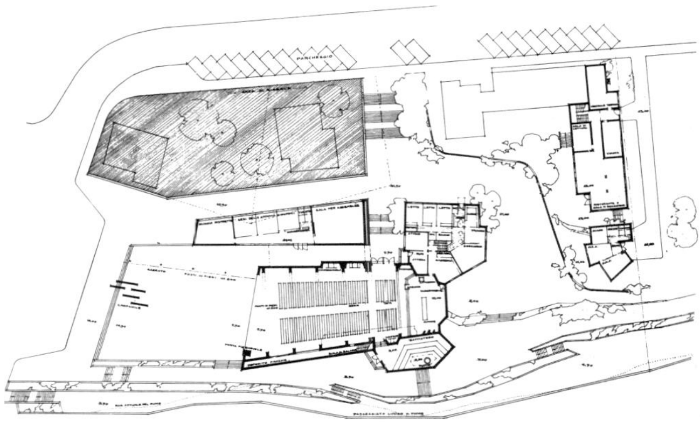

Hauptgrundriß
Le plan général

1

2

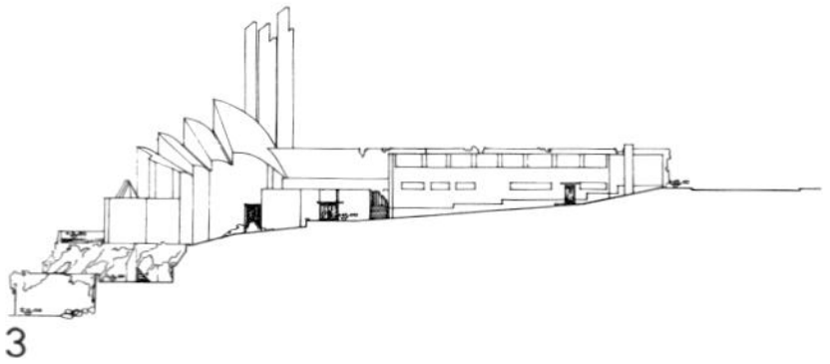

3

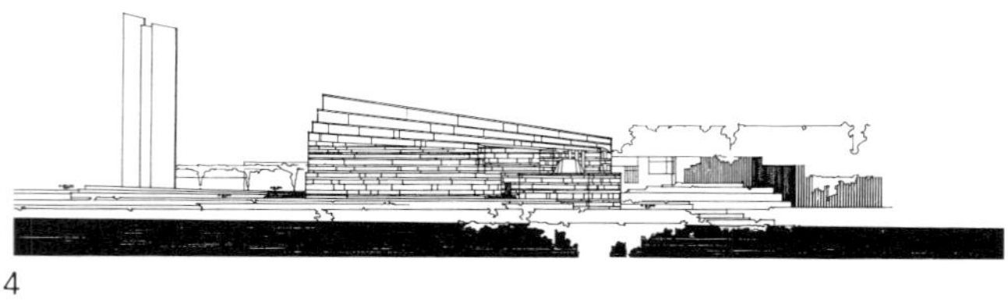

4

5

1 Eingangsfassade
2 Querschnitt
3 Seitenfassade
4 Längsfassade vom Fluß her mit Dammauer
5 Modell des Kirchenraumes

1 La façade
2 La coupe transversale
3 La façade latérale
4 La façade latérale et la digue
5 La maquette de la nef

Kirche des Kirchgemeindezentrums, Riola bei Bologna (Italien)
Projekt 1966–1968 In Ausführung

Die Kirche steht gegenüber dem Dorfzentrum am Reno-Fluss und wird über eine alte Brücke erreicht. Im Jahre 1966 wurde der Entschluß gefasst, diese Kirche nach der neuen Funktion der „reformierten" Liturgie zu bauen. Der Kirchenraum mit der Sakristei und dem ersten Teil des Gemeindehauses sind im Juni 1978 eingeweiht worden.

Eglise du centre paroissial, Riola, près de Bologne (Italie)
Projet 1966–1968 En construction

L'église est placée en face du centre du village sur la rivière Reno. On y accède par un pont. En 1966, la décision fut prise d'affecter l'église à la liturgie nouvelle. L'église avec la sacristie et la première partie de la maison paroissiale ont été inaugurées en juin 1978.

1
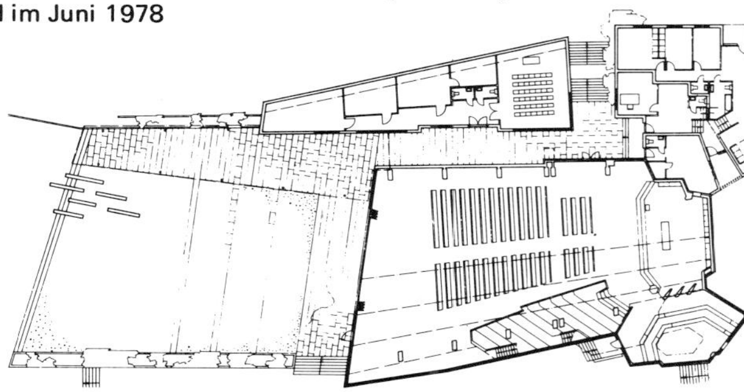

1 Grundriß
2 Fassadenausschnitt
3 Eingangsfassade

1 Plan
2 Détail de la façade
3 Façade de l'entrée

2

3

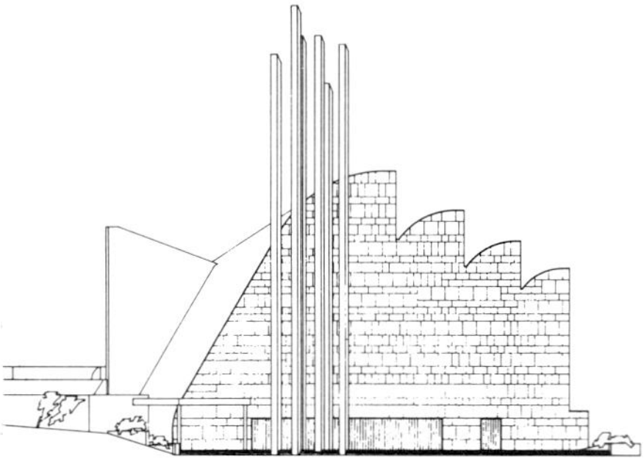

1

1 Eingangsfassade
2 Baptisterium
3 Kirchenraum
4 Fassadenausschnitt
5 Sängerempore

1 Façade de l'entrée
2 Baptistère
3 La nef
4 Détail de la façade
5 Tribune des choristes

2

3

4

5

Einfamilienhäuser

Villas

Haus des Architekten, Helsinki
Entwurf 1934 Bauzeit 1935/36

Ursprünglich als Privathaus und Atelier geplant, dient es nun nach dem Bau eines neuen Ateliers nur noch als Wohnung mit privatem Studio.
Baumaterialien: Skelett aus Stahlrohren, die mit Beton gefüllt sind. Außenwände in Backstein, weiß geschlämmt. Der Wohnungsteil des Hauses besteht aus Holzwänden. Die Terrasse im Obergeschoß dient als Dachgarten zwischen dem Wohnungs- und dem Atelierteil.

Maison de l'architecte, Helsinki
Projet 1934 Construction 1935/36

Conçue à l'origine comme maison particulière avec un atelier, elle sert maintenant, après la construction d'un nouvel atelier, uniquement d'appartement privé. Matériaux: Ossature en tubes d'acier remplis de béton. Murs de façades en briques, bandigeonnées en blanc. Les parois de l'habitation sont en bois. La terrasse de l'étage supérieur forme le jardin entre l'habitation et l'agence.

Gartenfassade / La façade sur jardin

1

2

1 Eingangspartie
2 Dachterrasse
3 Erdgeschoß
4 Obergeschoß

1 L'entrée
2 La terrasse
3 Rez-de-chaussée
4 Etage supérieur

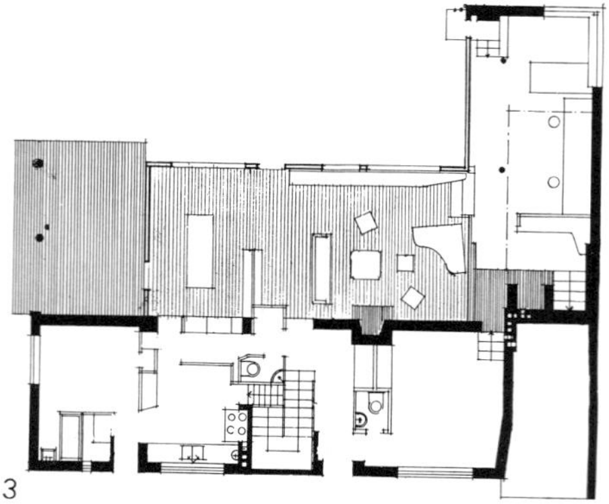

3

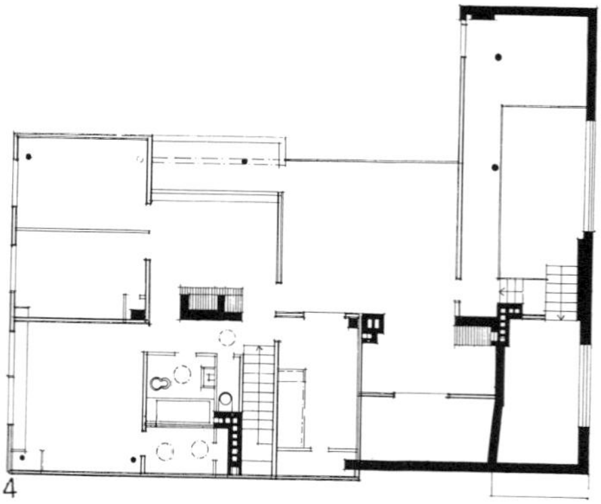

4

Villa Mairea
Entwurf 1937/38   Bauzeit 1938/39

Das Landhaus Mairea wurde für die Freunde Maire und Harry Gullichsen gebaut.
Es steht inmitten eines Kiefernwaldes, auf der Kuppe eines der westfinnischen Hügel. Die Ruhe des monotonen Grüns beherrscht die Umgebung. Ein schmaler Ausblick öffnet sich zwischen den Bäumen auf einen Fluß hin, der eine Sägemühle treibt, seinerzeit das erste bescheidene industrielle Unternehmen des Nordens.
Bei dem U-förmigen Grundriß bildet der Wald die vierte Wand des sich bildenden Innenhofes. Die finnische Sauna mit dem Schwimmbad liegt dem großen Wohnraum des Erdgeschoßes gegenüber. Die Balkone und Fassadendetails sind mit Teakholz verkleidet, der Saunaflügel besteht aus finnischer Föhre.

Villa Mairea
Projet 1937/38   Construction 1938/39

La villa Mairea a été construite pour un couple ami Maire et Harry Gullichsen. Elle est placée dans une forêt de pins, sur une éminence de l'une des collines de la Finlande occidentale.
Le calme règne dans ce cadre d'un vert uniforme. A travers les arbres, une échappée s'ouvre sur une rivière, qui actionne une scierie, vestige de l'industrie primitive de ce pays nordique.
Le plan en fer à cheval s'ouvre sur la forêt, qui forme l'arrière-plan. La sauna avec la piscine se trouve à l'opposé de la grande pièce du rez-de-chaussée.
Les parapets des balcons et certaines parties des façades sont revêtus de bois teak; l'aile de la sauna est en pin.

Situationsplan / Le plan de situation

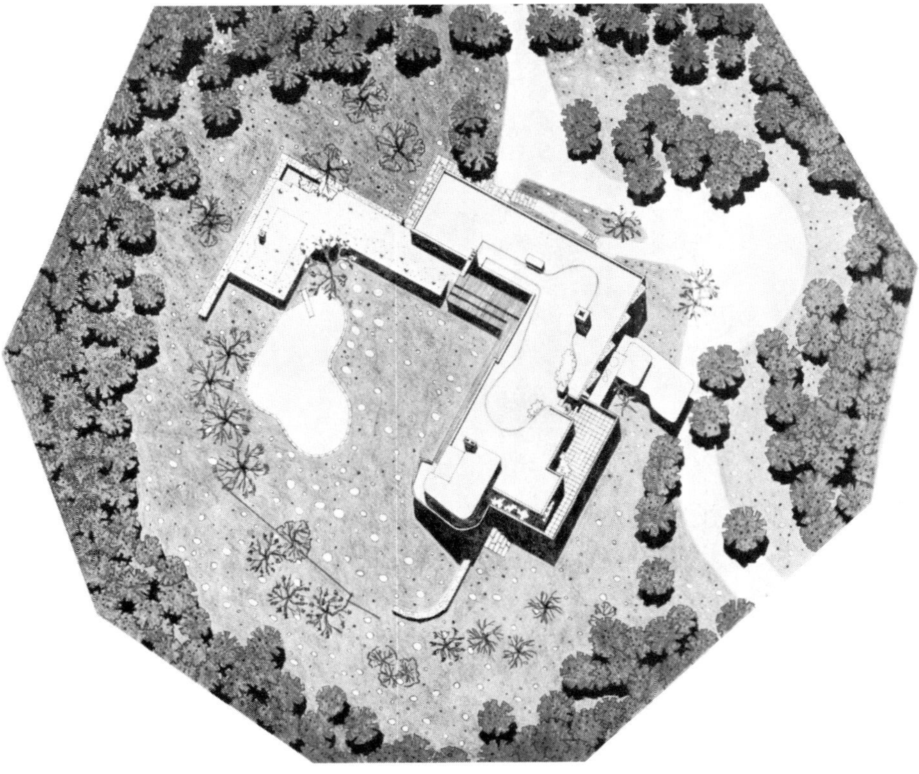

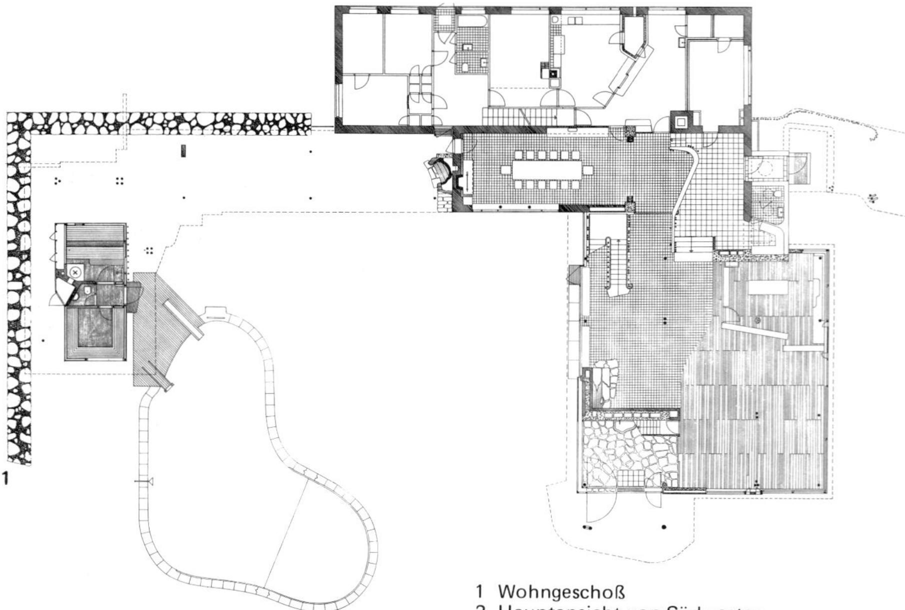

1

1 Wohngeschoß
2 Hauptansicht von Südwesten
1 Le plan du logis
2 Vue générale du sud-ouest

2

1

1 Ansicht von Süden
2 Haupteingang

1 Vue du sud
2 Entrée principale

2

1

2

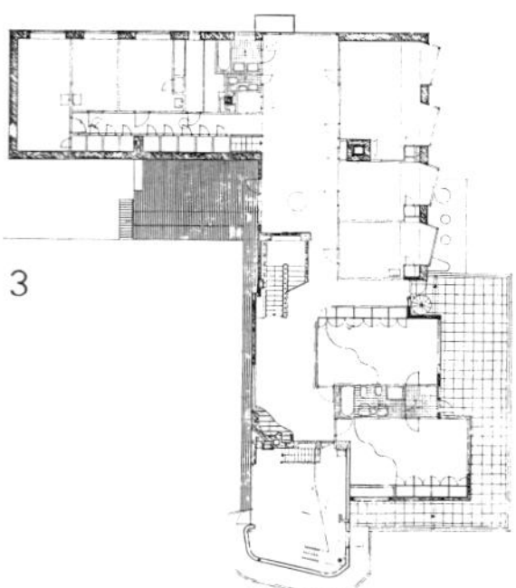

3

1 Fassadendetail, verschiedene Holzarten
2 Blick vom Eingang in die Halle
3 Obergeschoß
4 Sitzecke im Wohnraum

1 Détail de la façade
2 Vue de l'entrée vers le hall
3 Le premier étage
4 Coin dans la pièce d'habitation

4

1

2

1 Kaminecke
2 Blick aus der geöffneten Halle auf die Sauna
3 Schwimmbassin und Sauna

1 La cheminée dans le hall
2 Vue du hall sur la sauna
3 La piscine et la sauna

3

Paperback Alvar Alto, Bogen 18

1 

1 Schwimmbassin und Sauna
2 Wandkonstruktion in der Sauna

1 La piscine et la sauna
2 La construction de la paroi dans la sauna

2 

Sommerhaus, Muuratsalo

Das Sommerhaus Muuratsalo (1953) ist nicht nur Arbeits- und Wohnstätte, sondern zugleich eine Art Experimentierhaus. Es liegt in der Binnenseelandschaft des mittelnordischen Finnland. Zwei gleich lange, rechtwinklig zueinander gestellte Flügel, von denen der eine die Wohnräume, der andere die Schlafzimmer enthält, umschließen einen quadratischen Wohnhof, der nach außen durch hohe Mauern begrenzt ist. Die Außenwände des Wohnhofes sind als mosaikartige Probewände in etwa fünfzig Felder eingeteilt, in welchen verschiedene Arten und Größen von Backsteinen und keramischen Platten verwendet wurden, um ihre Wirkung in ästhetischer und praktischer Hinsicht zu prüfen.

Maison d'été, Muuratsalo

La maison d'été de Muuratsalo (1953) n'est pas seulement une maison d'habitation et de travail, c'est aussi une sorte de maison-pilote. Elle est située dans la région des lacs de la Finlande du moyen nord. Il y a deux ailes perpendiculaires, dont l'une groupe les pièces de séjour; l'autre, les chambres à coucher. Ces ailes et les deux autres côtés, fermés par des murs assez hauts, forment un patio carré. Ces murs sont divisés en cinquante panneaux environ, sur lesquels s'insèrent des briques et des plaques de terre cuite de toutes sortes et de toutes dimensions, jointoyées d'une manière variée, afin d'étudier les effets et les propriétés de ces divers matériaux.

Ansicht von der Bootlandebucht aus / La vue du port

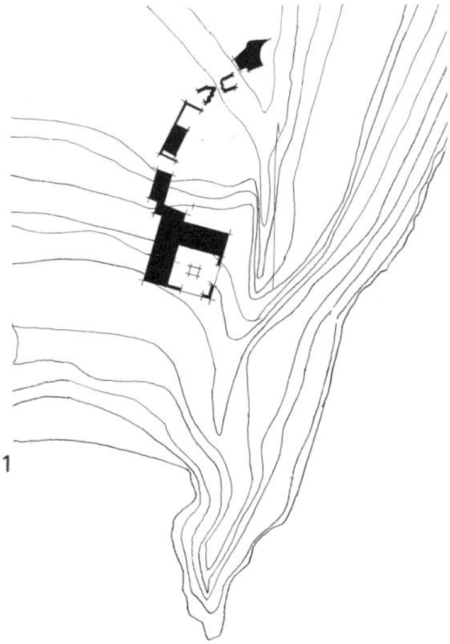

1

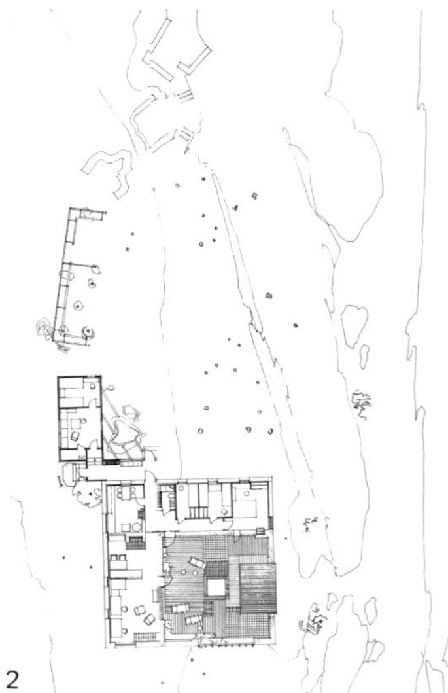

2

1 Situationsplan
2 Grundriß
3 Der Wohnhof

1 Le plan de situation
2 Plan
3 Le patio

3

1/2 Ausschnitte der Innenhoffassade

1/2 Détails de la façade sur la cour intérieure

1

2

Motorboot für Muuratsalo
Projekt und Bauzeit 1954/55

Das Boot war notwendig, um zum Sommerhaus in Muuratsalo zu gelangen. Diese Notwendigkeit wurde zum Anlaß genommen, ein Experimentierboot zu bauen.
In Zusammenarbeit mit Schiffsbauingenieuren wurde versucht, die Form des Bootskörpers so zu bauen, daß sie einerseits bei der Fahrt eine beeinflußte Teilungsform des Wassers ergab und anderseits eine leichte Landung an den niedrigen Seeständen erlaubte. Das Boot war nicht nur als ein Transportmittel gedacht, sondern sollte zudem noch ein angenehmer „Aufenthaltsort" sein.

1 Längsschnitt und Grundriß
2 Bootsansicht

Canot moteur pour Muuratsalo
Projet et construction 1954/55

Le canot moteur était indispensable pour atteindre la maison d'été de Muuratsalo. Ce fut l'occasion de créer un canot expérimental. D'entente avec les ingénieurs des constructions navales, la courbure a été étudiée pour correspondre au meilleur refoulement de l'eau au gré de l'accélération; en même temps, il s'agissait de prévoir l'abordage aisé dans les eaux basses du lac. Le canot devait servir non seulement au transport, mais encore être un endroit agréable où se prélasser.

1 Coupe longitudinale et plan
2 Vue du canot

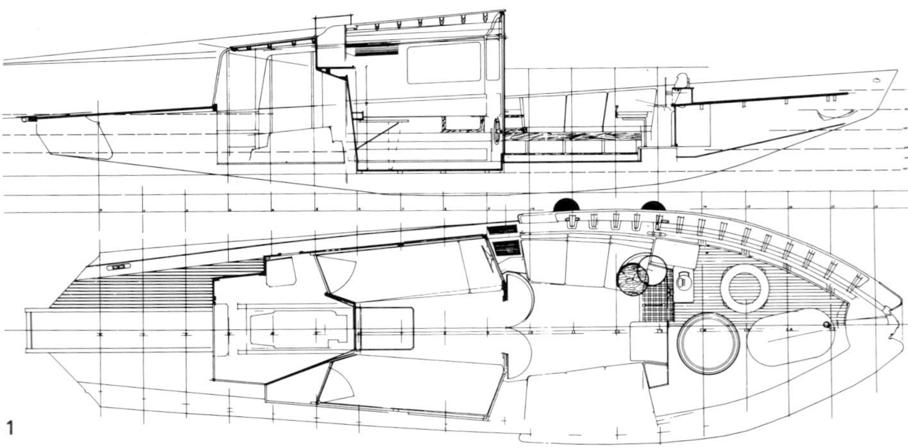
1

2

Villa Carré, Bazoches-sur-Guyonne (Frankreich)
Bauzeit 1956–1959

Dieses Haus wurde für den bekannten Kunsthändler Louis Carré gebaut.
Die Aufgabe bestand darin, ein Wohnhaus zu gestalten, das sowohl dem Wohnen der Familie wie auch als Gemäldegalerie dienen sollte, wobei jeglicher Ausstellungscharakter zu vermeiden war.
Den architektonischen Ausgangspunkt bildet das Grundstück selbst: ein die Landschaft dominierender Hügel mit Eichenwald. Dem Architekten wurde nicht nur die Konstruktion des Hauses anvertraut, sondern auf ausdrücklichen Wunsch des Bauherrn auch die Gestaltung aller Details, Möbel, Lampen, Textilien etc.
Auch der die Villa umgebende Garten ist nach einem detaillierten Entwurf entstanden.
Um einen Teil der Wandflächen mit Normal- und Oberlicht versehen zu können, mußte man die Höhe der Zimmer variieren.
Der Grundriß ist so angelegt, daß jeder Innenraum einen entsprechenden Außenraum (Patio oder spezielle Gartenecke) erhält. Von den Badezimmern führen direkte Ausgänge ins Freie, wo man sich, durch terrassenförmige Abstufungen gegen Sicht von außen geschützt, frei bewegen kann.
Die Villa steht auf dem höchsten Punkt des Hügels, und die in Kurven sich windende Zufahrt gewährt einen immer wieder neuen Ausblick auf die Landschaft, auf den Garten und den die Landschaft beherrschenden Eichenwald.

1 Projektskizze der Wohnraumfassade
2 Situation mit Zufahrtsweg
3 Hauptgrundriß; rechts Wohnraum, in der Mitte die Eingangshalle, links Eßraum und Hauswirtschaftsteil, oben der Schlafteil

Maison Louis Carré, Bazoches-sur-Guyonne (France)
Construction 1956–1959

Cette maison a été construite pour le marchand de tableaux bien connu, M. Louis Carré.
Il s'agissait de combiner l'habitation et la galerie d'art, sans qu'il règne dans cette demeure l'atmosphère d'une exposition.
L'architecture s'insère parfaitement dans le paysage dont la dominante est une colline boisée. Le propriétaire a tenu à confier à l'architecte tous les détails du mobilier, de l'éclairage, des tissus, etc.
L'aménagement du jardin, également, a été conçu par l'architecte.
Les pièces sont alternativement éclairées en façade et par des haut-jour; leurs hauteurs varient en conséquence.
Chaque pièce donne sur un patio particulier.
Les bains ont des accès sur des terrasses abritées et cachées, où l'on peut librement s'ébattre.
La maison est placée au sommet de la colline; de la route d'accès qui serpente sur le coteau on a une vue variée à l'infini sur le paysage et sur la forêt de chênes.

1 Croquis de la façade du living-room
2 Plan de situation
3 Plan principal; à droite living-room, au centre entrée, à gauche salle à manger et annexe ménagère, en haut chambres à coucher

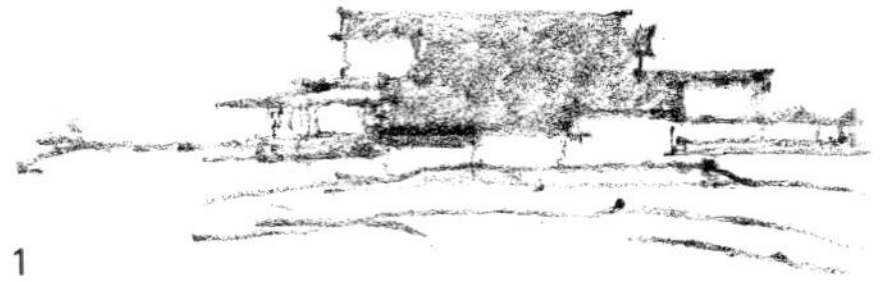

1

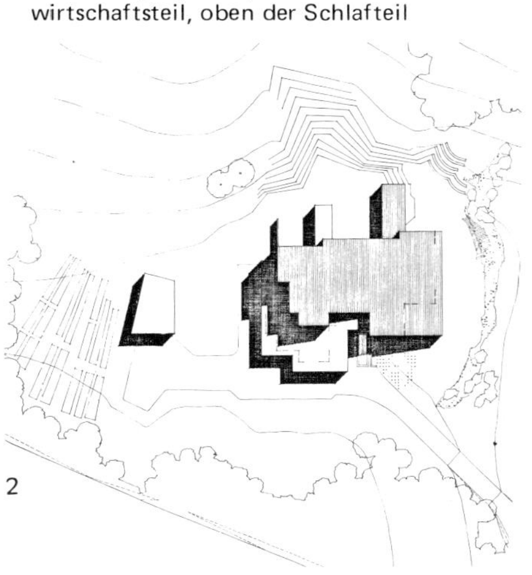

2

3

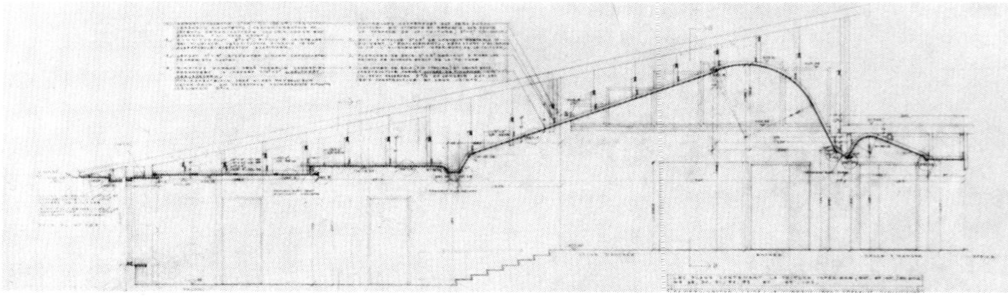

1

1 Arbeitsplan der Deckenkonstruktion in der Eingangshalle und im Wohnraum
2 Eingangshalle mit gewölbter Decke. Blick in den Wohnraum
3 Lampe
4 Wohnraum mit Kaminecke
5 Eßzimmer

1 Le plan d'exécution du plafond dans le vestibule et dans la pièce d'habitation
2 Vestibule avec vue vers la pièce d'habitation
3 La lampe
4 Le living-room avec la cheminée
5 La salle à manger

2

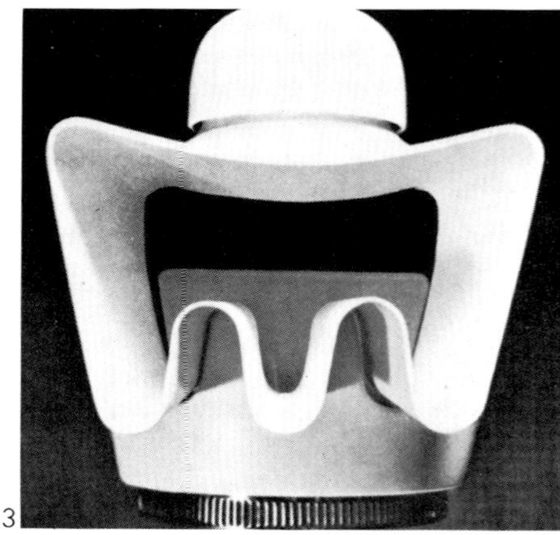

3

4

5

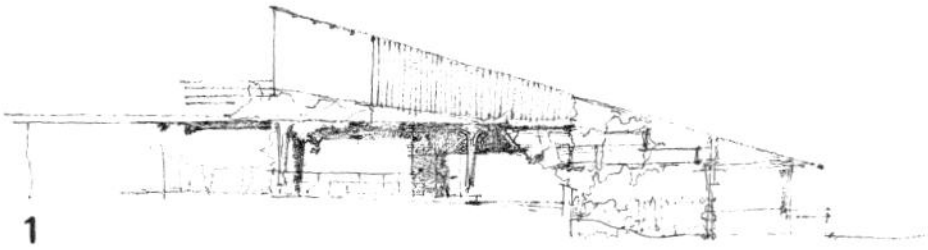

1

2

1 Entwurfsskizze
2 Eingangsfassade (Westseite) mit Oberfenster der gewölbten Eingangshalle. Fassaden in weiß gestrichenem Sichtbacksteinmauerwerk, Sockel aus grauem Travertin, Dächer in Kupfer und großformatigem Naturschiefer eingedeckt
3 Schlafteil
4 Gästezimmer
5 Wohnzimmerfassade Süden
6 Pfeiler unter dem Wohnraumvordach

1 Esquisse
2 L'entrée sur la façade occidentale avec la haut-jour du vestibule voûté. Les façades en brique apparente, peintes en blanc, les plinthes en travertin gris, les toitures en cuivre et en ardoise de grand format
3 Chambres à coucher
4 Chambres d'amis
5 Façade sud du living-room
6 Le pilier sous l'avant-toit de la pièce d'habitation

3

6

4

5

Villa Kokkonen, Järvenpää
Projekt 1966/67 Bauzeit 1967–1969

Die Villa steht inmitten eines waldähnlichen Wohngebietes. Der Hausherr ist Musiker und Komponist, und das Haus soll als Arbeits- und Wohnstätte dienen. Damit beide Funktionsteile sich akustisch nicht stören, ist der Arbeitsteil konstruktiv völlig vom Wohnteil abgetrennt.
Die Forderung, trotzdem das Wohnzimmer mit dem Musikzimmer räumlich zusammenzufassen, machte eine große Verbindungsöffnung nötig. Beide Teile bleiben, durch eine große Schiebewand auf der Musikzimmerseite und durch eine Faltwand auf der Wohnzimmerseite, bei geschlossener Öffnung, akustisch getrennt.

Villa Kokkonen, Järvenpää
Projet 1966/67 Construction 1967–1969

La villa se trouve dans une zone arborisée. Le propriétaire est compositeur, et la maison doit être un lieu de travail et de séjour. La partie où l'on travaille et celle où l'on habite sont séparées l'une de l'autre pour ne pas se déranger réciproquement.
Afin de relier à certaines occasions la pièce de séjour et le salon de musique une grande porte a été prévue; lorsque celle-ci est fermée, il y a, du côté du salon de musique, une lourde paroi coulissante et, du côté de l'habitation, une paroi en accordéon.

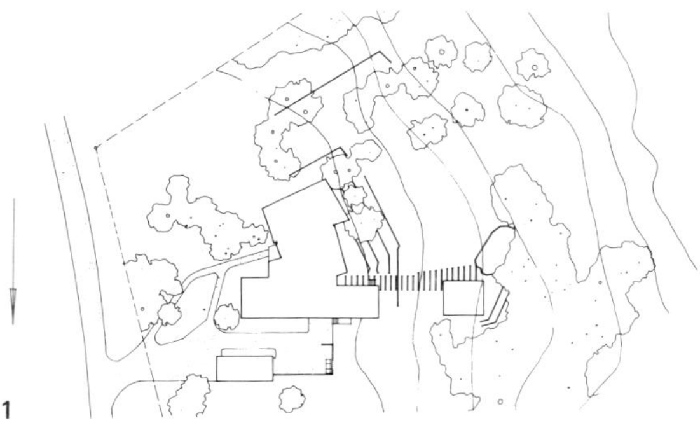

1 Situationsplan
2/3 Gartenfassade

1 Plan de situation
2/3 Façade sur jardin

1

2

3

1

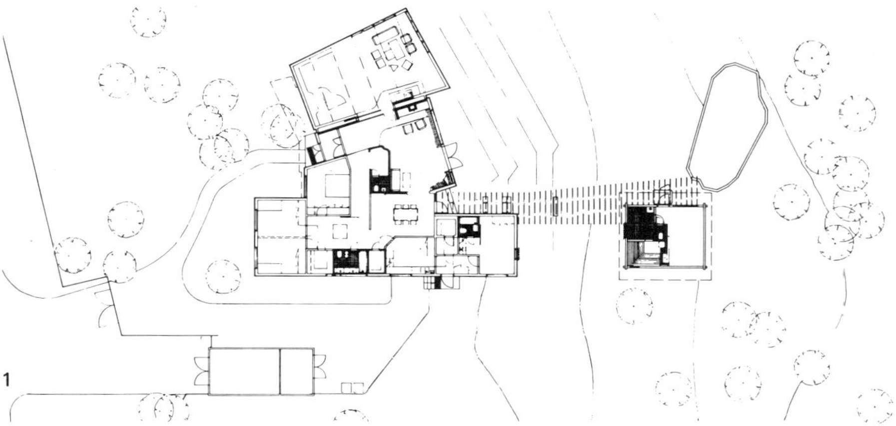

1 Grundriß
2 Blick vom Musikstudio zum Wohnraum

1 Plan
2 Vue du salon de musique sur la pièce de séjour

2

Villa Schildt, Tammisaari
Projekt 1968 Bauzeit 1969/70

Das Haus ist in einem grünen Park in der Nähe des Stadtzentrums gelegen. Es ist auf die Bedürfnisse einer kleinen Familie abgestimmt und dient sowohl als Wohn- wie als Arbeitsstätte. Der Wohnraum ist der ungestörten Sicht auf die nahe Meeresbucht wegen ein Geschoß höher angeordnet. Der Wohnraum und die Eingangspartie ist großräumig durch eine gemeinsame Holzdecke zusammengefaßt. Das Arbeits- und das Schlafzimmer sind gegen den abgeschlossenen Innengarten geöffnet. Das Gästezimmer mit der Sauna ist vom Hauptbau getrennt.

Villa Schildt, Tammisaari
Projet 1968 Construction 1969/70

La maison est située dans un parc près du centre de la ville; elle est destinée à la vie d'une famille peu nombreuse où l'habitation et le travail sont groupés. La pièce de séjour est surélevée de la hauteur d'un étage pour assurer la vue sur la baie voisine. Le vestibule et l'habitation sont reliés par un plafond de bois pour donner une impression de grandeur. La pièce de travail et la chambre à coucher donnent sur le jardin intérieur. La chambre d'amis avec le sauna est séparée du bâtiment principal.

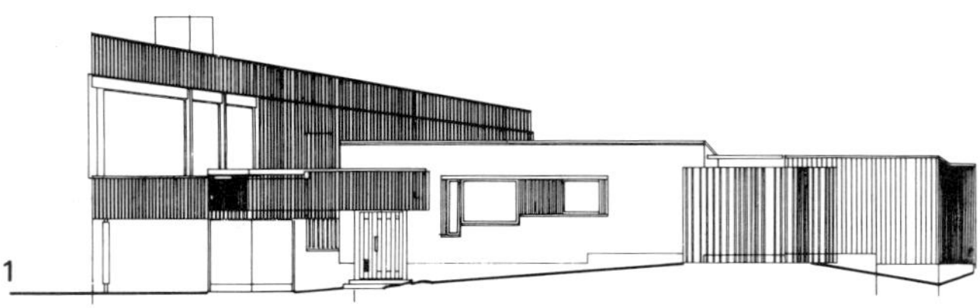
1

2

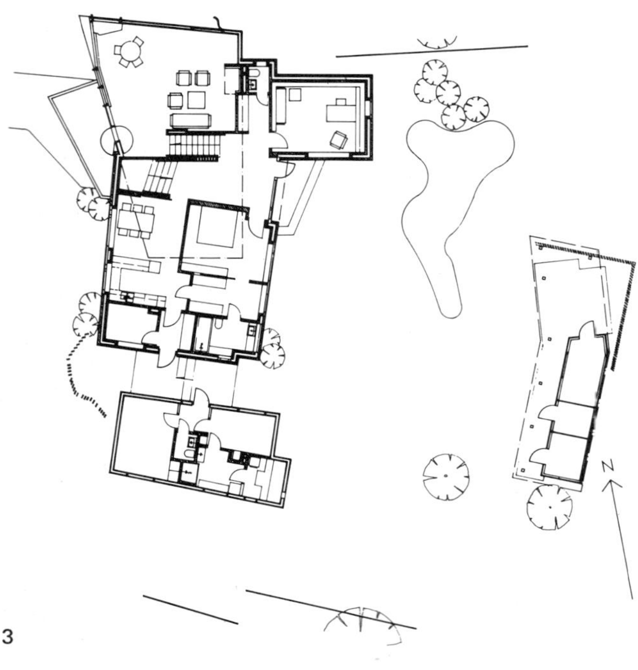

3

1 Eingangsfassade
2 Ideenskizze
3 Grundriß

1 Façade de l'entrée
2 Croquis
3 Plan

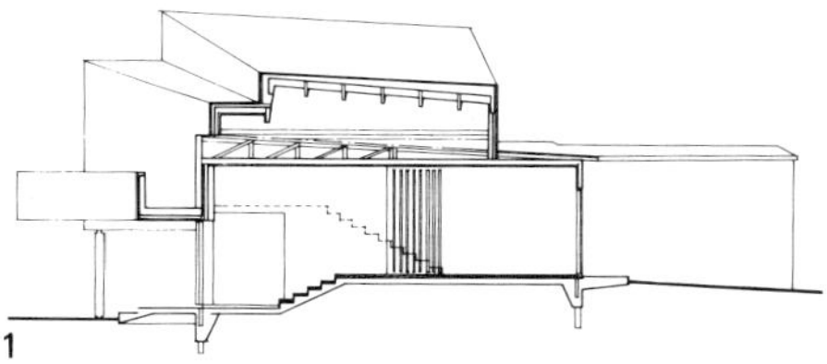
1

2

3

1 Schnitt
2/3 Wohnraum
4 Eingangsfassade

1 Coupe
2/3 Pièce de séjour
4 Façade de l'entrée

4

Wohnsiedlungen und Hochhäuser

Siedlung der Zellulosefabrik, Sunila
Entwurf 1935–1937 Bauzeit 1936–1939

Die Siedlungen sind in ein Gelände eingebaut, welches von zahllosen Felsen, Hügeln und dazwischen liegenden kleinen Tälern durchzogen ist.
Die städtebauliche Grundidee war: Nur die Südseite der Hügel ist für Wohngruppen vorzusehen, die Täler sind Verkehrsadern und Gärten. An der Nordseite bleibt der Kiefernwald unberührt. Darin kommt das biologische

1 Situationsplan
2 Wohnungsgrundriß
3 Reihenhäuser für Arbeiter, noch ohne Balkone

Cités d'habitation et maisons-tours

Habitations de la fabrique de cellulose, Sunila
Projet 1935–1937 Construction 1936–1939

Le terrain est assez accidenté; il est couvert de rochers et de collines entrecoupées de vallons. L'idée maîtresse de l'aménagement s'inspirait de la règle suivante: les versants orientés au sud seront réservés aux groupes d'habitation; les vallons, à la circulation et aux jardins; les versants nord conserveront la forêt intacte.
Les travaux ont été exécutés en cinq étapes. Aux aménagements hors terre correspond l'ur-

1 Le plan de situation
2 Plan d'un appartement
3 Les maisons des ouvriers, dépourvues de balcons

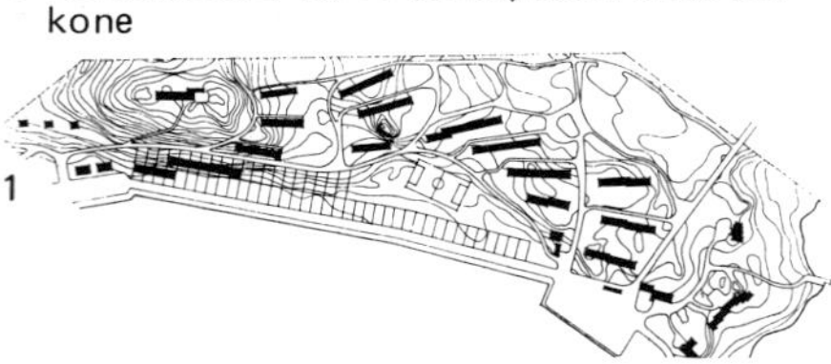
1

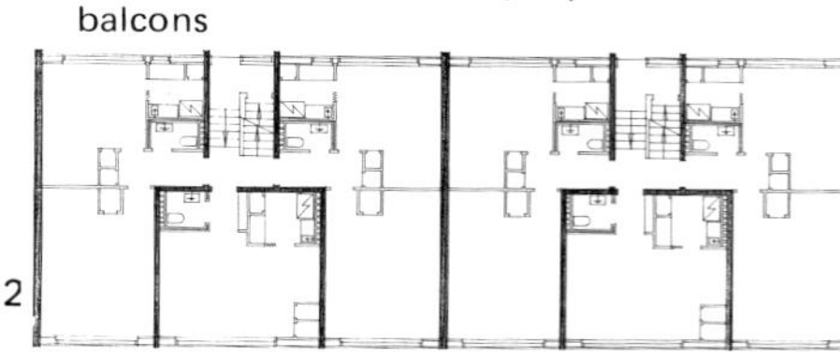
2

3

Grundprinzip der Siedlung zum Ausdruck. Die Siedlung ist in fünf Etappen gebaut worden. Der oberirdische Städtebau hat ein entsprechendes unterirdisches System von Fernheizung, Kanalisation, Kalt- und Heißwasseranlagen. Die Fernheizung ist nicht für das ganze Areal zentralisiert, sondern in drei Gruppen aufgeteilt.
Es ist keine schematische Zentralisierung vorhanden. Das Ganze ist intern in selbständige Gruppen aufgeteilt. Jede Gruppe hat ihre eigene Architektur, die formal von den andern unabhängig ist. Das ermöglichte jeweils, die neuen Etappen auf Grund der Experimente und Erfahrungen der früheren aufzubauen.

banisme souterrain, comprenant le chauffage à distance, les égouts, les canalisations d'eau chaude et froide. Le chauffage à distance est divisé en trois secteurs.
La centralisation rigide a été évitée, trop de considérations diverses, trop d'exigences particulières ayant dû être respectées. Les cités ont chacune leur caractère propre. Les expériences faites lors de la construction de l'une ont pu, de la sorte, profiter à l'amélioration de l'autre.

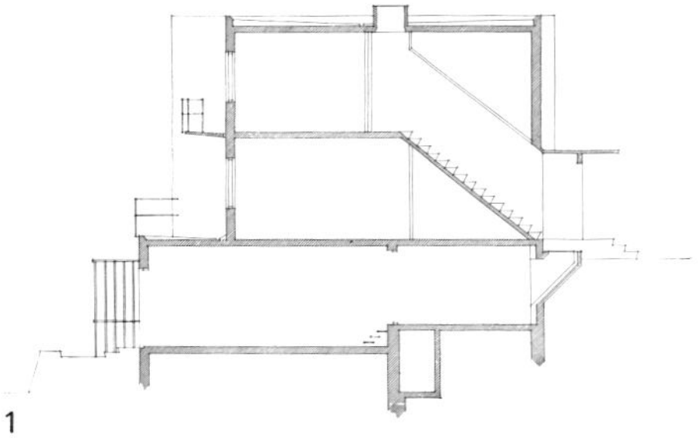

1

2

1 Schnitt
2 Reihenhaus für Arbeiter und Angestellte

1 Coupe
2 Une maison des ouvriers et des employés

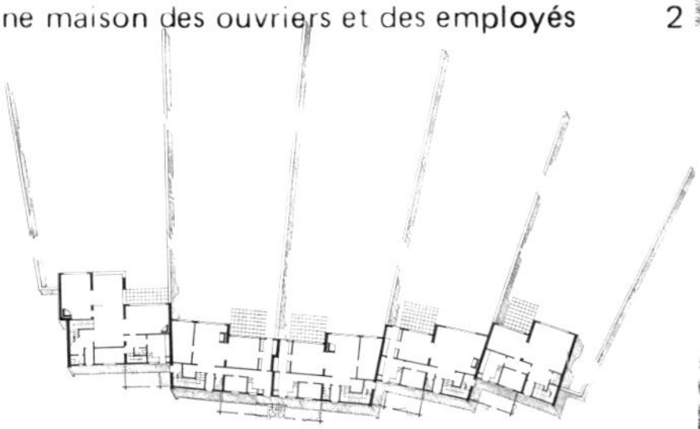

3

4

3 Grundriß
4 Reihenhäuser für höhere Angestellte, gegeneinander versetzt, Garten fächerförmig. Jedes Haus hat eine private, intime Atmosphäre

3 Plan
4 Les maisons en série pour les employés supérieurs, décrochées et entourées de jardins en éventail. Atmosphère d'intimité

1 Wohnhäuser für Angestellte. Drei Häuser bilden eine Einheit für die zentrale Heizungs- und Warmwasserversorgung
2 Wohnungsgrundriß
3 Wohnhäuser mit brauchbaren, großen Balkonen
4 Wohnungsgrundriß
5 Reihenwohnhäuser; jede Einheit hat drei Wohnungen und dank der Hanglage separate, zum Teil ohne Treppen erreichbare Eingänge
6 Arbeiter- und Angestellten-Reihenhaus, Grundriß

1 Maisons pour employés. Trois maisons formant un groupe alimenté par une chaufferie commune
2 Plan d'un appartement
3 Les maisons avec les grands balcons pratiques
4 Plan d'un appartement
5 Les maisons en série: chaque unité comprend trois habitations avec des entrées séparées et sans escaliers du fait de l'utilisation de la pente
6 Une maison des ouvriers et des employés

1

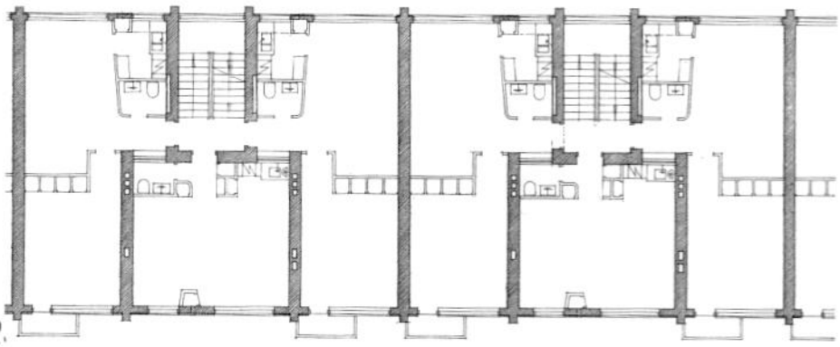
2

3

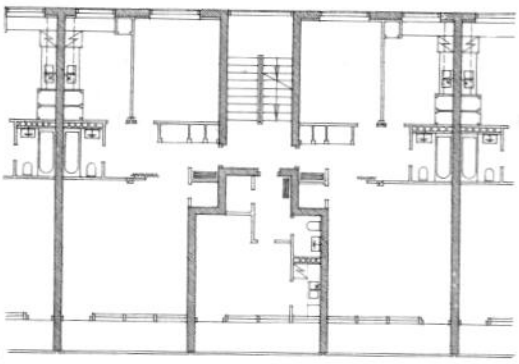
4

5

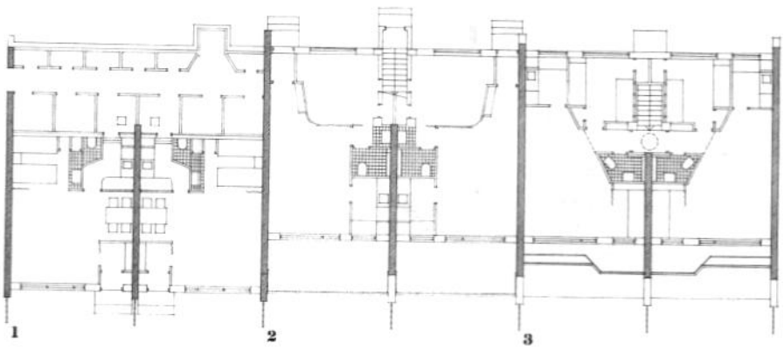

6

Siedlung und Wohnhaus, Kauttua
Entwurf 1937 Bauzeit 1938–1940

Hier war Gelegenheit, das Experiment der Sunila-Siedlungen fortzusetzen. Die Topographie der Gegend machte es möglich, die biologisch günstigsten Stellen für das Wohnen der Menschen auszuwählen. Die Gegend besteht aus hohen Hügelmoränen mit Kiefernwald, so daß hier die Vertikale als Prinzip des Städtebaus gewählt werden konnte. Die Südhänge sind als Siedlungsgebiet benutzt. Die Hänge sind so steil, daß eine neue Art von Siedlungsbau versucht werden konnte, so daß jede Wohnung einen direkten Kontakt mit dem Wald erhält.
Das hier ausgeführte Haus ist vollständig treppenlos, obgleich es fünf Stockwerke aufweist. Sogar die Verbindung zwischen Wohnung und Kellerräumen ist ohne Treppe, da diese im Hang eingebaut sind und sich auf gleichem Niveau wie die Wohnflächen befinden. Das Dach der tiefer liegenden Wohnung dient jeweils der darüberliegenden als Terrasse.
Eine der größten Tragödien unserer Zeit ist die Unfähigkeit der Menschheit, ihre Umgebung vernünftiger zu gestalten. Die Städte können nicht in einer Weise umgebaut werden, die der Natur des Menschen genügend Rechnung tragen würde. Sie sind sich heute, wo Tausende und Hunderttausende von Motoren die Straßen

Cité d'habitation, Kauttua
Projet 1937 Construction 1938–1940

Ici, l'occasion se présenta de continuer les expériences faites dans les cités d'habitation de Sunila. La topographie – hautes moraines couvertes de forêts de pins – présentait des emplacements intéressants pour l'installation de logements.
La disposition des maisons s'échelonne au gré des pentes, celles qui sont exposées au sud étant naturellement préférées. La dénivellation est telle qu'il a été possible de créer des terrasses superposées grâce auxquelles chaque appartement est dégagé sur la forêt.
Le type de maisons conçu ici est dépourvu d'escaliers, bien qu'il y ait quatre étages sur rez. Même l'accès à la cave ne présente pas d'escaliers, car le sous-sol se trouve placé sous la colline, au niveau du rez-de-chaussée. Le toit de l'appartement inférieur forme la terrasse de l'appartement supérieur.
Nous nous moquons parfois des villes de l'Orient qui n'ont pas de canalisations et où les chiens et les chats font office, comme dans l'antique Byzance, de service de voirie en débarrassant les rues des ordures qu'on y jette. Mais à considérer nos grandes villes, on constate qu'aucune parmi elles ne s'est adaptée aux conditions modernes, tandis que des mil-

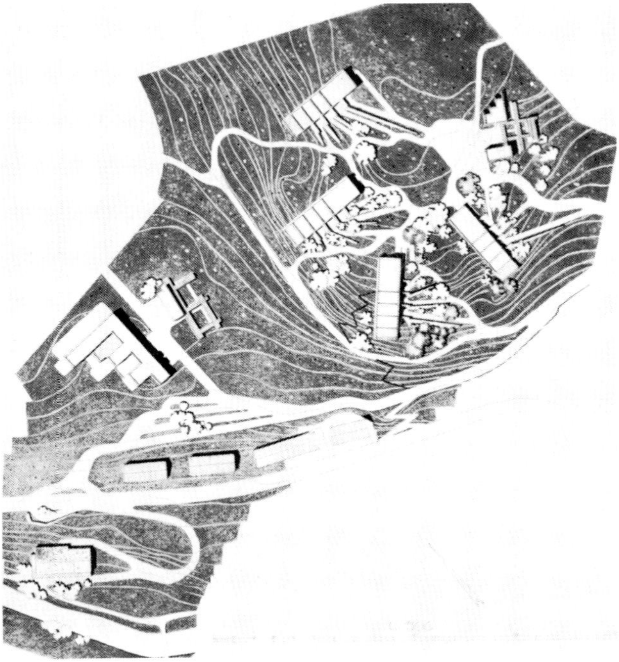

Situationsplan
Plan masse

beanspruchen, fast gleich geblieben wie in früheren Zeiten, wo der intensive motorisierte Verkehr noch nicht existierte und die Abgase noch nicht die Luft verpesteten. Wir lachen über die Primitivität des Orients, wo die Städte keine Kanalisation hatten oder haben. Hunde und Katzen bildeten die Sanitätspolizei des früheren Byzanz; die Straße selbst war der Abfallplatz, wo dem Menschen fast keine Möglichkeit blieb, sich zu bewegen. Aber der ganze Westen mit seinen Großstädten steht, kritisch gesehen, auf dem gleichen Niveau, denn es gibt keine Stadt, die eine genügende Ventilation der Straßen zur Ableitung der Abgase des motorisierten Verkehrs besitzt.
Es hilft nichts, immer wieder neue Krankenhäuser für krebskranke Patienten und für rheumatische Erkrankungen zu bauen. Die einzig wirksame Prophylaxe wäre, ein solches städtebauliches Vertikalprinzip anzuwenden, so dass der Mensch beim Wohnen, bei der Arbeit und während der Freizeit nicht inmitten der schädlichen Gase des heutigen Verkehrs leben müßte.

liers de moteurs envahissent les rues et empestent l'air; aucune n'a trouvé le moyen de se transformer selon les besoins de notre temps en créant des conditions d'épuration normale de l'atmosphère. A quoi bon multiplier les hôpitaux pour soigner le cancer et le rhumatisme alors que le seul remède à ces maladies endémiques serait d'adopter un urbanisme rationnel qui évite que l'homme doive travailler et vivre dans l'air vicié dû au trafic moderne!

1 Isometrie
2 Schnitt durch das Terrassenhaus
3 Eingangsfassade
4 Südfassade

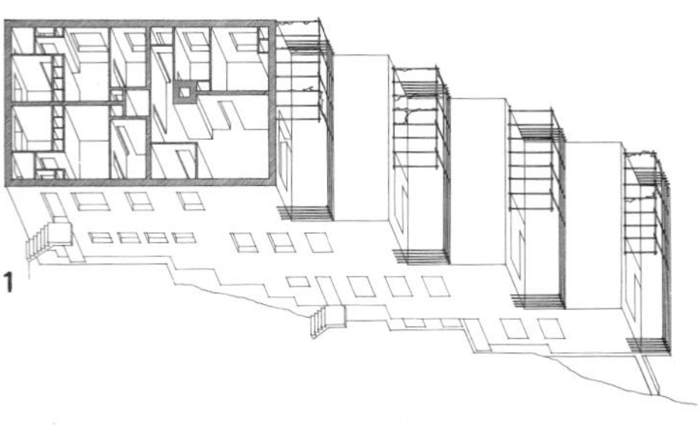
1

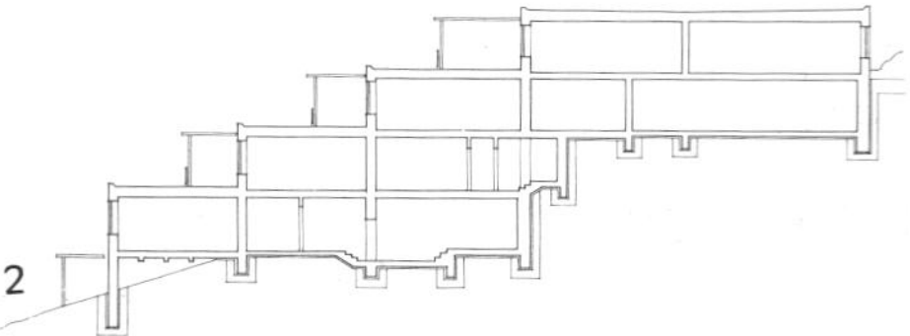
2

1 Isométrie
2 Coupe sur la maison
3 La façade d'entrée
4 La façade sud

3

4

Wohnhaus im Hansaviertel, Berlin
Entwurf und Bauzeit 1955–1957

Das gewöhnliche Mietshaus ist eine Art von Wohnkollektiv; es kann nie die gleichen Qualitäten besitzen wie das Privathaus. Aber auch das Privathaus, das oft ohne geschützte Innenhöfe in einen ganz kleinen Garten gestellt ist, hat seine negativen Seiten, während andererseits das Mietshaus manches Positive aufweist. Es sollte daher versucht werden, die spezifischen Vorteile des Mietshauses mit den Vorzügen des Einzelwohnhauses in idealer Weise zu verbinden.
Im Modell-Mietshaus, anläßlich der Interbau im Hansaviertel erstellt, ist eine Lösung in diesem Sinne angestrebt worden. Die üblichen kleinen, korridormäßigen Balkone wurden hier zu einem Patio ausgestaltet, um den sich ein Teil der Räume gruppiert. Diese Gruppierung der Zimmer um den Freiluftraum schafft ein intimes Milieu und bietet wirtschaftliche Vorteile.

Immeuble locatif du quartier de la Hansa, Berlin
Projet et construction 1955–1957

La maison de rapport, avec ses logements multiples, ne saurait prétendre à la même intimité que la maison familiale. Toutefois, celle-ci, qui se trouve posée dans un jardinet, sans être agrémentée par des cours intérieures, a parfois des inconvénients que n'a pas la maison locative. C'est pourquoi on cherche à réunir les avantages de la maison locative avec ceux de la maison individuelle. Dans l'immeuble locatif édifié comme un modèle du genre à l'exposition de l'Interbau, dans le quartier de la Hansa, une solution idéale a été réalisée. Les étroits balcons usuels ont été élargis et forment un grand espace autour duquel se groupent certaines pièces; cela crée une atmosphère d'intimité, tout en apportant des avantages pratiques.

Südfassade / La façade sud

1

2

1 Deckenmalerei in der Halle
2 Ausstellungswohnung, mit Artek-Möbeln möbliert
3 Intérieur der Säulenhalle, die als Freiluftgesellschaftsraum dient
4 Blick vom Eßplatz zum Wohnraum und zum Balkon

1 La peinture du plafond du vestibule
2 Un appartement équipé de meubles Artek
3 L'intérieur du vestibule, formant un couvert pour les habitants
4 Vue du ccin à manger vers la pièce d'habitation et la loggia

3

4

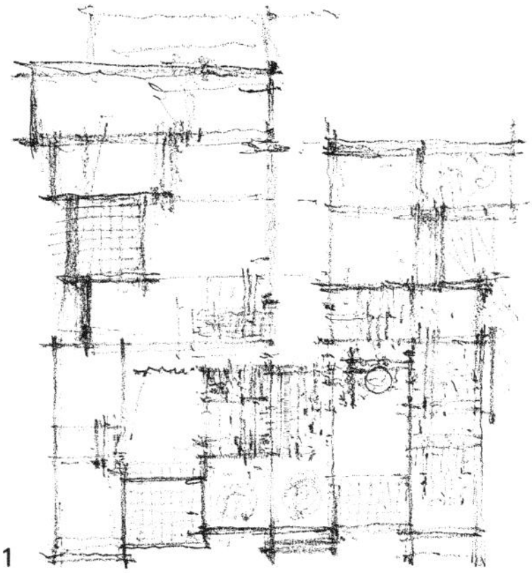
1

2

3

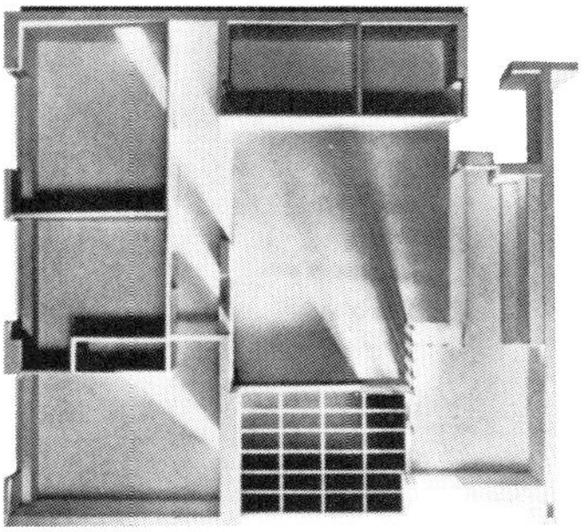
4

5

1 Ideenskizze
2 Wohnungsgrundriß
3 Grundriß mit der gemeinsamen Aufenthaltshalle
4 Die Patiowohnung als Ausgangselement der Planung
5 Außenansicht
6 Ost- und Eingangsfassade

1 Croquis
2 Le plan des logements
3 Le plan du vestibule commun
4 Logement-type de l'ensemble
5 Vue d'extérieur
6 Les façades est et la façade d'entrée

6

Wohnhochhaus „Neue Vahr", Bremen (Deutschland)
Entwurf 1958 Bauzeit 1959–1962

Der Grundriß wurde so konzipiert, daß die sonst rechtwinkligen und sehr eng wirkenden Einzimmerwohnungen durch die Verbreiterung der Fensterfront an Weite gewinnen. Das ganze Haus wird nur durch eine Fahrstuhlgruppe erschlossen; dadurch konnte die horizontale Verteilerzone trotz der grossen Anzahl von Wohnungen klein gehalten werden.

L'immeuble-tour d'habitation «Neue Vahr», Brême (Allemagne)
Projet 1958 Construction 1959–1962

Le plan a été conçu de manière que les logements à une pièce, d'habitude rectangulaires et assez étroits, s'élargissent vers les façades, procurant ainsi le sentiment de l'espace. Une batterie d'ascenseurs dessert toute la maison, ce qui a réduit les dégagements des appartements qui sont en très grand nombre.

1 Situationsplan
2 Die Westfassade

1 Le plan de situation
2 La façade ouest

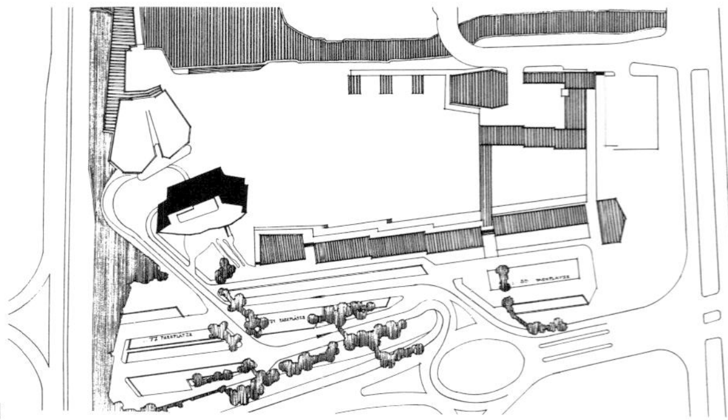

1

2

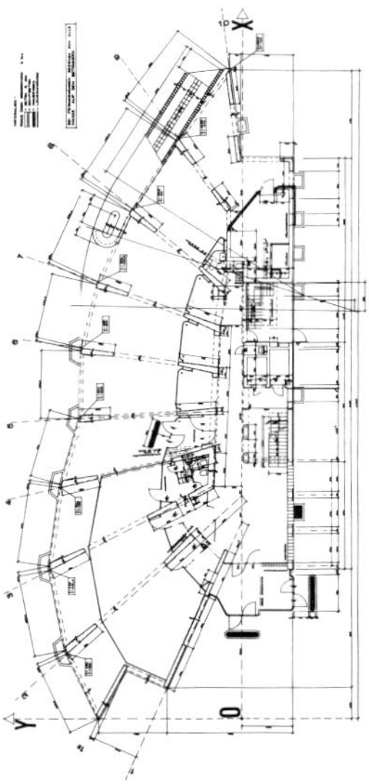

1

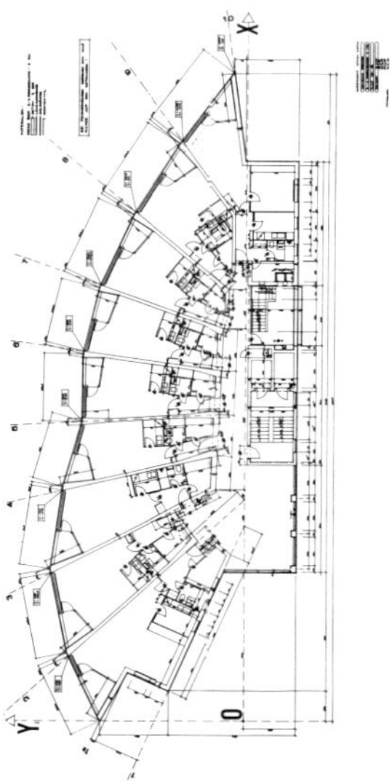

2

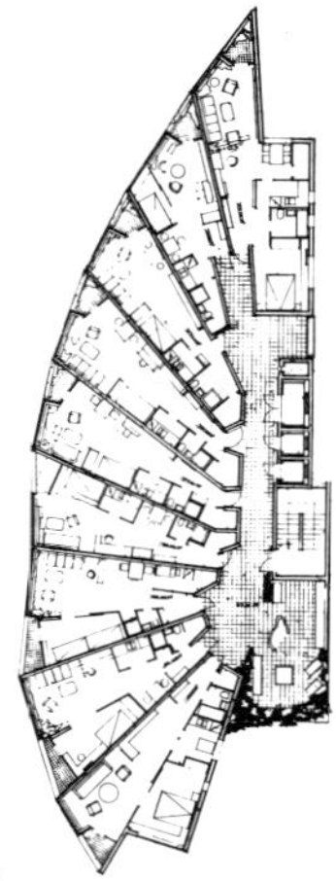

3

1 Erdgeschoß
2 Normalgeschoß
3 Vorprojekt Normalgeschoß
4 Südansicht
5 Fassadenausschnitt

1 Le plan du rez-de-chaussée
2 L'étage-type
3 L'avant-projet d'un étage-type
4 La façade sud
5 Détail de la façade

4

5

Wohnhäuser Tapiola, Espoo
Projekt 1961 Bauzeit 1962–1964

Die Wohnhausgruppe, bestehend aus sieben Häusern, steht in der Muster- und Experimentierstadt Tapiola, westlich von Helsinki. Aus den Experimenten verschiedener Architekten sollen neue Richtlinien für den Wohnungsbau entstehen.
Der für diese Wohnhäusergruppe benützte Haustyp ist eine Weiterentwicklung einer Haustypidee für eine Siedlung in Nynäshamn aus dem Jahre 1946.

Maisons d'habitation Tapiola, Espoo
Projet 1961 Construction 1962–1964

L'ensemble des habitations, formé de sept maisons, se trouve dans la cité modèle de Tapiola, à l'ouest de Helsinki. Plusieurs architectes ont été invités pour créer des maisons expérimentales dont on aurait choisi des types pour l'habitation générale de l'avenir. Le type choisi est basé sur les habitations de la cité de Nynäshamn datant de l'année 1946.

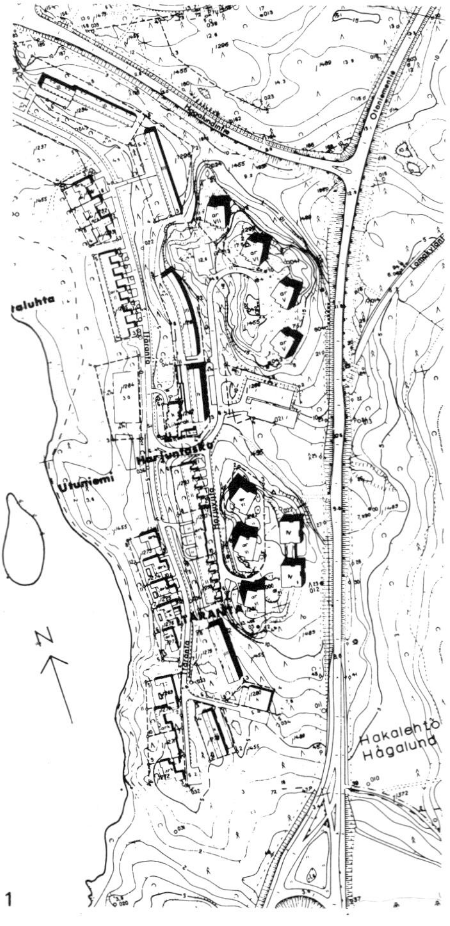

1

2

1 Situationsplan
2 Wohnung

1 Plan de situation
2 Une habitation

1

2

1/2 Grundrisse
3/4 Außenansichten

1/2 Plans
3/4 Vues extérieures

3

4

Wohnsiedlung Gammelbacka, Porvoo
Projekt 1966

Das hügelige Gelände für die Wohnsiedlung liegt außerhalb der Stadt, in der Nähe eines neuen Industriegebietes. Trotz den einschneidenden Vorschriften des subventionierten Wohnungsbaus hätte die Siedlung als Experimentierfeld für ein Vorfabrikationssystem dienen sollen. „... Der Sinn der Vorfabrikation kann nur darin liegen, eine größere Vielfalt an preisgünstigen Wohnungstypen anzubieten, als mit konventionellem Bauen möglich ist ..." Die Wohnungsgruppen sind selbständige Einheiten zum Ganzen. Der Fußgänger ist getrennt vom Autoverkehr und kann die gemeinsame Mittelzone bis zum Meer ungestört erreichen.

Habitations Gammelbacka, Porvoo
Projet 1966

Le terrain vallonné de cet ensemble d'habitations se trouve aux abords de la ville, à proximité d'une nouvelle zone industrielle. Malgré les prescriptions impératives concernant les habitations subventionnées, cet ensemble était destiné à être un chantier expérimental. «... La préfabrication n'a de sens que si elle procure une variété de types d'habitations à bon marché plus grande que par les méthodes traditionnelles ...» Les groupes forment des unités indépendantes dans l'ensemble. Les piétons circulent à l'écart du trafic et peuvent accéder sans inconvénients à la zone intermédiaire commune jusqu'à la mer.

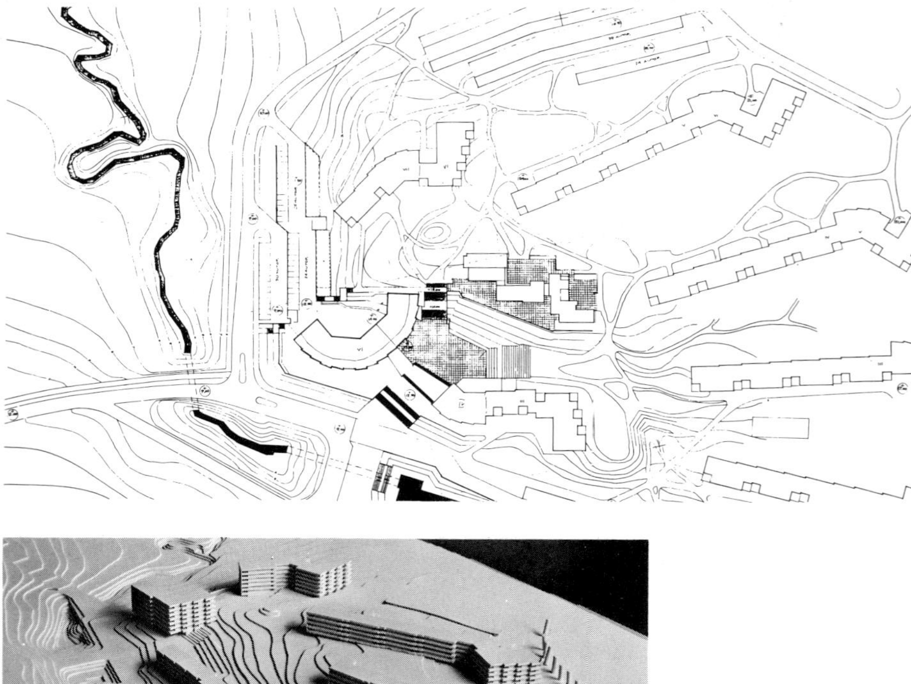

1

2

1 Wohneinheit
2 Modell
3 Übersichtsplan
4 Modell
5–8 Typengrundrisse

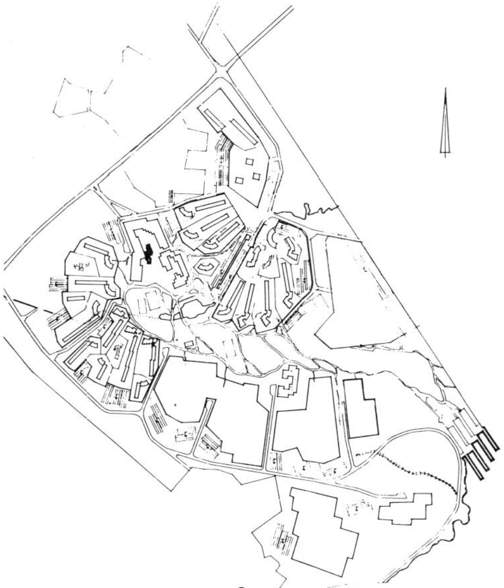

3

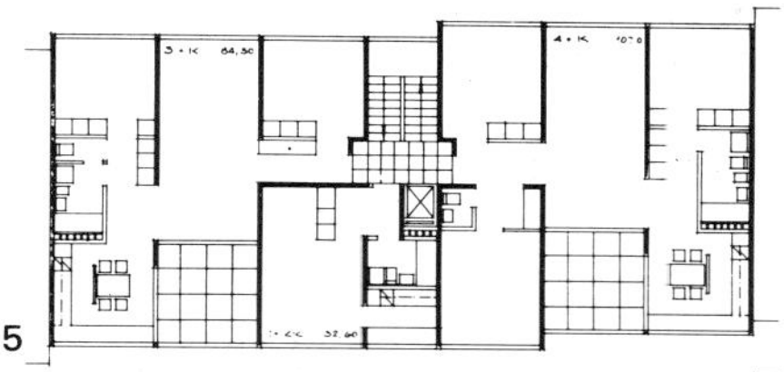

5

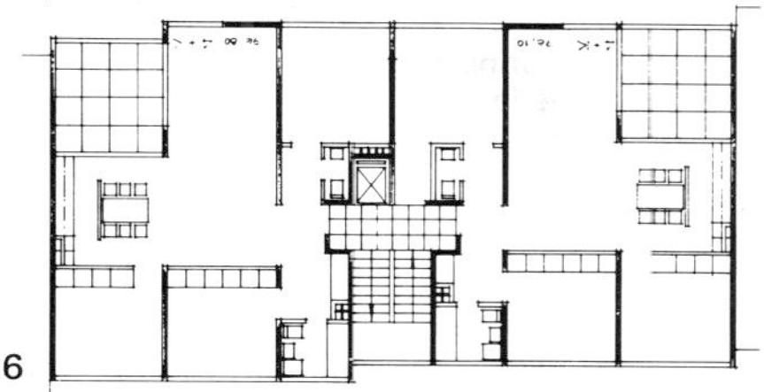

6

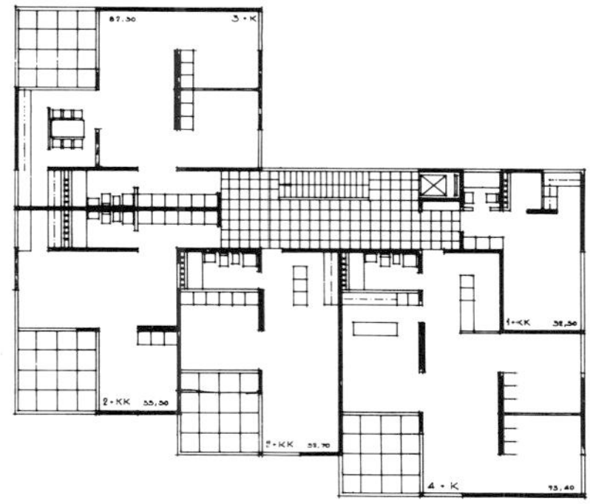

7

1 Unité d'habitation
2 Maquette
3 Plan général
4 Maquette
5–8 Plans types

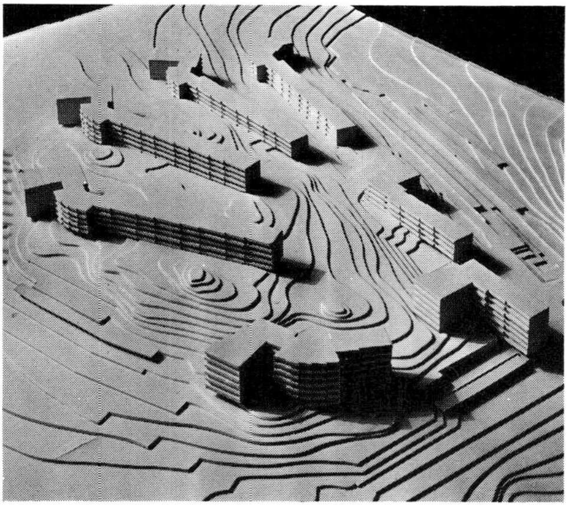

4

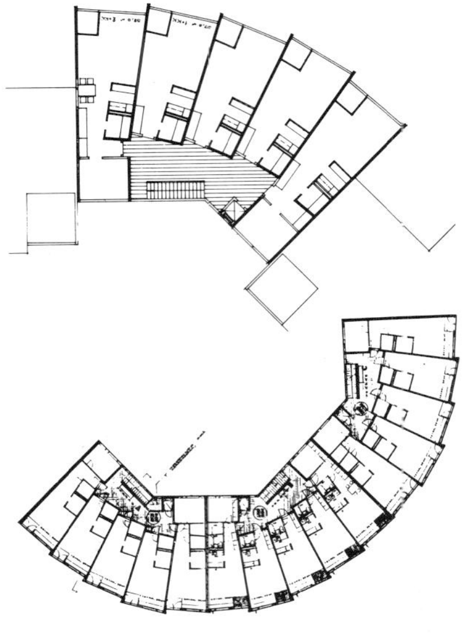

8

Wohnhochhaus „Schönbühl", Luzern (Schweiz)
Entwurf 1965 Bauzeit 1966–1968

Dieses Wohnhochhaus ist eine Weiterentwicklung des Hochhauses „Neue Vahr" in Bremen. Der Unterschied der beiden Häuser liegt darin, daß beim Luzerner Haus versucht wurde, Wohnungen mit mehr als zwei Zimmern im „Fächergrundriß" unterzubringen. Aus wirtschaftlichen Gründen wurden pro Geschoß möglichst viele Wohnungen geplant. Diese

L'immeuble-tour d'habitation «Schönbühl», Lucerne (Suisse)
Projet 1965 Construction 1966–1968

Cet immeuble-tour représente une phase plus évoluée de l'immeuble-tour «Neue Vahr» à Brême. La différence réside dans la tentative de loger ici des appartements de plus de deux pièces dans le plan en forme d'éventail. Pour des raisons de rendement chaque étage contient le plus grand nombre possible d'appartements. Ceux-ci sont desservis par une seule cage d'es-

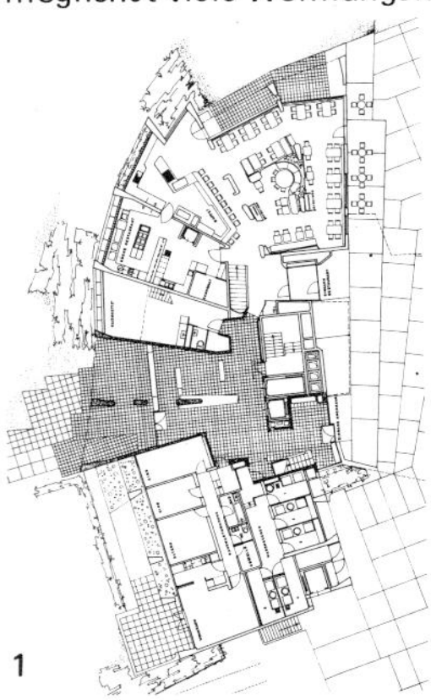
1

2

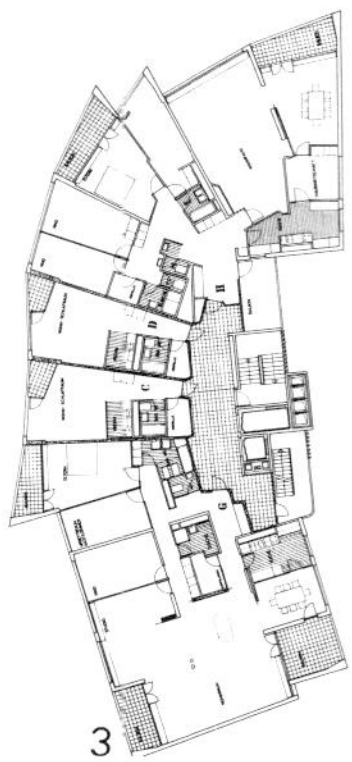
3

4

5

1 Grundriß Erdgeschoß. Restaurant, Bar und Küche, Maisonnettewohnung, Eingangs- und Gartenhalle, mit Aufgang zu den Einzelzimmern, einer Waschküchenanlage sowie der Hauswartwohnung
2 Normalgrundriß
3 14. Obergeschoß
4 Attikageschoß. 9-Zimmer-Wohnung mit großer Terrassenfläche
5 Ansicht der West- und Ostfassade. Links die Verbindung zum Einkaufszentrum.

1 Le plan du rez-de-chaussée. Le restaurant, le bar et la cuisine, l'appartement du type «maisonnette», l'entrée et le vestibule sur jardin avec l'accès vers les studios, la buanderie et l'appartement du concierge
2 Le plan-type
3 14e étage
4 L'attique. Appartement à 9 pièces avec grande terrasse
5 La vue des façades ouest et est. A gauche, le passage vers le centre d'achats.

werden durch ein einziges Treppenhaus und nur eine Liftgruppe bedient. Die Wohnungen wurden strahlenförmig um den Verteilkorridor oder die Bedienungszone angelegt, um diese möglichst klein zu halten. Dies führte zum „Fächer". Die Fächerform reduziert die Störungsfaktoren von Wohnung zu Wohnung. Bedingt durch Wohneinheiten von verschiedener Größe, ist die Hauptfassade in ihrer Linienführung gebrochen.

caliers et un seul groupe d'ascenseurs, et sont répartis autour du corridor et des services, intentionellement réduits au minimum. Cette disposition a amené tout naturellement à un plan en éventail dont l'avantage réside dans le fait que les appartements se dérangent le moins possible les uns par rapport aux autres. A Lucerne, la façade est brisée à cause des logements à plusieurs pièces.

1 Modellaufnahme mit dem von Professor A. Roth geplanten Einkaufszentrum
2 Restaurant
3 West- und Nordfassade, Ansicht von der Autoabstellterrasse des Einkaufszentrums aus mit Nebeneingang zum Hochhaus. Die Mittelzone zeigt die Kaminanlage der zentralen Quartierheizung, das offene Sicherheitstreppenhaus und die Putzbalkone
4 Ausstellungswohnung mit Artek-Möbeln

1 La maquette du centre d'achats dessiné par Alfred Roth
2 Le restaurant
3 Les façades ouest et nord; vue de la terrasse de stationnement du centre d'achats avec l'entrée de l'immeuble-tour. Au milieu se trouvent les canaux de fumée du chauffage central, par quartier, l'escalier de secours et les balcons de service
4 Un appartement meublé d'une installation Artek

1

2

3

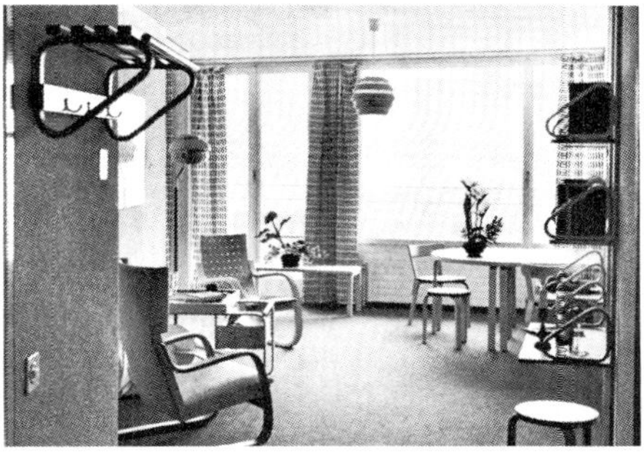
4

Wohnsiedlung mit Seerestaurant „Schönbühl", Luzern (Schweiz)
Projekt 1969

In der Nähe des in den Jahren 1965–1967 erbauten Wohnhochhauses, ganz am Ufer des Vierwaldstättersees, liegt das Grundstück für die geplante Überbauung.
Das Projekt umfaßt drei Teile, ein Seerestaurant, ein mit größeren Wohnungen versehenes vielstöckiges Mietshaus und eine Anzahl von Reihenhäusern. Das Seeufergebiet ist der Öffentlichkeit zugänglich und kann auch für Quartierfeste benützt werden. Ein kleiner Badestrand dient den Bewohnern des Quartiers.

Habitations et restaurant sur le lac, «Schönbühl», Lucerne (Suisse)
Projet 1969

Le terrain prévu pour ces habitations se trouve sur la rive du lac des Quatre-Cantons près de l'immeuble-tour de Schönbühl construit dans les années 1965–1967. Le projet comprend trois secteurs: un restaurant sur le lac, une maison locative à plusieurs étages avec d'assez grands appartements et une série de maisons en rangées. La rive du lac est accessible au public et peut offrir la possibilité à des fêtes locales. Une petite plage est à la disposition des habitants du quartier.

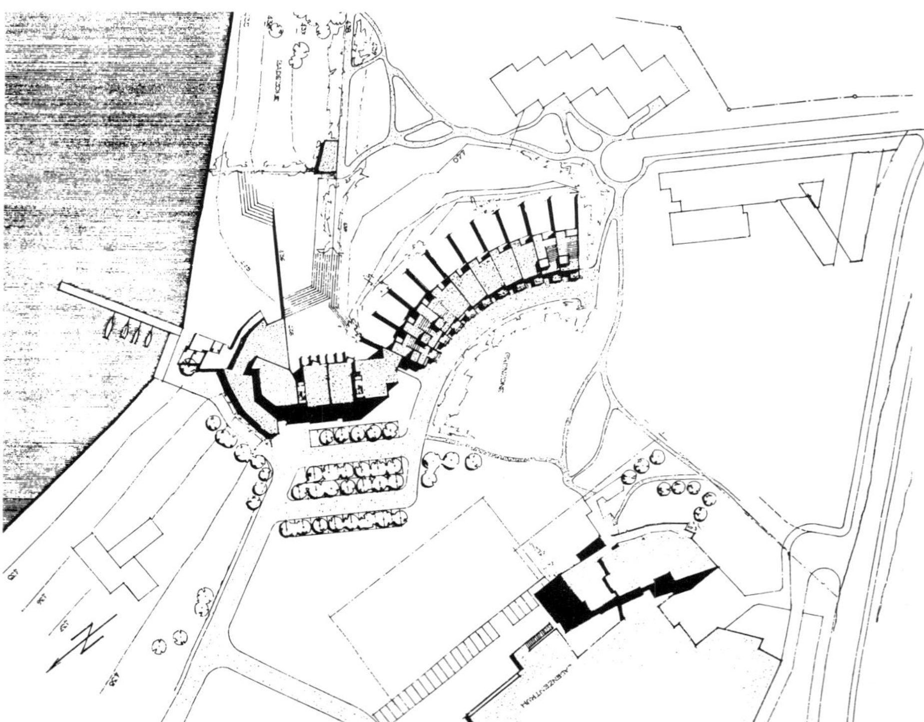

1

2

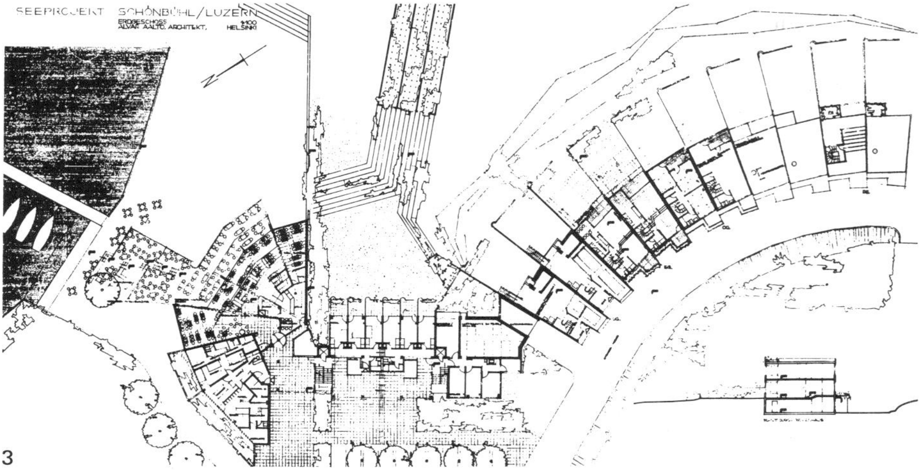

3

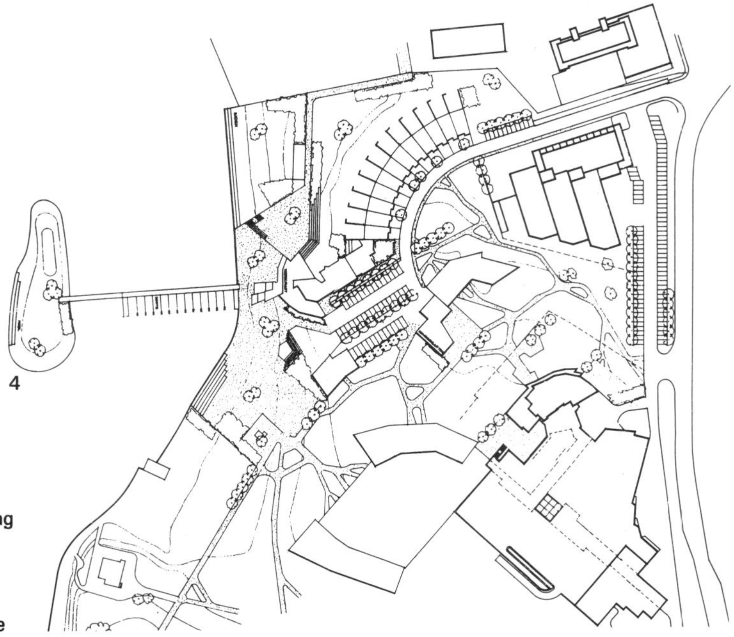

4

1 Situationsplan
2 Südostfassade
3 Erdgeschoß
4 Variantenvorschlag

1 Plan de situation
2 Façade sud-est
3 Rez-de-chaussée
4 Variante proposée

Möbel und Inneneinrichtungen

Intérieurs

Möbel und Lampen

„Um praktische Ziele und haltbare ästhetische Formen im Zusammenhang mit der Architektur zu erreichen, kann man nicht immer von

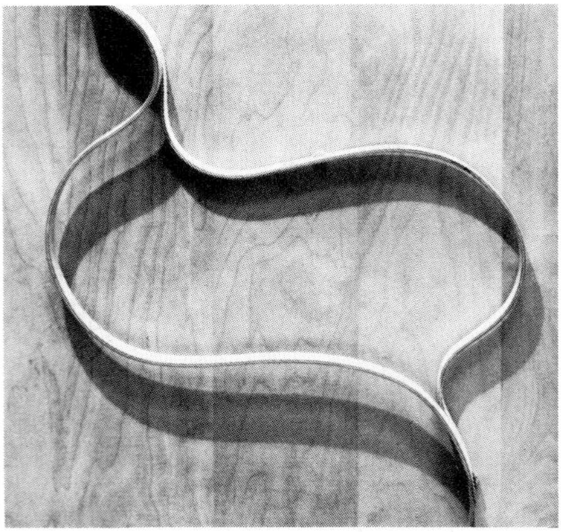

1

1—3 Holzexperimente / Bois courbé

2

Meubles et lampes

«Dans la recherche de solutions pratiques et esthétiques en architecture, il n'est pas toujours possible de se borner à des considérations rationnelles et techniques — c'est même assez rare. L'imagination doit garder le champ libre. La plupart de mes essais avec le bois ont été faits sans but précis, par jeu; et dans certains cas, ce n'est que dix ans plus tard qu'il en est résulté une application pratique.
Les premières expériences tendaient à courber dans un certain sens des assemblages de lames. J'ai toujours souhaité créer des formes en bois dont les lignes se libèrent de l'aspect habituel

3

einem rationellen und technischen Standpunkt ausgehen — vielleicht sogar nie. Die Phantasie des Menschen muß freien Spielraum haben. So war es meistens mit meinen Holzexperimenten. Rein spielerische Formen, ohne jeden Zweck, haben in einigen Fällen erst zehn Jahre später zu Gebrauchsformen geführt.
Die ersten Experimente bestanden darin, Lamellenkonstruktionen in einer Richtung zu biegen. Es war immer mein Traum, vieldimensionale, skulpturartige Holzformen schaffen zu können, die vielleicht einmal zu freieren und stabileren Formen führen könnten.
Versuche, organische Volumenformen aus Holz zu konstruieren, ohne Anwendung der Schnitztechnik, führten zu triangulären Lösungen, unter Berücksichtigung der Faserrichtung des Holzes."

A. A.

et concourent à déterminer des volumes nouveaux.
Les premiers essais de créer des volumes nouveaux en bois, sans recourir à la sculpture, ont abouti à des solutions triangulées en tenant compte de la direction des fibres.»

A. A.

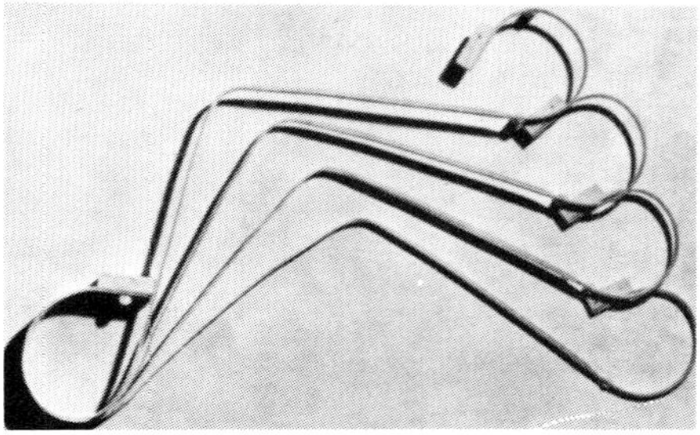
1

2

1

2

1-6 Lampen und Glasschale

1-6 Lampes et coupe en verre

3
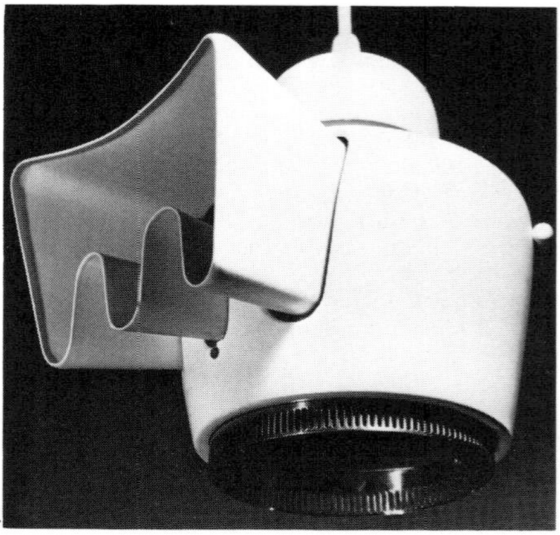
4

5

6

Die ersten leichten Holzmöbeltypen wurden für das Sanatorium Paimio entwickelt, nicht aus Protest gegen die kalten Eigenschaften der Stahlrohrmöbel, aber doch mit dem bestimmten Ziel, mehr Material zu verwenden, das dem menschlichen Körper besser angepaßt ist. Mit einer lokalen Holzfirma wurde eine Versuchswerkstatt gegründet, und schon die ersten Versuche bestanden aus gebogenem und gepreßtem Holz.
Zweck der Versuche war, leicht abwaschbare, hygienische Sitzmöbel zu entwickeln, die gleichzeitig dank den federnden Eigenschaften des Materials ein bequemes Sitzen erlauben. In der ersten Möbelserie kam noch Stahlrohr zur Anwendung, jedoch nur so, daß es mit dem menschlichen Körper nicht in Berührung kam. Später kamen dann auch hier die gebogenen Holzkonstruktionen auf. Einer der ersten Versuche, das Holz elastisch zu machen, bestand darin, das Holz so zu biegen, daß bei Belastung jeder Radius einer Kurvenform die Tendenz hat, kürzer zu werden, so daß die zusammengeleimten Lamellen zusammengepreßt werden. Das Material war einheimisches Birkenholz. Es wurde aber nicht mit der üblichen Technik mit Hilfe von Dampf usw. gebogen, sondern lediglich die natürliche Feuchtigkeit des Naturholzes ausgenutzt. Mit Paimio begann die Beschäftigung mit Innenarchitektur, die heute noch in der Firma „Artek" fortgesetzt wird.
„Der Architekt sollte wenn möglich das ganze Feld der Architektur beherrschen, vom Städtebau bis zum einfachsten kleinen Türgriff."

Les premiers modèles de meubles légers en bois ont été créés pour le sanatorium de Paimio, non pas pour combattre la froideur des meubles en tubes d'acier, mais pour adopter une matière convenant mieux au corps. Une menuiserie de la région ouvrit un atelier d'essai où les premiers types étaient en bois courbé et comprimé. Il s'agissait d'étudier des sièges lavables et propres possédant la qualité d'élasticité des ressorts. Dans la première série, on utilisa encore le tube d'acier, bien que sans contact avec le corps; plus tard, seul le bois courbé fut employé.
Un des premiers essais pour rendre le bois élastique consista à le plier de telle façon qu'à l'effort chaque courbe avait la tendance à se raccourcir, comprimant les lames collées. Le bois, qui était du bouleau, n'était pas comprimé à la vapeur comme d'habitude, mais traité en exploitant les qualités naturelles du bois vert.

Holzexperimente (1/2) und Stuhlmodelle (3/4/5)

Essais avec bois courbé (1/2) et modèles de chaise (3/4/5)

3

4

5

Werkverzeichnis 1918–1976 / Liste des œuvres 1918–1976

1918 Elternhaus des Architekten, Alajärvi, Umbau / La maison des parents de l'architecte à Alajärvi, transformation
1918 Glockenturm, Kauhajärvi / Le clocher à Kauhajärvi
1921/22 Gebäude für patriotische Vereinigungen, Seinäjoki / Le bâtiment pour des organisations patriotiques à Seinäjoki
1922 Industrieausstellung, Tampere / Exposition industrielle à Tampere
1922/23 Zweifamilien-Wohnhaus, Jyväskylä / Maison à deux appartements à Jyväskylä
1923 Haus der Arbeiter, Jyväskylä, Wettbewerb, 1. Preis / La maison des ouvriers à Jyväskylä, concours, 1er prix
1923/24 Miethaus, Jyväskylä / Immeuble locatif à Jyväskylä
1923–25 Haus der Arbeiter, Jyväskylä / La maison des ouvriers à Jyväskylä
1924 Kirche Aeänekoski, Restauration / L'église d'Aeänekoski, restauration
1924 Kirche Anttola, Restauration / L'église d'Anttola, restauration
1925 Postgebäude Jyväskylä / Le bureau de poste à Jyväskylä
1925 Gebäude für patriotische Vereinigungen, Wettbewerb, 2. Preis / Le bâtiment des organisations patriotiques, concours, 2e prix
1925 Kirche Jämsä, Wettbewerb / L'église de Jämsä, concours
1925 Kirche Viitasaari, Umbau / L'église de Viitasaari, transformation
1926–29 Kirche Muurame / L'église de Muurame
1927 Kirche Töölö, Helsinki, Wettbewerb / L'église de Töölö à Helsinki, concours
1927 Kirche Viinikka, Tampere, Wettbewerb, 2. Preis / L'église de Viinikka à Tampere, concours, 2e prix
1927 Kirche Pylkönmäki, Restauration und Glockenturm / L'église de Pylkönmäki, restauration et le clocher
1927 Gemeindebibliothek Viipuri, Wettbewerb, 1. Preis / La bibliothèque municipale à Viipuri, concours, 1er prix
1927/28 Miethaus Standard, Turku / Immeuble locatif Standard à Turku
1927–29 Gebäude der landwirtschaftlichen Genossenschaft und Finnisches Theater, Turku* / Le bâtiment de la Coopérative agricole et le théâtre finnois, Turku*
1927–29 Gebäude für patriotische Vereinigungen, Jyväskylä / Le bâtiment des organisations patriotiques à Jyväskylä
1927–29 Zeitungsgebäude Turun Sanomat, Turku* / Siège du quotidien Turun Sanomat à Turku*
1928 Tuberkulose-Sanatorium Paimio, Wettbewerb, 1. Preis / Le sanatorium antituberculeux à Paimio, concours, 1er prix
1928 Sommerhäuser Aitta, Wettbewerb 1. Preis / Maisons d'été Aitta, concours, 1er prix
1928 Kirche Korpilahti, Restauration / L'église de Korpilahti, restauration
1929 Kirche Kemijärvi, Restauration / L'église de Kemijärvi, restauration
1929 Ausstellung «700 Jahre Turku»* / Exposition du 7e centenaire de Turku*
1929–33 Tuberkulose-Sanatorium Paimio* / Le sanatorium antituberculeux à Paimio*
1930 Sportschule Vierumäki, Wettbewerb, 3. Preis / Institut d'éducation physique à Vierumäki, concours, 3e prix
1930 Michele-Agricola-Kirche, Helsinki, Wettbewerb / L'église de Michele-Agricola à Helsinki, concours
1930 Stadion und Sportzentrum Helsinki, Wettbewerb / Stade et centre sportif, Helsinki, concou
1930 Universitätsspital Zagreb, Jugoslawien, Wettbewerb / L'hôpital universitaire à Zagreb, Yougoslavie, concours
1930/31 Zellulosefabrik, Toppila, Oulu / L'usine de cellulose à Toppila, Oulu
1930–35 Gemeindebibliothek Viipuri, zerstört 1943* / Bibliothèque municipale, Viipuri, détruite en 1943*
1932 Stadion Helsinki, Wettbewerb / Stade de Helsinki, concours
1932 Vorfabriziertes Einfamilienhaus, Wettbewerb / Maison familiale préfabriquée, concours
1932 Weekend-Haus Enso-Gutzeit, Wettbewerb / Maison de weekend Enso-Gutzeit, concours
1933 Wohnungen für die Angestellten des Sanatoriums Paimio* / Habitations du personnel du sanatorium de Paimio*
1933 Reihenhäuser für die Ärzte des Sanatoriums Paimio* / Habitations en série des médecins du sanatorium de Paimio*
1933 Sanierungsplan für Norrmalm, Stockholm, Schweden, Wettbewerb / Plan d'assainissement pour Norrmalm, Stockholm, Suède, concours
1934 Eisenbahnstation Tampere, Wettbewerb / La gare de Tampere, concours
1934 Siedlung Stenius-Gelände, Munkkiniemi / Cité d'habitation Stenius à Munkkiniemi

1934 Messehalle Helsinki, Wettbewerb, 3. Preis / Le pavillon d'exposition à Helsinki, concours, 3e prix
1934–36 Haus des Architekten, Munkkiniemi* / Atelier de l'architecte à Munkkiniemi*
1935 Finnischer Pavillon für die Weltausstellung in Paris, Wettbewerb 1. und 2. Preis / Le pavillon finlandais à l'exposition universelle de Paris, concours, 1er et 2e prix
1935–39 Zellulosefabrik Sunila, 1. Bauetappe* / L'usine de cellulose à Sunila, 1re étape de construction*
1936 Kunstmuseum Tallinn, Estland, Wettbewerb / Le musée d'art de Tallinn, Estonie, concours
1936/37 Finnischer Pavillon für die Weltausstellung in Paris * / Le pavillon finlandais à l'exposition universelle de Paris*
1937 Restaurant Savoy in Helsinki / Le restaurant Savoy à Helsinki
1937 Siedlung in Kauttua, Wettbewerb / La cité d'habitation à Kauttua, concours
1937 Nordische Bank in Karhula / La Banque Nordique à Karhula
1937 Finnischer Pavillon für die Weltausstellung in New York, Wettbewerb, 1., 2. und 3. Preis / Le pavillon finlandais à l'exposition universelle de New York, concours, 1er, 2e et 3e prix
1937/38 Haus des Direktors, Sunila / La maison du directeur à Sunila
1937/38 Zweistöckige Häuser, Sunila* / Habitations à deux étages à Sunila*
1937/38 Zweistöckige Reihenhäuser, Sunila, 1. Gruppe* / Habitations à deux étages à Sunila, 1er groupe*
1937/38 Zweistöckige Reihenhäuser, Sunila, 2. Gruppe* / Habitations à deux étages à Sunila, 2e groupe*
1937–39 Villa «Mairea» in Noormarkku* / Villa «Mairea» à Noormarkku*
1937–40 Terrassenhäuser, Kauttua* / Habitation en terrasses à Kauttua*
1938 Forstwirtschaftlicher Pavillon, Landwirtschaftliche Ausstellung, Lapua / Le pavillon de l'économie forestière à l'exposition d'agriculture de Lapua
1938 Filmstudio Blomberg, Westend Helsinki, Wettbewerb / Le studio Blomberg à Westend, Helsinki, concours
1938 Erweiterung der Universitätsbibliothek Helsinki, Wettbewerb, 2. Preis / L'extension de la bibliothèque universitaire de Helsinki, concours, 2e prix
1938 Papierfabrik Anjala, Inkeroinen / L'usine de papier Anjala à Inkeroinen
1938/39 Dreistöckige Reihenhäuser, Sunila, 1. Gruppe* / Habitations à trois étages à Sunila, 1er groupe*
1938/39 Finnischer Pavillon für die Weltausstellung in New York* / Le pavillon finlandais à l'exposition universelle de New York*
1938/39 Dreistöckige Reihenhäuser, Sunila, 2. Gruppe* / Habitations à trois étages à Sunila, 2e groupe*
1938/39 Primarschule, Inkeroinen / L'école primaire à Inkeroinen
1938/39 Miethäuser Anjala, Inkeroinen, 1. Gruppe / Immeubles locatifs Anjala à Inkeroinen, 1er groupe
1938/39 Reihenhäuser Anjala, Inkeroinen, 2. Gruppe / Habitations Anjala à Inkeroinen, 2e groupe
1938/39 Wohnungen für Ingenieure, Anjala, Inkeroinen / Les habitations des ingénieurs Anjala, Inkeroinen
1939–45 Miethäuser Ahlström, Karhula / Immeubles locatifs Ahlström à Karhula
1940 Siedlung Haka, Helsinki, Wettbewerb / Cité d'habitation Haka, Helsinki, concours
1940 Verkehrsplan und Platzgestaltung Erottaja, Helsinki, Wettbewerb, 1. Preis / Plan de circulation et aménagement de la place Erottaja à Helsinki, concours, 1er prix
1941 Plan einer Experimentstadt / Plan pour une ville expérimentale
1941/42 Regionalplanung des Kokemäkitals / Aménagement régional de la vallée de Kokemäki
1942–46 Stadtplanung Säynätsalo / Projet d'urbanisation pour Säynätsalo
1942/43 Schlafräume für Frauen, Kauttua / Le dortoir des femmes, Kauttua
1943 Stadtzentrum Oulu, Wettbewerb / Le centre urbain d'Oulu, concours
1943 Kraftwerk Merikoski, Oulu, Wettbewerb / La centrale hydro-électrique à Merikoski, Oulu, concours
1944 Stadtzentrum Avesta, Schweden, Wettbewerb / Le centre urbain d'Avesta, Suède, concours
1944 Siedlung Strömberg, Vaasa / Cité d'habitation Strömberg à Vaasa
1944 Erweiterungsbau der Fabrik, Kauttua / Extension de l'usine à Kauttua
1944/45 Stadtplanung Rovaniemi / Projet d'urbanisation pour Rovaniemi
1944/45 Mechanische Werkstatt Ahlström, Karhula / Atelier mécanique Ahlström à Karhula
1944–47 Zählerfabrik Strömberg, Vaasa / L'usine de compteurs Strömberg à Vaasa

1944–47 Reihenhäuser Strömberg, Vaasa / Habitations Strömberg à Vaasa
1945 Häuser für die Ingenieure, Kauttua / Habitations des ingénieurs à Kauttua
1945 Sauna in Kauttua / Sauna, Kauttua
1945 Ausstellungspavillon Artek, Hedemora, Schweden / Le pavillon d'exposition Artek à Hedemora, Suède
1945/46 Sägerei in Varkaus, Erweiterung* / La scierie à Varkaus, extension*
1945/46 Einfamilienhaus-Siedlung in Varkaus / Ensemble d'habitations familiales à Varkaus
1946 Siedlung Heimdal, Nynäshamn, Schweden, Wettbewerb / Cité d'habitation Heimdal à Nynäshamn, Suède, concours
1946 Richtplan Nynäshamn, Schweden, Wettbewerb / Plan directeur de Nynäshamn, Suède, concours
1946 Einfamilienhaus in Pihlava / Maison familiale à Pihlava
1946 Sauna für die Villa «Mairea» in Noormarkku / Sauna de la villa «Mairea», Noormarkku
1947 Sauna und Wäscherei Strömberg, Vaasa / Sauna et blanchisserie Strömberg à Vaasa
1947 Johnson Forschungsinstitut in Avesta, Schweden / Institut de recherche Johnson à Avesta, Suède
1947/48 M.I.T. Studenten-Wohnhaus in Cambridge, Mass., USA* / M.I.T. Dortoirs des étudiants âgés, Cambridge, Mass., E.-U.*
1947–53 Regionalplanung Imatra* / Plan d'aménagement régional d'Imatra*
1948 Forum redivivum, Kultur- und Verwaltungszentrum Helsinki, Wettbewerb, 1. Preis / Forum redivivum, centre culturel et administratif à Helsinki, concours, 1er prix
1949 Lagerhallen der Fabrik Ahlström, Karhula / Les entrepôts des usines Ahlström à Karhula
1949 Gesamtplan der Technischen Hochschule in Otaniemi, Wettbewerb, 1. Preis / Plan d'ensemble de l'Ecole polytechnique à Otaniemi, concours, 1er prix
1949 Stadthaus Säynätsalo, Wettbewerb, 1. Preis / L'hôtel de ville de Säynätsalo, concours, 1er prix
1949/50 Wohnsiedlung Tampella, Tampere / Habitations Tampella à Tampere
1950 Kirche Lahti, Wettbewerb, 1. Preis / L'église de Lahti, concours, 1er prix
1950 Abdankungskapelle Malm, Helsinki, Wettbewerb, 1. Preis * / La chapelle funéraire de Malm à Helsinki, concours, 1er prix*
1950 Spital Kivelä, Helsinki, Wettbewerb / L'hôpital de Kivelä à Helsinki, concours
1950 Pädagogische Universität, Jyväskylä, Wettbewerb, 1. Preis / Institut supérieur de pédagogie à Jyväskylä, concours, 1er prix
1950–52 Sporthalle in Otaniemi* / Halle des sports à Otaniemi*
1950–52 Stadthaus Säynätsalo* / L'hôtel de ville de Säynätsalo*
1950–55 Regionalplanung von Lappland / Plan d'aménagement régional de la Laponie
1951 Pavillon Erottaja, Helsinki / Le pavillon Erottaja, Helsinki
1951 Regionaltheater Kuopio, Wettbewerb, 1. Preis* / Le théâtre régional à Kuopio, concours, 1er prix*
1951 Papierfabrik Enso-Gutzeit in Kotka / La fabrique de papier Enso-Gutzeit à Kotka
1951 Einfamilienhaus in Oulu / Maison familiale à Oulu
1951 Wohnungen für die Angestellten, Inkeroinen / Habitation des employés de commerce, Inkeroinen
1951/52 Sulfatfabrik Typpi OY, Oulu / L'usine de sulfate Typpi OY à Oulu
1951/52 Angestelltenhaus der Typpi OY, Oulu / Immeuble locatif pour les employés de la Typpi OY à Oulu
1951–53 Papierfabrik Enso-Gutzeit, Summa / La fabrique de papier Enso-Gutzeit à Summa
1951–54 Papierfabrik Chandraghona, Pakistan / La fabrique de papier à Chandraghona, Pakistan
1951–54 Zellulosefabrik, Sunila, 2. Etappe* / L'usine de cellulose à Sunila, 2e étape*
1951–54 Dreistöckige Wohnhäuser, Sunila, 3. Gruppe* / Habitations à trois niveaux à Sunila, 3e groupe*
1952 Geschäftshaus Rautatalo, Helsinki, Wettbewerb, 1. Preis / Immeuble commercial Rautatalo à Helsinki, concours, 1er prix
1952 Friedhof mit Kapelle Kongens Lyngby, Kopenhagen, Dänemark, Wettbewerb, 2. Preis* / Cimetière et chapelle funéraire de Kongens Lyngby, Copenhague, Danemark, concours
1952 Haus des Verbandes der Finnischen Ingenieure, Helsinki / La maison de la Fédération des ingénieurs finlandais à Helsinki
1952 Landhaus Enso-Gutzeit, Kallvik / Le club Enso-Gutzeit à Kallvik
1952 Kirche Seinäjoki, Wettbewerb, 1. Preis / L'église de Seinäjoki, concours, 1er prix
1952–54 Wohnsiedlung für das Personal der Volkspensionsanstalt, Munkkiniemi / Logements pour le personnel de l'institut des retraites populaires à Munkkiniemi

1953 Sport- und Kongreßhalle Vogelweidplatz, Wien Österreich, Wettbewerb, 1. Preis* / Halle des sports et des congrès, place Vogelweid à Vienne, Autriche, concours, 1er prix*
1953 Zentrumplanung Imatra / Aménagement du centre de la ville d'Imatra
1953 Sommerhaus des Architekten, Muuratsalo* / La maison d'été de l'architecte à Muuratsalo*
1953–55 Geschäftshaus Rautatalo, Helsinki* / Immeuble commercial Rautatalo à Helsinki*
1953–56 Pädagogische Universität, Jyväskylä * / L'institut supérieur de pédagogie à Jyväskylä*
1953–56 Atelier des Architekten, Munkkiniemi* / Atelier de l'architecte à Munkkiniemi*
1954 Atelierhaus R. S., Como, Italien / L'atelier R. S. à Côme, Italie
1954 Sporthalle der Technischen Hochschule in Otaniemi / Halle des sports de l'Ecole polytechnique à Otaniemi
1954 Wohnsiedlung AERO, Helsinki / Habitation AERO à Helsinki
1954/55 Motorboot für Muuratsalo*** / Canot moteur pour Muuratsalo***
1955 Städteplanung Summa / Projet d'urbanisation pour Summa
1955 Bank in Bagdad, Irak, Wettbewerb / Banque à Bagdad, Irak, concours
1955 Theater und Konzerthaus, Oulu / Théâtre et salle de concerts à Oulu
1955–57 Miethaus im Hansaviertel, Berlin, Deutschland* / Immeuble locatif du quartier de la Hansa à Berlin, Allemagne*
1955–57 Stadthaus Göteborg, Schweden, Wettbewerb, 1. Preis / L'hôtel de ville de Göteborg, Suède, concours, 1er prix
1955–58 Kulturhaus, Helsinki* / La maison de la culture à Helsinki*
1955–64 Hauptgebäude der Technischen Hochschule in Otaniemi*/** / Le bâtiment principal de l'Ecole polytechnique à Otaniemi */**
1956 Hauptbahnhof Göteborg «Drottning Troget», Schweden, Wettbewerb, 1. Preis / La gare centrale de Göteborg «Drottning Troget», Suède, concours, 1er prix
1956 Haus des Direktors der Typpi OY, Oulu / La maison du directeur de la Typpi OY à Oulu
1956 Gesamtplan der Universität Oulu / Plan d'ensemble de l'université d'Oulu
1956 Finnischer Pavillon für die Biennale Venedig, Italien / Le pavillon finlandais à la Biennale de Venise, Italie
1956–59 Kirche Vuoksenniska, Imatra* / L'église à Vuoksenniska, Imatra*
1956–59 Villa Luis Carré, Bazoches, Ile-de-France, Frankreich* / La villa Louis Carré à Bazoches, Ile-de-France, France*
1957 Stadthaus Marl, Deutschland, Wettbewerb / L'hôtel de ville de Marl, Allemagne, concours
1957–61 Siedlung Korkalovaara, Rovaniemi / La cité d'habitation Korkalovaara à Rovaniemi
1957–61 Geschäftszentrum Sundh, Avesta, Schweden / Centre commercial Sundh à Avesta, Suède
1958 Stadthaus Kiruna, Schweden, Wettbewerb, 1. Preis* / L'hôtel de ville de Kiruna, Suède, concours, 1er prix*
1958 Kunstmuseum Aalborg, Dänemark, Wettbewerb, 1. Preis* / Le musée des beaux-arts à Aalborg, Danemark, concours, 1er prix*
1958 Kunstmuseum Bagdad, Irak / Le musée des beaux-arts à Bagdad, Irak
1958 Gebäude der Postverwaltung, Bagdad, Irak / Le bâtiment de l'administration des postes à Bagdad, Irak
1958 Siedlung Kampementsbacken, Stockholm, Schweden, Wettbewerb, 1. Preis* / Cité d'habitation Kampementsbacken à Stockholm, Suède, concours, 1er prix*
1958–60 Kirche Seinäjoki** / L'église de Seinäjoki**
1958–62 Wohnhochhaus «Neue Vahr», Bremen, Deutschland*/** / L'immeuble-tour «Neue Vahr» à Brême, Allemagne*/**
1958–62 Kulturzentrum Wolfsburg, Deutschland, Wettbewerb */** / Le centre de la culture à Wolfsburg, Allemagne, concours*/**
1959 Opernhaus Essen, Deutschland, Wettbewerb, 1. Preis* / L'Opéra d'Essen, Allemagne, concours, 1er prix*
1959 Siedlung Björnholm, Helsinki* / La cité d'habitation Björnholm à Helsinki*
1959 Stadtzentrum Seinäjoki, Wettbewerb, 1. Preis */** / Le centre urbain de Seinäjoki, concours, 1er prix */**
1959–62 Zentralfinnisches Museum, Jyväskylä** / Le musée de la Finlande centrale à Jyväskylä**
1959–62 Hauptverwaltung der Enso-Gutzeit, Helsinki */** / Le siège de la société Enso-Gutzeit à Helsinki */**
1959–62 Kirchliches Gemeindezentrum Wolfsburg, Deutschland** / Le centre paroissial de Wolfsburg, Allemagne**
1959–64 Neues Zentrum Helsinki */** / L'aménagement du centre de la ville de Helsinki */**
1960 Finnisches Kriegsdenkmal, Suomussalmi / Le mémorial de la guerre, Suomussalmi
1960/61 Einkaufszentrum, Otaniemi / Le centre d'achats à Otaniemi
1960–63 Kraftwerk Lieksankoski, Lieksa / La centrale hydro-électrique Lieksankoski, Lieksa

1960–63 Wärmetechnisches Laboratorium der Technischen Hochschule in Otaniemi / Laboratoire thermotechnique de l'Ecole polytechnique à Otaniemi

1961/62 Geschäfts- und Wohnhaus in Rovaniemi / Immeuble commercial et d'habitation à Rovaniemi

1961–64 Opernhaus Essen, Deutschland** / L'Opéra d'Essen, Allemagne**

1961–65 Rathaus Seinäjoki*/** / L'hôtel de ville à Seinäjoki*/**

1961–65 Haus der Studentenvereinigung Västmanland-Dala, Uppsala, Schweden** / La maison de l'Association des Etudiants Västmanland-Dala à Upsala, Suède**

1962 Gruppe von Miethäusern, Tapiola / Groupe d'immeubles locatifs à Tapiola

1962 Enskilda-Bank, Stockholm, Wettbewerb, 2. Preis / La banque Enskilda à Stockholm, Suède, concours, 2e prix

1962 Kulturzentrum Leverkusen, Deutschland, Wettbewerb** / Le centre culturel de Leverkusen, Allemagne, concours**

1962/63 Heizzentrale der Technischen Hochschule in Otaniemi** / La centrale thermique de l'Ecole polytechnique à Otaniemi**

1962/63 Wohnsiedlung Rovaniemi / Cité d'habitation à Rovaniemi

1962–64 Verwaltungsgebäude der Nordischen Bank, Helsinki** / L'immeuble de la Banque Nordique à Helsinki**

1962–66 Studentenhaus in Otaniemi** / La cité universitaire à Otaniemi**

1962–66 Reihenhäuser, Jakobstad / Habitations à Jakobstad

1962–68 Warenhaus Stockmann, Erweiterung, Helsinki / Les Grands Magasins Stockmann, agrandissements, Helsinki

1962–68 Nordisches Haus, Reykjavik, Island** / La maison du Nord à Reykjavik, Islande**

1962–71 Konzert- und Kongreßhaus, Helsinki** / Le palais des congrès avec la salle de concerts à Helsinki**

1963 Stadtzentrum Rovaniemi** / Le centre de la ville de Rovaniemi**

1963– Stadtplanung Otaniemi / L'aménagement du centre d'Otaniemi

1963–65 Institute of International Education, New York, USA, Innenausbau** / L'institut international d'Education à New York, E.-U., intérieur**

1963–65 Bibliothek Seinäjoki** / La bibliothèque de Seinäjoki**

1963–65 Kindergarten der «Heilig Geist»-Gemeinde in Wolfsburg, Deutschland / Ecole enfantine de la paroisse du Saint-Esprit à Wolfsburg, Allemagne

1963–66 Hallenschwimmbad in Jyväskylä, Erweiterung / Piscine à Jyväskylä, agrandissement

1963–66 Gebäude des Studentenverbandes in Jyväskylä / Le bâtiment de l'Union des étudiants à Jyväskylä

1963–66 Kirchgemeindezentrum Seinäjoki** / Le centre paroissial de Seinäjoki**

1963–68 Bibliothek in Rovaniemi** / La bibliothèque de Rovaniemi**

1963–68 Kirchgemeindehaus in Detmerode, Deutschland** / Centre paroissial de Detmerode, Allemagne**

1964 BP-Verwaltungsgebäude in Hamburg, Deutschland, Wettbewerb, 3. Preis / Le bâtiment administratif BP à Hamburg, Allemagne, concours, 3e prix

1964 Forstwirtschaftliches Institut der Technischen Hochschule, Otaniemi / Laboratoire d'essai du bois, Otaniemi

1964 Hotel-, Kongreß- und Administrationszentrum in Turin (Italien)*** / Centre hôtelier, administratif et de congrès à Turin (Italie)***

1964– Verwaltungs- und Kulturzentrum, Jyväskylä** / Le centre administratif et culturel à Jyväskylä**

1964/65 Einfamilienhaus in Rovaniemi / Maison familiale à Rovaniemi

1964–66 Stadtplanung Stensvik / Projet d'urbanisme de Stensvik

1964–66 Erweiterung des Sanatoriums, Paimio / Extension du sanatorium de Paimio

1964–67 Ekenäs-Sparbank, Tammisaari** / La Banque d'Epargne Ekenäs, Tammisaari**

1964–68 Verwaltungsgebäude der City Electric Co., Helsinki / Immeuble administratif de la Société municipale d'Electricité, Helsinki

1964–69 Bibliothek der Technischen Hochschule in Otaniemi** / La bibliothèque de l'Ecole polytechnique à Otaniemi**

1964–70 Fakultät für Leibes- und Gesundheitserziehung an der Universität Jyväskylä / L'institut de culture physique de l'université de Jyväskylä

1965 Stadtzentrum Castrop-Rauxel, Deutschland, Wettbewerb** / Le centre urbain de Castrop-Rauxel, Allemagne, concours**

1965 Privatmuseum Lehtinen in Helsinki *** / Musée privé Lehtinen à Helsinki***

1965 Verwaltungsgebäude Pohjola «Maiandros» in Helsinki*** / Bâtiment administratif Pohjola «Maiandros» à Helsinki***

1965–68 Wohnhochhaus «Schönbühl» in Luzern, Schweiz** / Immeuble-tours «Schönbühl» à Lucerne, Suisse**
1965–70 Bibliothek des Mount Angel Benedictine College, Mount Angel, Oregon, USA** / La bibliothèque du collège bénédictin du Mont des Anges, Mount Angel, Oregon, E.-U.**
1966 Experimentstadt Gammelbacka, Porvoo / Ville expérimentale Gammelbacka, Porvoo
1966 Wohnsiedlung Pavia, Italien** / L'ensemble d'habitations à Pavie, Italie**
1966 Kulturzentrum in Siena, Italien** / Le centre culturel à Sienne, Italie**
1966 Theater Wolfsburg, Deutschland, Wettbewerb, 2. Preis** / Le théâtre de Wolfsburg, Allemagne, concours, 2e prix
1966 Stadtbibliothek in Kokkola*** / Bibliothèque municipale à Kokkola***
1966– Kirchgemeindezentrum Riola, Bologna, Italien** / Le centre paroissial Riola à Bologne, Italie**
1966– Prototyp für Verwaltungs- und Lagergebäude der Società Ferrero, Turin, Italien / Prototype pour un bâtiment administratif et d'entrepôts de la Société Ferrero, Turin, Italie
1966–69 Akademische Buchhandlung, Helsinki** / La librairie universitaire, Helsinki**
1966–69 Stadthaus Alajärvi** / L'hôtel de ville d'Alajärvi**
1967 Reformiertes Kirchgemeindezentrum Zürich-Altstetten, Wettbewerb, 1. Preis** / Le centre paroissial protestant à Zurich-Altstetten, concours, 1er prix**
1967 Villa Erica bei Turin (Italien)*** / Villa Erica près de Turin (Italie)***
1967–69 Wohnhaus Kokkonen bei Helsinki / Maison Kokkonen, près de Helsinki
1967–70 Polizeipräsidium in Jyväskylä*** / Immeuble de la direction de police à Jyväskylä***
1967–75 Schwimmhallenerweiterung, Universität Jyväskylä*** / Agrandissement de la piscine universitaire à Jyväskylä***
1968– Theater Seinäjoki** / Le théâtre de Seinäjoki**
1968–71 Wasserturm der Technischen Hochschule in Otaniemi / Château d'eau de l'Ecole polytechnique à Otaniemi
1969 Wohnsiedlung mit Seerestaurant «Schönbühl» in Luzern (Schweiz)*** / Habitations et restaurant sur le lac «Schönbühl» à Lucerne (Suisse)***
1969/70 Villa Schildt, Tammisaari / La villa Schildt, Tammisaari
1969/70 Kirchgemeindezentrum Alajärvi / Le centre paroissial d'Alajärvi
1969–73 Kunstmuseum Aalborg, Dänemark / Le musée des beaux-arts à Aalborg, Danemark
1969–75 Theater und Rundfunkhaus «Lappia» in Rovaniemi*** / Théâtre et maison de la radio «Lappia» à Rovaniemi***
1969–75 Erweiterung des Hauptgebäudes der Technischen Universität in Otaniemi*** / Agrandissement du bâtiment principal de l'Ecole polytechnique à Otaniemi***
1970 Kirche in Lahti** / L'église de Lahti**
1970 Kunstmuseum Schiras, Iran** / Le musée des beaux-arts de Chiraz, Iran**
1970 Theater Alajärvi / Le théâtre d'Alajärvi
1970–75 Kongreßhausanbau an das Konzerthaus «Finlandia» in Helsinki*** / Palais des congrès et des concerts «Finlandia» à Helsinki***
1971 Neues Zentrum Helsinki, 2. Projekt*** / Nouveau centre de Helsinki, 2e projet***
1971–73 Alvar-Aalto-Museum in Jyväskylä*** / Musée Alvar Aalto à Jyväskylä***
1972– Theater Rovaniemi / Le théâtre de Rovaniemi
1973– Kongreßhaus Helsinki, Erweiterung / Le palais des congrès à Helsinki, agrandissement
1973 Neues Zentrum Helsinki, 3. Projekt*** / Nouveau centre de Helsinki, 3e projet***
1974 Kulturzentrum der Skandinavischen Gesellschaft in Wisconsin (USA)*** / Centre culturel de la Société scandinave de l'Etat de Wisconsin (E.-U.)***
1974–76 Erweiterung des Verwaltungsgebäudes Enso-Gutzeit in Helsinki*** / Extension du bâtiment administratif Enso-Gutzeit à Helsinki***
1975/76 Planung Universität Reykjavik (Island) / Projets de l'université de Reykjavik (Islande)
1975– Stadtverwaltung Jyväskylä, 1. Etappe*** / Administration municipale de Jyväskylä, 1re étape***

* In Band 1 (1963), ** in Band 2 (1971), *** in Band 3 (1978) der Gesamtausgabe ausführlich besprochene Werke, erschienen im Verlag für Architektur Artemis Zürich und München

Les œuvres avec * sont décrites en détail dans le volume I (paru en 1963), celles avec ** dans le volume II (paru en 1971), celles avec *** dans le volume III (paru en 1978) de l'œuvre complète (Les Editions d'Architecture Artemis Zurich et Munich)

Nachwort

Mit dieser Neuauflage und durch die Ergänzung einiger Projekte und Bauten wird die Veröffentlichung von Alvar Aaltos Lebenswerk abgeschlossen sein.
Aalto gehörte der Generation an, die sich nach dem Ersten Weltkrieg vorgenommen hatte, eine neue, bessere Welt zu schaffen. Gleichzeitig war dieser Generation die Aufgabe gestellt, am Aufbau des eigenen Landes, Finnland nach der Unabhängigkeitserklärung, mitzuwirken. Diese zwei Ereignisse bestimmten Aaltos Lebenswerk. Architektur war für Aalto das Medium, womit er seiner ganzen Lebenserfahrung Ausdruck verleihen konnte. „Architektur hat den Menschen zu dienen", war einer seiner immer wieder vorgebrachten Leitsätze. Und: „Unser größtes Problem wird sein, die unserer Zeit gemäße Form zu finden, nicht nur durch die Architektur, sondern in allen Lebensbereichen." Er lebte, was er baute: Für ihn war Architekt-Sein nicht nur ein Beruf, es war für ihn eine Berufung.
So wie er für seine Person eine Ganzheit anstrebte, so faßte er auch jedes Bauwerk als eine Ganzheit auf, darum umfaßte für ihn die Architektur alles vom Städtebau bis zum kleinsten Accessoire. Es gab nichts, was nicht durchdacht sein mußte, um zur totalen Synthese, wie er es selbst bezeichnete, zu gelangen.
Seine Erkenntnisse für die Architektur holte er aus dem Leben, aus der gegenwärtigen Wirklichkeit. Utopien lagen ihm fern, sein Glaube an die Zukunft schöpfte er aus seinem Wissen von den Menschen und ihren Möglichkeiten.
Mehr durch Zufall als mit Absicht kam ich dazu, an den Publikationen zu arbeiten. Es begann in Helsinki im Jahre 1955, als ich selbst noch im Atelier von Aalto arbeitete. Ich konnte damals noch nicht ahnen, daß ich Aaltos Gesamtwerk durch einige Bände veröffentlichen werde. Es war eine lange Geschichte, und ich hatte oft zwischen den Fronten von Aalto und den Verlegern zu vermitteln oder einfach zu warten. Es war nicht immer einfach, Material von Aalto zu bekommen; einige Male bemerkte er: „... ich bin nicht da, um zu publizieren, ich bin da, um zu bauen."
Bei den Ergänzungen dieser Neuauflage handelt es sich nicht nur um Bauten und Projekte seiner letzten Schaffensperiode. Aalto wollte, aus nicht immer durchschaubaren Gründen, einige Projekte nicht veröffentlichen, doch sein Gesamtwerk wäre nicht vollständig, wenn diese nicht enthalten wären.
Die Veröffentlichung des Gesamtwerkes läge nicht vor ohne die tatkräftige Mitarbeit von Frau Elissa Aalto. Sie war in allen Situationen der ruhende Pol, sie trieb im Hintergrund zielstrebig die Arbeiten voran.
Zum Abschluß danke ich all jenen Personen, mit deren Hilfe das nun vorliegende Gesamt-

Epilogue

C'est par cette réédition et la présentation de quelques projets et quelques constructions que s'achèvera la publication des œuvres d'Alvar Aalto.
Aalto appartenait à la génération qui, après la première guerre mondiale, s'était proposé de créer un monde nouveau, un monde meilleur. En même temps, la Finlande, à la suite de la déclaration d'indépendance, se trouvait en face de la tâche de reconstruire le pays. Ces deux circonstances ont été déterminantes pour l'œuvre d'Aalto. Pour Aalto l'architecture était le moyen par lequel il pouvait parvenir à donner forme à la somme de ses expériences personnelles. «L'architecture doit être au service de l'homme», voilà ce qui revenait constamment dans les théories qu'il exposait. Il disait par ailleurs: «Le problème essentiel sera, pour nous, de trouver l'expression conforme à notre époque, non seulement dans l'architecture, mais dans tous les domaines de la vie.» Il vivait dans ses réalisations. L'architecture, pour lui, n'était pas une profession: c'était une mission.
De même qu'il faisait de sa personne un tout, chaque construction lui apparaissait comme un tout, en ce sens que l'architecture, englobant l'urbanisme et jusqu'au plus petit détail, formait une entité. Il n'y avait rien qui ne fût examiné à fond, afin de concourir à la synthèse parfaite, selon sa propre définition.
Ses conceptions architecturales se fondaient sur la réalité, sur la mentalité moderne. Il ne se perdait pas dans les idéologies. La foi en l'avenir, il la puisait dans la connaissance des hommes, auxquels il prêtait toutes les virtualités.
Ce fut plutôt par hasard que par une idée préconçue que je fus amené à m'occuper de ces publications. Cela commença à Helsinki, en 1955, lorsque je travaillais à l'atelier d'Aalto. Je ne me doutais pas alors que je publierais toutes les œuvres d'Aalto en quelques volumes. C'était une longue histoire et j'avais parfois à lutter sur deux fronts, à faire l'intermédiaire entre Aalto et les éditeurs. Il y eut de longues attentes. Ce n'était pas toujours facile d'obtenir d'Aalto la documentation nécessaire, et il disait parfois: «... Je ne suis pas là pour publier; je suis là pour bâtir.»
Les objets figurant dans cette nouvelle édition ne datent pas tous de la dernière période de son activité. Il y en a que, pour des raisons pas toujours plausibles, Aalto ne tenait pas à publier. Mais ces œuvres manqueraient dans une publication générale et il a paru judicieux de les présenter.
Il n'eût pas été possible de rassembler toute la documentation sans la collaboration extrêmement efficace de Madame Elissa Aalto. Dans toutes les situations, elle a été le pôle autour duquel les travaux s'accomplissaient sans qu'elle se mette jamais en vedette.

werk ermöglicht wurde. Vorab geht der Dank an Hans Girsberger, der mit der Herausgabe des 1. Bandes den Grundstein für die weiteren Publikationen legte. Bruno Mariacher vom Verlag für Architektur Artemis übernahm mit großer Tatkraft das begonnene Werk; ohne seine Begeisterung für Aaltos Architektur wären die folgenden Publikationen nicht zustande gekommen.
Karl Fleig

En terminant je remercie toutes les personnes qui ont rendu possible la publication de cet ouvrage. Avant tout, ma reconnaissance va à Monsieur Hans Girsberger, qui, en publiant le premier volume des œuvres d'Aalto, a posé la première pierre des publications ultérieures. Monsieur Bruno Mariacher, des Editions d'architecture Artemis, a continué avec une grande énergie la présentation des œuvres d'Aalto, dont les réalisations le passionnaient. Karl Fleig

Lebenslauf

1898 Geburt von Hugo Alvar Henrik am 3. Februar in Kuortane. Die Familie wohnte in Alajärvi bis zum Schulbeginn der Kinder.
1916 Maturitätsprüfung. Studium in der Architekturabteilung der Technischen Hochschule in Helsinki.
1917 Unabhängigkeitserklärung Finnlands. Aalto nimmt teil am Freiheitskrieg.
1921 Architektur-Diplom.
1922 Erste unabhängige Arbeit: Industrie-Ausstellung in Tampere. Erste Textveröffentlichung „Motive der Vergangenheit".
1923 Erstes eigenes Architekturbüro in Jyväskylä.
1924 Heirat mit der Architektin Aino Marsio.
1925 Geburt der Tochter Johanna.
1927 Umzug nach Turku. 1. Preis für die Gemeindebibliothek in Viipuri.
1928 Geburt des Sohnes Hamilkar.
1928/29 1. Preis für das Tuberkulose-Sanatorium in Paimio.
1929 Erste Versuche mit verleimtem Schichtholz für die Anwendung im Möbelbau.
1931 Ausstellung für Kleinstwohnungen in Helsinki.
1933 Einweihung des Tuberkulose-Sanatoriums in Paimio. Umzug nach Helsinki. Erste Wohnmöbelausstellung in London. C.I.A.M.-Kongreß in Athen. Erste Ausstellung in Zürich (Schweiz). Triennale-Ausstellung in Mailand (Kunstgewerbeausstellung mit Wohnmöbeln).
1934 Wohnmöbelausstellung im Kunstsalon Strindberg in Helsinki. Ausstellung für Standardwohnungen im Liljevalks-Museum in Stockholm.
1935 Firma Artek gegründet.
1936 Fertigstellung des Eigenheims mit Atelier in Munkkiniemi (Helsinki). Wettbewerb der Glashütte Karhula. Als Ergebnis u. a. die Savoy-Vase.
1938 Erste Reise nach den Vereinigten Staaten. Ausstellung im Museum of Modern Art, New York. Harvard, Yale, Seattle. Ausstellung Golden Gate in San Francisco.
1939 Weltausstellung in New York (Finnischer Pavillon). Erste allgemeine Finnische Wohnausstellung.
1940 Reise nach den USA mit einer Ausstellung über die Zerstörungen des Krieges in Finnland. Forschungsauftrag am M.I.T. über Wiederaufbau-

Biographie

1898 Naissance de Hugo Alvar Henrik Aalto, le 3 février à Kouortane. La famille a vécu à Alajärvi jusqu'à la scolarité des enfants.
1916 Maturité, et début des études d'architecture à l'Ecole polytechnique de Helsinki.
1917 Déclaration de l'Indépendance de la Finlande. Aalto participe à la guerre d'indépendance.
1921 Diplôme d'architecte.
1922 Premier travail personnel: L'exposition industrielle de Tampere. Premier article publié «Vues sur le passé».
1923 Première agence d'architecture à Jyväskylä.
1924 Mariage avec Aino Marsio, architecte comme le mari.
1925 Naissance d'une fille: Johanna.
1927 Installation à Turku. 1er prix pour la bibliothèque communale de Viborg.
1928 Naissance d'un fils: Hamilkar.
1928/29 1er prix du concours pour le sanatorium pour tuberculeux à Paimio.
1929 Premiers essais de lames de bois collées, appliquées dans le mobilier.
1931 Exposition d'habitations minima à Helsinki.
1933 Inauguration du sanatorium de Paimio. Installation à Helsinki. Première exposition de meubles à Londres. 4e Congrès des C.I.A.M. d'Athènes. Première exposition en Suisse, à Zurich. Exposition de la Triennale de Milan (présentation de mobilier).
1934 Exposition de mobilier au salon Strindberg à Helsinki. Exposition de maisons-types au musée Liljevalks de Stockholm.
1935 Fondation de la maison Artek.
1936 Construction de la maison de l'architecte avec atelier à Munkkiniemi (Helsinki). Concours pour les verreries de Karhula; résultat: le premier vase Savoy, entre autres.
1938 Premier voyage aux Etats-Unis d'Amérique. Exposition au musée de l'Art moderne, New York. Harvard, Yale, Seattle. Expositions Golden Gate à San Francisco.
1938/39 Chargé de cours de l'Université de Yale.
1939 Exposition universelle à New York (Pavillon finnois). Première exposition générale de l'habitation.
1940 Voyage aux Etats-Unis, avec une exposition des destructions de la guerre en Finlande. Professeur de recherches au M.I.T. La famille

probleme. Die Familie wohnt von März bis Oktober in den USA.
1941 Vortrag an der ETH in Zürich über die Wiederaufbauprobleme in Europa.
1942 Gründung des Wiederaufbaukomitees durch die Finnische Architektenvereinigung. Gründung des Finnischen Baustandardisierungs-Institutes auf Aaltos Veranlassung.
1943 Teilnahme an einer Studienreise einer Gruppe finnischer Architekten zum Studium der Wiederaufbauprobleme im Kriegsdeutschland.
1943–1958 Vorsitzender der Vereinigung Finnischer Architekten SAFA.
1944 Entwurfskomitee für den finnischen Nachkriegswiederaufbau.
1946 Entwurfsauftrag für das M.I.T.-Studentenwohnhaus in Boston.
1946–1948 Gastdozent am M.I.T. (USA).
1949 Tod von Aino Aalto-Marsio.
1950 Pavillon Erottaja, erster Bauauftrag in Helsinki. Ausstellung an der Ecole des Beaux Arts, Paris.
1952 Heirat mit der Architektin Elissa Mäkiniemi.
1953 Erste Ausstellung „Finnland baut" in Helsinki, auf Initiative Aaltos.
1954 Gründung des Finnischen Museums für moderne Baukunst, auf Initiative Aaltos.
1955 Mitglied der Finnischen Akademie. Großes Atelier in Munkkiniemi fertiggestellt.
1956–1958 Einladung nach New York als Fachexperte für das Projekt „Lincoln Center for the performing arts".
1958 Jurymitglied im Städtebaulichen Ideenwettbewerb „Hauptstadt Berlin".
1960–1975 Jährlich wiederkehrende Reisen in die Schweiz.
1961 Reise nach den USA zum Studium von Geschäftshäusern: Chicago, Detroit, Pittsburgh, New York. Vorführung des ersten Helsinki-Stadtzentrum-Projektes.
1963 Präsident der Finnischen Akademie.
1966 Vortrag in Helsinki über das Thema: „Die Planung von Groß-Helsinki".
1976 Gestorben am 11. Mai in Helsinki.

habita aux Etats-Unis de mars à octobre.
1941 Conférence aux Ecoles polytechniques de Zurich et de Lausanne sur la reconstruction d'après-guerre en Europe.
1942 Fondation du comité de Reconstruction par l'Association des Architectes finnois. Fondation de l'institut finlandais de la préfabrication sur l'initiative d'Aalto.
1943 Participation à un voyage d'études d'un groupe d'architectes finlandais concernant la reconstruction d'après-guerre en Allemagne.
1943–1958 Président de la Société des Architectes finlandais SAFA.
1944 Comité d'études pour la reconstruction d'après-guerre en Finlande.
1946 Commande de la maison d'étudiants M.I.T. à Boston.
1946–1948 Chargé de cours au M.I.T. (E.-U.).
1949 Décès de la femme d'Aalto: Aino Aalto-Marsio.
1959 Pavillon Erottaja, première commande à Helsinki. Exposition à l'Ecole des Beaux-Arts, à Paris.
1952 Mariage avec Elissa Mäkiniemi, architecte.
1953 Première exposition à Helsinki, sur l'initiative d'Aalto: «La Finlande construit».
1954 Fondation du musée finnois de l'architecture moderne sur l'initiative d'Aalto.
1955 Membre de l'Académie de Finlande. Achèvement du grand atelier de Munkkiniemi.
1956–1958 Invitation à New York comme expert du projet pour le centre des beaux-arts «Lincoln».
1958 Membre de jury dans le concours d'idées pour l'urbanisme de «Berlin, capitale».
1960–1975 Voyages annuels en Suisse.
1961 Voyage aux Etats-Unis pour étudier des maisons de commerce: Chicago, Detroit, Pittsburgh, New York. Présentation du premier projet de l'aménagement du centre de Helsinki.
1963 Président de l'Académie de Finlande.
1966 Conférence à Helsinki sur: «L'aménagement du Grand-Helsinki».
1976 Décès d'Aalto, le 11 mai à Helsinki.